U0283406

水库大坝
安全巡视检查指南

向衍　荆茂涛　等 编译

中国水利水电出版社
www.waterpub.com.cn
·北京·

内 容 提 要

本书结合我国现行水利行业标准和水库大坝工程管理实际情况，以美国垦务局大坝安全培训辅助计划（TADS）系列培训教材为基础，着重介绍了大坝及其输泄水建筑物的安全巡视检查过程、可能出现的问题及隐患检查方法等，主要内容包括土石坝工程安全巡查、混凝土坝和砌石坝工程安全巡查、输泄水建筑物工程安全巡查、坝基和近坝库岸安全巡查、金属结构和机电设备安全巡查、材料缺陷识别方法、大坝安全监测七大部分。

本书可作为水利工程管理人员、工程技术人员和高级技术工人的工具书及培训教材，也可供从事水利水电工程设计、施工、科研、运行维护管理和相关企事业单位的工程管理人员、工程技术人员使用，还可供相关专业大中专院校师生学习参考。

图书在版编目（CIP）数据

水库大坝安全巡视检查指南 / 向衍等编译. -- 北京：
中国水利水电出版社，2021.8
ISBN 978-7-5170-9477-7

Ⅰ. ①水… Ⅱ. ①向… Ⅲ. ①水库－大坝－安全监测
－指南 Ⅳ. ①TV698.2-62

中国版本图书馆CIP数据核字(2021)第046942号

书　　名	水库大坝安全巡视检查指南 SHUIKU DABA ANQUAN XUNSHI JIANCHA ZHINAN
作　　者	向衍　荆茂涛　等 编译
出版发行	中国水利水电出版社 （北京市海淀区玉渊潭南路1号D座　100038） 网址：www.waterpub.com.cn E-mail：sales@waterpub.com.cn 电话：(010) 68367658（营销中心）
经　　售	北京科水图书销售中心（零售） 电话：(010) 88383994、63202643、68545874 全国各地新华书店和相关出版物销售网点
排　　版	中国水利水电出版社微机排版中心
印　　刷	北京印匠彩色印刷有限公司
规　　格	184mm×260mm　16开本　17印张　414千字
版　　次	2021年8月第1版　2021年8月第1次印刷
印　　数	0001—3000册
定　　价	**98.00元**

前言 ▶▶▶▶▶

水利工程调蓄江河、善利万物。水库大坝不仅是调控水资源时空分布、优化水资源配置的重要工程措施，也是江河防洪工程体系的重要组成部分，是生态环境改善不可分割的保障系统，承担着保障国家防洪安全、供水安全、粮食安全、能源安全、生态安全等重要功能，在保障国家水安全和支撑国家战略中具有不可替代的公益性作用。根据《中国水利年鉴2019》，全国已建水库大坝共98822座（不含香港特别行政区、澳门特别行政区和台湾省资料），总库容8953亿 m³，其中大型水库736座，中型水库3954座，小型水库94132座。这些水库大坝工程作为国家重大基础设施，其安全是国家公共安全的重要组成部分，确保水库大坝安全运行和功能充分发挥是国家战略需求。

由于复杂的建设历史、巨大的水库数量，以及水库工程的复杂性、运行环境变化的随机性和极端气候、地震、工程老化、管理薄弱等不利因素的影响，使得我国水库大坝安全需求与管理技术和手段之间存在突出矛盾，管理薄弱，导致溃坝和出险事故偶有发生，水库大坝运行风险与经济社会高速发展现实及社会和公众对大坝安全的关注程度与要求越来越不对称。实践表明，对存在安全隐患的水工建筑物，若在日常巡视检查中，能够及时发现，并及时采取正确的养护修理和除险加固措施，即能保证工程的安全正常运行。因此，对水工建筑物进行日常巡视检查和定期维修养护，已经成为必要的工程安全保障措施，对保证水库大坝安全运行具有十分重要的意义。

《水库大坝安全巡视检查指南》以美国垦务局大坝安全培训辅助计划（TADS）系列培训教材为基础，结合我国现行水利行业标准和水库大坝工程管理实际情况，优选部分内容编译而成，分为土石坝工程安全巡查、混凝土坝和砌石坝工程安全巡查、输泄水建筑物工程安全巡查、坝基和近坝库岸安全巡查、金属结构和机电设备安全巡查、材料缺陷识别方法、大坝安全监测等七部分，详细介绍了水库大坝各水工建筑物安全巡查内容和方法。主要供水库大坝运行及管理人员学习使用。

本书编译分工如下：第1章由荆茂涛、李卓、朱沁夏编译，第2章由向衍、傅志敏、蔡荨编译，第 3 章由刘成栋、施练东、江超编译，第 4 章由张凯、沙海飞、朱沁夏编译，第 5 章由杨阳、李震、张民编译，第 6 章由苏畅、胡哲、魏立巍编译，第 7 章由张国栋、魏立巍、张民编译，附录由胡哲、杨鑫、苏正洋编译。全书由向衍、荆茂涛统稿，由吴素华、朱沁夏、施瑾、胡长硕、张昊审校。

本书的出版得到了国家重点研发计划项目课题（2016YFC0401603）、国家自然科学基金（编号：51679151、51979176）、亚洲合作资金（SQ721002）、南京水利科学研究院出版基金，以及中央级公益性科研院所基本科研业务费专项资金（Y720001）资助，特表示感谢。

由于水库大坝安全巡查涉及因素众多，同时受到所掌握的资料和知识水平的限制，书中可能有部分不妥和疏漏之处，敬请读者提出宝贵意见，以便今后进一步修正。

作者

2020 年 11 月

目录

第1章

>>>>>

土石坝工程安全巡查

土石坝是土坝、堆石坝及土石混合坝的总称，是人类最早建造的坝型，具有悠久的发展历史，在世界范围内使用极为普遍。由于土石坝是利用坝址附近土料、石料及砂砾料填筑而成，筑坝材料基本来源于当地，故又称为"当地材料坝"。

1.1 土石坝类型及其特征

不同类型的土石坝其缺陷类别不尽相同。因此，巡视检查前需要了解掌握不同类型土石坝的设计和施工过程。

1.1.1 土石坝类型

按施工方法的不同，土石坝可分为：碾压式土石坝、抛填式堆石坝、水力冲填坝、水中倒土坝、定向爆破坝，其中应用最广的是碾压式土石坝。

1. 碾压式土石坝

碾压式土石坝按坝体横断面的防渗材料及其结构，可划分为以下几种主要类型：

（1）均质坝。坝体断面不分防渗体和坝壳，坝体绝大部分由一种抗渗性能较好的土料（如壤土）筑成。坝体整个断面起防渗和稳定作用，不再设专门的防渗体。

均质坝结构简单，施工方便，当坝址附近有合适的土料且坝高不大时多优先采用。值得注意的是：对于抗渗性能好的土料如黏土，因其抗剪强度低，且施工碾压困难，在多雨地区受含水量影响则更难压实，因而高坝中一般不采用此种型式。

（2）土质防渗体分区坝。与均质坝不同，坝体断面由土质防渗体及若干透水性不同的土石料分区构成，在坝体中设置专门起防渗作用的防渗体，采用透水性较大的砂石料作坝壳，防渗体多采用防渗性能好的黏性土，其位置可设在坝体中间（称为心墙坝）或稍向上游倾斜（称为斜心墙坝）；或将防渗体设在坝体上游面或接近上游面（称为斜墙坝）。

心墙坝由于心墙设在坝体中部，施工时就要求心墙与坝体大体同步上升，因而两者相互干扰大，影响施工进度。又由于心墙料与坝壳料的固结速度不同（砂砾石比黏土固结快），心墙内易产生"拱效应"而形成裂缝；斜墙坝的斜墙支承在坝体上游面，两者相互干扰小，但斜墙的抗震性能和适应不均匀沉陷的能力不如心墙。斜心墙坝可不同程度克服心墙坝和斜墙坝的缺点。我国160m高的小浪底水利枢纽即采用斜心墙型式。

（3）非土质材料防渗体坝。防渗体采用混凝土、沥青混凝土、钢筋混凝土、土工膜或其他人工材料制成，其余部分用土石料填筑而成。防渗体设在上游面的称为斜墙坝（或面板坝），防渗体设在坝体中央的称为心墙坝。

采用复合土工膜防渗的土石坝，坝坡可以设计得较陡，使土石工程量减少，从而降低工程造价，且施工方便、工期短、受气候因素影响小。碾压式土石坝的类型见图 1.1-1。

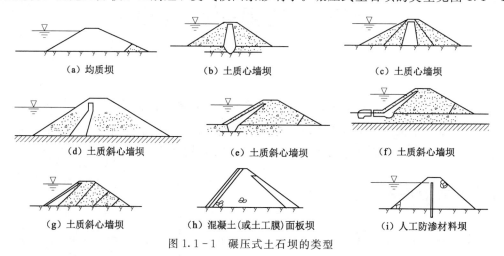

图 1.1-1　碾压式土石坝的类型

2. 抛填式堆石坝

抛填式堆石坝施工时一般先建栈桥，将石块从栈桥上距填筑面 10～30m 高处抛掷下来，靠石块的自重将石料压实，同时用高压水枪冲射，把细颗粒碎石充填到石块间孔隙中去。采用抛填式填筑成的堆石体孔隙率较大，所以在承受水压力后变形量大，石块尖角容易被压裂或剪裂，抗剪强度较低，在发生地震时沉降量更大。随着重型碾压机械的出现，目前此种坝型已很少采用。

3. 水力冲填坝

借助水力完成土料的开采、运输和填筑全部工序而建成的坝。典型的冲填坝是用高压水枪在料场冲击土料使之成为泥浆，然后用泥浆泵将泥浆经输泥管输送上坝，分层淤填，经排水固结成为密实的坝体。这种筑坝方法不需运输机械和碾压机械，工效高，成本低；缺点是土料的干容重较小，抗剪强度较低，需要平缓的坝坡，坝体土方量较大。我国西北地区建造的一种小型水坠坝实际上也是一种冲填坝。它与典型水力冲填坝的区别仅在于泥浆的输送不是借助水力机械，而是利用天然有利地形开挖成输泥渠，使泥浆在重力作用下自流输送上坝。其土料开采可用水枪冲击，也可用人工挖土配合爆破松土进行。

4. 水中倒土坝

这种坝施工时一般在填土面内修筑围埝分成畦格，在畦格内灌水并分层填土，依靠土的自重和运输工具压实及排水固结而成的坝。这种筑坝方法不需要有专门的重型碾压设备，只要有充足的水源和易于崩解的土料就可采用。但由于坝体填土的干容重较低，孔隙水压力较高，抗剪强度较小，故要求坝坡平缓，使得坝体工程量增大。

5. 定向爆破坝

在河谷陡峻、山体厚实、岩性简单、交通运输条件极为不便的地区修筑堆石坝时，可在河谷两岸或一岸对岩体进行定向爆破，将石块抛掷到河谷坝址，堆筑起大部分坝体，然后修整坝坡，并在抛填堆石体上加高碾压堆石体，直至坝顶，最后在上游坝坡填筑反滤层、斜墙防渗体、保护层和护坡等，故得名定向爆破坝。

1.1.2　土石坝特点

土石坝在实践中之所以能被广泛采用并得到不断发展，与其自身的优越性是密不可分的。同混凝土坝相比，它的优点主要体现在以下几方面：

（1）筑坝材料能就地取材，材料运输成本低，还能节省大量"三材"（钢材、水泥、木材）。

（2）适应地基变形的能力强。筑坝用的散粒体材料能较好地适应地基的变形，对地基的要求在各种坝型中是最低的。

（3）构造简单，施工技术容易掌握，便于机械化施工。

（4）运用管理方便，工作可靠，寿命长，维修加固和扩建均较容易。

另一方面，同其他的坝型类似，土石坝自身也有其不足的一面：

（1）施工导流不如混凝土坝方便，因而相应地增加了工程造价。

（2）坝顶不能溢流。受散粒体材料整体强度的限制，土石坝坝身通常不允许过流，因此需在坝外单独设置泄水建筑物。

（3）坝体填筑工程量大，土料填筑质量受气候条件的影响较大。

1.1.3　土石坝基本构造

土石坝作为水库枢纽工程的挡水建筑物，对其基本要求主要有安全和功能两方面。这两方面的基本要求包括坝顶高程、抗滑稳定、渗流（包括渗流量和渗流稳定）和变形要求。对于强震区，土石坝还应满足抗震要求。土石坝工程的组成及主要缺陷见图 1.1-2。

1. 水库

水库是指在河道山谷、低洼地及地下含水层修建拦水坝等所形成拦蓄水量调节径流的蓄水区，是调蓄洪水的主要工程措施之一。

2. 上游坝坡

上游坝坡是指大坝与水库接触的斜面。土石坝的上游坡必须防止风浪淘刷及水流冲刷，上游护坡常采用堆石、干砌石或浆砌石、混凝土或钢筋混凝土、沥青混凝土等形式，护坡范围为坝顶至坝脚。

3. 下游坝坡

下游坝坡需要避免雨水冲刷，下游护坡常采用草皮、干砌石、堆石等形式，一般自坝顶至排水设备处或坝脚。上、下游坝坡坡度一般采用垂直高度（V）与水平距离（H）的比值描述。下游坝坡宜至少设置一道坝顶至坝脚的步梯，步梯净宽度不宜小于 1.50m，步梯两侧宜设栏杆。

4. 坝顶

坝顶是大坝坝体的顶面。通常在坝顶设置道路，以便通行或方便大坝运行、检查和维护，如无交通要求，可用单层砌石或砾石护面以保护坝体。为便于排除坝顶雨水，坝顶路面常设直线或折线型横坡，坡度宜采用 2%～3%。当坝顶上游设防浪墙时，直线型横坡倾向下游，并在坝顶下游侧沿坝轴线布置集水沟，汇集雨水经坝面排水沟排至下游，以防雨水冲刷坝面和坡脚。

坝顶设防浪墙时可降低坝顶路面高程，防浪墙高度一般为 1.0～1.2m，可用浆砌石或混凝土砌筑。防浪墙必须与大坝防渗体结合紧密，还应满足稳定和强度要求，并设置伸缩缝。

5. 坝脚

大坝上、下游坡与地表的交界处称为坝脚。

6. 坝肩

坝肩是指两岸坝体及其邻近受力部位的坝基，是大坝两端所依托的山体。

7. 防渗体

防渗体是土石坝的重要组成部分，其作用是防渗，必须满足降低坝体浸润线、降低渗透坡降和控制渗流量的要求，另外还需满足结构和施工要求。

土石坝的防渗体包括：土质防渗体和非土质材料防渗体（沥青混凝土、钢筋混凝土、复合土工膜等）。

8. 排水设备

排水设备是土石坝的重要组成部分。土石坝设置坝身排水的目的主要是为了：①降低坝体浸润线及孔隙压力，改变渗流方向，增加坝体稳定。②防止渗流逸出处的渗透变形，保护坝坡和坝基。③防止下游坝坡受到雨水冲刷及冻胀破坏，起到保护下游坝坡的作用。

9. 坝脚排水沟

坝脚排水沟是最常见的内部排水管。排水沟收集大坝内部渗漏水。排水沟由坝脚内或坝脚下沟渠内的相对透水材料组成，通常包括由反滤材料包围的集水管。排水沟收集坝体和坝基渗水，通过排水口将渗水输送到溢洪道、泄水池或其他远离大坝的安全地方。排水沟的排水口是坝脚排水沟的出水口，渗流量的测量点可选在出水口处。

在判断大坝的左右方向时，巡查人员应该面朝下游（背对水库），左手边位置为左岸坝肩，右手边位置为右岸坝肩。

10. 输泄水建筑物

输泄水建筑物是指连接大坝上、下游输泄水设置的水工建筑物。

（1）溢洪道。溢洪道是水库泄洪的主要结构型式，通常从水库的表层取水。

（2）泄水设施。泄水设施通常用于水库泄水的建筑物，放空设施可以是通过土石坝体或坝基的涵管，也可以是穿过两岸坝肩山体的隧洞。泄水设施通常将水从水库底部附近引过大坝。

溢洪道和泄水设施可以合并为一个设施。一个大坝可以有多个溢洪道和泄水设施。

（3）压力钢管。压力钢管是将水从水库输送至发电机的有压管道。压力管道常见于建有发电站的水库大坝。

1.1.4　土石坝工作条件

1. 渗流影响

由于散粒土石料颗粒间孔隙率大，坝体挡水后，在上下游水位差作用下，库水会经过

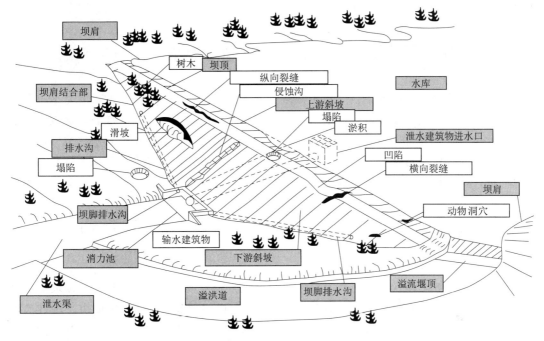

图 1.1-2 土石坝工程的组成及主要缺陷

坝身、坝基和岸坡及其结合面处向下游渗漏。在渗流影响下，浸润线以下土体全部处于饱和状态，使得土体有效重量降低，且抗剪强度降低；同时，渗透水流也对坝体颗粒产生拖曳力，增加了坝坡滑动的可能性，进而对坝体稳定造成不利影响。若渗透坡降大于材料允许坡降，还会引起坝体和坝基的渗透破坏，严重时会导致大坝失事。

2．冲刷影响

降雨时，雨水自坡面流至坡脚，会对坝坡造成冲刷，甚至发生坍塌现象，雨水还可能渗入坝身内部，降低坝体的稳定性。另外，库内风浪对坝面也将产生冲击和淘刷作用，易造成坝坡面破坏。

3．沉陷影响

由于坝体孔隙率较大，在自重和外荷载作用下，坝体和坝基因压缩产生一定量的沉陷。如沉陷量过大会造成坝顶高程不足而影响大坝的正常工作，同时过大的不均匀沉陷会导致坝体开裂或使防渗体结构遭到破坏，形成坝内渗水通道而威胁大坝安全。

4．其他影响

除了上面的影响外，还有其他一些不利因素危及土石坝的安全运行。如在严寒地区，当气温低于零度时库水结冰形成冰盖，对坝坡产生较大的冰压力，易破坏护坡结构；位于水位以上的黏土，在反复冻融作用下会形成裂缝；在夏季高温作用下，坝体土料也可能干裂引起集中渗流。

对于修建在地震区的大坝，在地震动作用下也会增加坝坡滑动的可能性；对于粉砂地基，在强地震动作用下还容易引起液化破坏。

另外，动物（如白蚁、獾子等）在坝身内筑造洞穴，形成集中渗流通道，也严重威胁大坝安全，需采取积极有效的防御措施。

1.2　土石坝工程巡视检查方法与常见隐患类型

土石坝缺陷是指影响或干扰大坝正常运行的异常状况，土石坝检查的目的是尽早发现缺陷，以便在大坝安全受到危害之前采取措施。有效的检查需要全面的准备，检查过程中应多人配合，这样通常能检查得更仔细。检查人员必须遵守所有适用的安全标准。通常应在一年中不同时段进行检查，以便让检查人员在不同水库蓄水条件和不同植被覆盖条件下对大坝进行全面检查。另外，在库水位相近时对大坝进行检查，可以确定相近荷载作用下的变化趋势。

1.2.1　巡视检查方法

1. 大坝坝坡检查

检查大坝坝坡，多次往返巡查，以便清楚地观察到坝坡整个表面区域。在坝坡上的某个固定点，通常可以在每个方向上看到1～30m范围内的细节，具体范围取决于坝坡表面的粗糙度、植被和其他环境影响。因此，为了确保巡视检查人员完整检查大坝的表面，必须反复地在坝坡上来回行走，直到清楚地巡视整个区域。表1.2-1的方法可以用于观察边坡和坝顶。

表 1.2 - 1　　　　　　　　　　　　　典型的大坝坝坡检查方法

方法	描　　　　述
之字形	第一个推荐的方法是走之字形的路径，以确保覆盖了坝坡和坝顶。最好在小范围内或不太陡峭的坝坡上使用之字形路径。图1.2-1展示了使用之字形路线在坡面上行走检查
平行形	第二种方法是在边坡上走一行与坝顶平行的路径。通常在非常陡的坡度上使用平行路径。图1.2-2说明了如何使用平行通道检查大坝坝坡

上述两种方法都可以用来观察大坝坝坡和坝顶。检查的目标是能够清楚地看到整个大坝的表面。为了实现这个目标，巡查人员可能需要在大坝表面多次巡视。

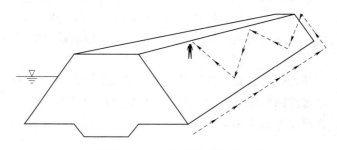

图 1.2 - 1　之字形检查坝坡

在坝坡上行走时，应每隔一段距离停下来，360°环顾四周，从而方便检查所有可见表面的均匀平整性，并通过再次检查，确保未忽略任何缺陷。从不同的角度观察坝坡，有时

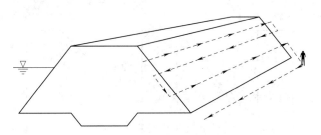

图 1.2-2　平行形检查坝坡

可能会发现被忽略的缺陷。此外，从远处观察坝坡也可能发现一些异常现象，例如土石体表面变形和植被的微小变化。通常此类问题在近距离观察时并不容易被发现。另外，从远处看，如果发现更茂盛的植被区域，这表明这片区域可能存在渗漏，应更谨慎地检查这些区域。

2. 堆石坝检查

在外坡由堆石组成的护坡上，从远处看比直接从大坝边坡上能更好地辨别边坡的变形。这是由于坡面不规则，变形往往难以被近距离观察到。坝顶、水库、大坝与输泄水建筑物接触面、两岸坝肩、坝端岸坡和下游坝脚是评估边坡潜在位移的有利位置。当从坝坡外观察到或从历史监测数据发现坝坡上的潜在问题时，应对该区域进行近距离检查。

3. 坝肩岸坡检查

在这些地方巡查时，应仔细检查土石坝坝肩与山体的接触部位，这些区域容易出现地表径流侵蚀、渗漏等现象。

4. 大坝坝顶检查

坝顶宜采用之字形或平行形方法检查。检查坝顶时，应注意：

（1）尽可能多地在顶部行走，确保走过的地方没有缺陷。关键是要观察表面的每一点，检查坝顶路面及防浪墙是否有裂缝、位移或沉降等迹象。

（2）从多个不同的角度观察坝顶。有些缺陷可以近距离观察到，而有些缺陷只能从远处观察到。

5. 照准方法

当检查坡顶和上、下游坝坡上的马道是否对齐时，通常会用到照准方法，即巡查人员将眼睛集中在被观察的直线上，从一边移动到另一边，以便从多个角度观察直线。辅助照准的工具如下：

（1）望远镜和长焦镜头。使用望远镜或长焦镜头可以帮助观察不规则现象，因为距离缩短，垂直于视线的变形变得更加明显。

（2）参考线。坝轴线为直线的大坝，可将这些线性特征视作参考线，对确定大坝的变形有很大的帮助。参考线可以是护栏、一排柱子、坝顶公路的路面条纹、防浪墙和作为大坝表面水平或垂直控制点的永久性建筑。如果发现这些参考线出现偏差，请注意它们是否由大坝缺陷以外的其他因素造成的，需要采取更仔细地检查。

（3）全站仪。

图 1.2-3 为沿坝顶的照准方法。

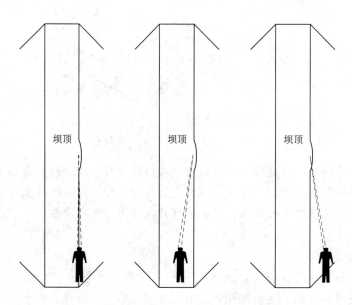

图 1.2 - 3　沿坝顶的照准方法

在沿着坝顶观察时，需要从多个不同的角度查看所选的参考线。首先在直线上观察，然后向两边移动。照准方法对于探测边坡均匀性的变化也很有用。水库水面线与上游坡的接触线应平行于坝轴线，如果大坝轴线是直的，则水库的水面线应该也是一条直线。

1.2.2　主要隐患类型

隐患检查时，除了注意不同类型的缺陷之外，还要注意特征的变化，详见表 1.2 - 2。

表 1.2 - 2　　　　　　　　土石坝工程主要安全隐患及其特征

隐患类型	特　　征
渗流	水流或坝体土出现在下游坝坡或坝脚下部，尤指在两岸坝肩与岸坡接触处。 输泄水建筑物周围出现渗漏。 下游坝坡或坝脚散浸或植物生长较茂盛的区域。 坝脚排水沟和减压井堵塞。 从坝脚排水沟和减压井中排出的水量增加（要考虑水库水位的变化）。 渗流浑浊
开裂	横向裂缝：垂直坝体轴线的裂缝，通常出现在坝顶。 纵向裂缝：与坝体轴线平行的裂缝。纵向裂缝可能与坝坡的稳定性问题有关。 干缩裂缝：通常在坝顶和下游坡上的一种不规则的蜂窝状裂缝
失稳	上游和下游坡上的滑坡、陡坡或裂缝。 沿固定点观测，发现坝顶及土石坝坡未对准。 隆起，尤其是在坝脚处

隐患类型	特　　　征
落水洞与塌陷	沿固定点观测，发现坝顶及坝坡的不平整处。 通过检查和探测每个塌陷部位来寻找落水洞。落水洞通常有陡峭的、像漏斗一样的边缘，而塌陷则有平缓的、碗状的边缘
其他	护坡保护不足：检查无护坡或护坡较少及已损坏区域。 地表径流侵蚀：检查冲沟或其他侵蚀迹象；确保检查坝体与岸坡连接处，因为地表径流可能在这些地区聚集。 植物滋生：检查植物过度生长和深根植物。 杂物：检查大坝及其周围的碎屑。 洞穴：检查穴居动物造成的破坏

1.3　土石坝隐患检查

检查目的是查明现有或潜在的大坝安全隐患，包括发现并识别隐患类型、分析隐患对大坝安全产生的影响以及发现隐患后应采取的措施。土石坝隐患有 5 种不同类型：渗漏、裂缝、失稳、落水洞与塌陷、其他安全问题。

1.3.1　渗流隐患检查

渗流问题是土石坝安全检查的主要问题之一。所有的土石坝都是通过土石坝坝体和坝基来过水。当坝体或坝基土颗粒被水带走，或在坝体、坝基上形成过大的水头时，渗流即成为一个问题。不可控的渗流存在安全隐患。图 1.3－1 是不可控渗流穿过大坝和坝基的示意图。

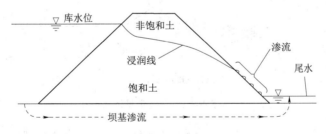

图 1.3－1　土石坝不可控的渗流示意图

1. 常见渗流控制

（1）通过排水设施控制渗流，坝体设置排水设施是为了降低坝体浸润线，减小坝体孔隙水压力，提高坝坡稳定性；控制渗流，防止渗透破坏，保护坝坡土，防止冻胀破坏。排水体应有足够的排水能力，以保证能自由向下游排出全部渗水，并按反滤原则设计，保证渗透稳定。

坝体排水型式一般有：棱体排水、贴坡排水、坝内排水以及综合型排水（见图 1.3－2）。其中坝内排水包括水平褥垫排水、网状排水、竖式排水、水平分层排水、暗管式排水。由以上各种排水组成综合型排水，有下部为棱体排水、上部为贴坡排水，棱体排水上游接水平褥垫排水，水平褥垫排水上游端接竖式排水等。

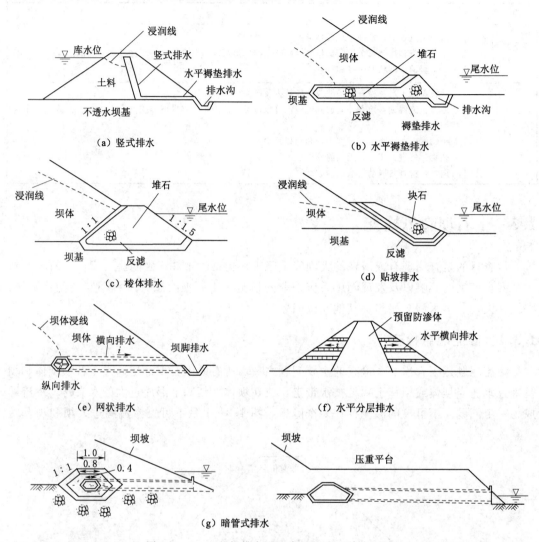

图 1.3 - 2   土石坝排水设施常见形式（单位：m）

无内部排水设施的大坝，单纯依靠材料的特性和材料的结构来帮助控制渗流，更容易出现渗流问题。

（2）通过减压井控制渗流。减压井可以设置在下游坝脚区，以减少坝基渗流造成的潜在有害渗透压力。减压井可以控制渗流并使其安全排出，也可以与其他渗流排水设施一起使用。减压井布置示意图如图 1.3 - 3 所示。

如果有多个减压井，最终会汇集到一个收集系统。收集系统用于收集减压井排出的水，排到大坝下游渠道。这些水可通过量水堰测量后被排到下游河道。

2. 渗流问题

严重的渗流问题会导致土石坝溃坝。渗流问题可分为以下三类：

（1）不稳定性。坝体坝基的孔隙水压力增加导致大坝土体强度下降时，就会引起渗流

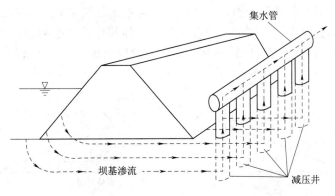

图 1.3-3　土石坝减压井示意图

稳定性问题。如图 1.3-1 所示，如果坝体渗流出逸处在下游坝坡下部时，往往会导致浅层或者深层滑坡。

（2）管涌。在渗流作用下，土体细颗粒沿骨架孔隙被水冲刷带走，形成管涌。侵蚀逐渐向上游方向发展，形成贯穿大坝或坝基的"管道"。在出现管涌时，随着土体颗粒"管道"附近的土被冲刷带走，"管道"逐渐变大，上覆坝体最终坍塌，导致大坝溃决。图 1.3-4 为从坝基管涌形成过程。

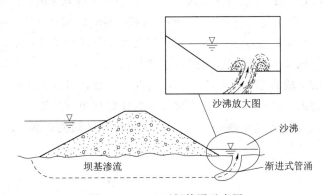

图 1.3-4　土石坝管涌示意图

在图 1.3-4 中，渗流在下游坝脚附近流出，导致了沙沸。沙沸是细粒无黏性表层土在高渗流出口速度作用下的"沸腾作用"循环。沙沸表明管沸可能正在形成。如果出口渗流是混浊的，则表明细粒土正随着渗流流出。在渗流出口或沙沸周围形成沉积锥进一步表明管沸正在发生。一旦观察到沙沸，检查人员应该：

1）记录库水位，估算出沙沸高程。

2）拍摄和记录所有沉积锥的大小。

3）测量或估计渗漏量。但渗漏量可能难以确定，因为沙沸往往是在水下。

4）确保所有的涌沙都由具有专业技术人员进行评估，以便在必要时采取适当的处理措施。

有时在沙沸点周围放置沙袋以增加沙沸点上方的水头，可以阻止沙沸的持续增长。如果可能的话，沙袋应该放得足够高，以阻止土颗粒移动，但不要阻止水的流动。

并非所有的管涌都会导致沙沸。当集中渗流通过土石坝坝体、与岸坡或与混凝土结构接触时，沙沸就不会发生。事实上，当渗流将土石坝坝体材料带到岩石地基的孔隙中时，才会发生严重的管涌问题。图1.3-5所示为土石坝管涌进入岩石地基的孔隙。

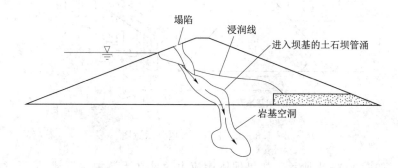

图1.3-5　土石坝管涌进入岩石地基孔隙示意图

图中所示的渗流类型很难探测到，因为在土石坝开始坍塌或水库出现漩涡之前，无任何表征现象。漩涡是水快速进入坝基时出现的旋转运动。

最易受管涌影响的是无黏性、松散、级配差的细砂，低塑性细粒的非黏性粉砂和沙土，以及具有低塑性细粒的松散、级配良好的砂砾混合料也极易受到影响，而黏聚力强的黏土不受管涌影响。然而，一些不受管涌影响的土颗粒可能会受到内部侵蚀破坏影响。

如果巡查发现管涌正在发生，应该立即上报大坝运行管理单位和专业技术人员。

（3）内部侵蚀。内部侵蚀与管涌类似，这两种情况下土颗粒都是受到水流侵蚀力而移动。内部侵蚀引起的事故看起来类似于由管涌引起的事故，但是管涌和内部侵蚀破坏机理却不同。内部侵蚀是渗水沿已有路径流动时发生的破坏现象（见图1.3-6），例如：①沿土体或基岩横断面上裂缝或其他缺陷。②沿土体和地基之间的边界。③在土体和建筑物之间。

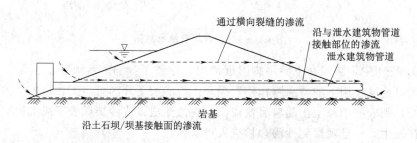

图1.3-6　土石坝内部侵蚀示意图

不易受管涌影响的土颗粒可能非常容易受到接触冲刷影响，分散性黏土就是一个很好的例子。一些黏土颗粒在纯净水中散凝成悬浮水，这种土壤实际上是不透水的，不受管涌的影响。但是如果当分散性土内部或分散性土与基岩或建筑物之间有裂缝，水的冲蚀力会迅速将裂缝扩大为通道，进而形成内部侵蚀。

检查提示　检查土体是否为分散性土的简单测试方法，是将一块完整的土块放入装有水的容器中，如果水很快变得混浊，这表明该土体可能是分散性土。

检查提示　警惕内部侵蚀，在输泄水建筑物周围、土石坝体与两岸坝肩结合部位和横向裂缝处寻找土石坝体或坝基材料渗漏的迹象。

内部侵蚀是一个危险的渗流问题。如果巡查发现内部侵蚀正在发生，应该立即上报大坝运行管理单位和专业技术人员。

3. 渗流的外在表现

渗流有多种外在表现形式，可能表现为潮湿区域或流动的"泉水"，也可能表现为植物滋生。有大量亲水植物（如香蒲、芦苇和苔藓）的地区，应仔细检查是否有渗流情况。此外，在正常植被看起来更绿或更茂盛的地区，应仔细检查是否有渗漏情况，尤其在干旱环境中更为明显。

检查提示　从远处观察下游坝坡有时助于发现植被的细微变化。一条明显的植被线可能表示渗流线与坝坡的交点。

4. 易渗区域

下游坡与两岸坝肩之间的接触部位特别容易发生渗漏，因为两岸坝肩附近的土石填料往往比其他部分的坝体密实度小，因此透水性更强，这是因为土石坝坝体、坝肩结合部位的压实较困难。此外，未灌浆的坝肩裂隙岩体也会导致坝肩向土石坝坝体渗流的发生。

土体压实困难也使输泄水建筑物周边区域（如排水设施、溢洪道或压力管道等）更容易受到不可控渗流问题的影响。输泄水建筑物周边渗流的问题尤其需要警惕，因为它可能表明建筑物有裂缝或变形，使得水在压力作用下渗入土石坝坝体，造成快速侵蚀，最终发生溃坝。

检查提示　输泄水建筑物的渗漏是很严重的问题。如果发现，应该立即联系专业技术人员。

5. 渗流监测

如果发现渗流，应立即进行监测。监测渗流情况时应记录以下几点：

（1）渗漏的位置和逸出点的数量或渗流量。

（2）当前降雨情况及历史降雨量。

（3）水库水温及渗流水温。

（4）库水位。

（5）渗漏水浊度。

检查提示　巡视检查中注释、草图和照片在记录和评估渗流状况时非常有用。

渗漏量通常与库水位相关。一般情况下，随着库水位的升高，渗漏量会增大。

检查提示　渗漏量或浊度的变化，如果偏离历史记录，可能表明渗流状况正在恶化。

在某些情况下，染色或示踪试验可以用来帮助诊断渗流情况。

（1）量水堰和水槽。可以安装量水堰和水槽来测量从土石坝体或坝基流出的渗流量。在清除淤泥和植被的下游河道中，经过校准的量水堰和水槽可以准确地测量渗流量。

当量水堰和水槽发生淤堵板结情况时，量水堰和水槽可能表明：

1）坝体或坝基土颗粒正通过管涌从大坝中排出。

2) 来自周围地表径流侵蚀的泥沙在建筑物中聚集。

如果量水堰和水槽发生淤堵，应仔细评估情况，以确定淤堵形式的原因。

（2）渗压计。用来测量水压的装置称为渗压计。渗压计可用来测量孔隙水压力和确定浸润线。由于可能存在管涌或渗流引起其他稳定问题，因此此类监测至关重要。

（3）排水沟。许多排水沟都设有集水管，可以排出坝体渗漏水，在某些情况下，还可以排出坝基渗流水。在检查有排水沟的土石坝前，应该注意以下两点：

1) 查阅大坝平面图，确定排水沟及排水口位置。

2) 查阅以往有关库水位和排水口流量的数据。排水量数据必须与库水位数据结合起来分析。详细了解库水位与排水量之间的关系可以帮助检查人员确定是否存在问题。如果观察到在给定的库水位下非典型的排水情况，可能需要进行更多的检查。

在检查期间，应做到以下三点：

1) 找到每个排水口位置。

2) 测量流量。测量排水口流量的一种简单方法是利用已知容积的容器引入渗流水，计算充满容器所需的时间。流量通常用 L/s 来记录。

3) 根据历史测值，将测量流量与当前库水位的预期流量进行比较。

（4）排水沟堵塞。如果排水沟内无水流，则表明该区域没有渗流。然而，没有水流也可能存在问题。

1) 如果从未有水从排水沟流出，这可能意味着排水沟的设计或施工不正确。

2) 如果曾有水流出，但现在已经停止流动，表明排水沟可能已经堵塞。

排水管堵塞是一个严重的问题，因为渗流可能开始在不受控制的位置流出，或者可能导致内部水压增大。建议进行进一步检查，以确定堵塞原因。

在同一库水位的条件下，排水管流出的流量减少，可能表明排水管堵塞。相反，排水管流量的突然增加可能表明防渗墙的防渗性能变差，可能出现了横向裂缝。

检查提示　记录排水量和库水位可以帮助评估大坝的渗流情况。

（5）减压井。在检查设置有减压井的土石坝前，应该注意以下几点：

1) 检查现场平面图，确定减压井的位置。

2) 结合库水位数据，对减压井流量数据进行评估。详细了解库水位与减压井流量之间的关系可以帮助检查人员确定是否存在问题。如果观察到的减压井流量在给定的库水位上不符合一般规律，可能需要进行更多的检查。

在检查期间，应该做到以下三点：

1) 确定到每个减压井的位置。

2) 观察确定是否有水流动。

如果没有水流动，根据之前的读数和当前的库水位，判断是否应该有水流。

如果有水流动，测量流量。流量既可以在井中测量，也可以在集水管排放处测量。可以使用量水堰、量桶和秒表来测量流量。

3) 根据之前的读数，将测量到的流量与当前库水位的预期流量进行比较。

如果减压井流量低于预期，那么井网或过滤系统可能已经堵塞。应定期检查减压井，以确定是否有泥沙堆积。如果怀疑减压井因为堵塞而不能正常工作，建议立即进行清理。

如果减压井流量大于预期，可能需要对情况进行进一步评估。应确保流量和库水位的记录准确，并与之前观察到的减压井流量趋势进行比较。

（6）浑浊度。除了测量渗流量，还应该评估渗流浑浊度。渗流浑浊是由于有土颗粒悬浮在水中，表明水流通过坝体或坝基时携带了土颗粒。

> **检查提示**　每次测量渗流时，还应评估渗流的浑浊度是否有变化。

如果渗流水是清澈的，但因为某些原因（比如渗流增加了）怀疑渗水含有来自地基的可溶解物质，可能需要进行水质测试。

> **检查提示**　每次检查时应记录渗流流速和浑浊度。如果怀疑有渗流问题，则应由专业技术人员确定检查频率。如果确实出现渗流问题，应进行进一步检测。渗流问题是导致土石坝溃坝的主要原因。

1.3.2　裂缝隐患检查

土石坝另一个严重隐患是裂缝。裂缝是指在坝顶或坝坡上出现的线性裂缝，它将原来完整的土石坝坝体材料分开。土石坝裂缝主要分为以下三类：横向裂缝、纵向裂缝和干缩裂缝。

1. 横向裂缝

横向裂缝大致垂直于坝轴线方向。如果这些裂缝延伸到低于库水位的心墙时，则尤其危险，它们可能会形成一条贯穿心墙的集中渗流通道。两岸坝肩附近的坝顶常出现横向裂缝。横向裂缝的存在表明土石坝体或坝基内部存在不均匀沉降。这类裂缝经常出现在：

（1）两岸坝肩的岩体突变部位。

（2）坝基中的岩基材料区别较大部位。

（3）土石坝坝体的开挖区域，如修建涵管等。

图1.3-7所示为土石坝横向裂缝的形成过程。

横向裂缝为渗流提供了通道。当裂缝的深度延伸到库水位以下时，可能会发生非常迅速的大坝侵蚀，最终导致溃坝。

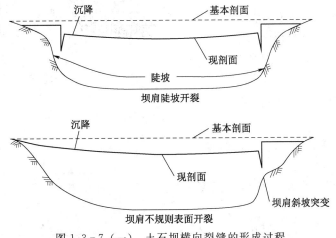

图1.3-7（一）　土石坝横向裂缝的形成过程

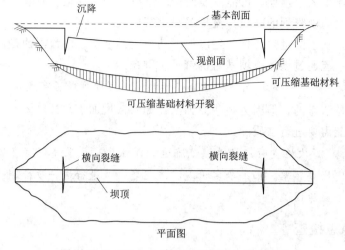

图 1.3-7（二）　土石坝横向裂缝的形成过程

在进行横向裂缝检查时，应该注意以下三点：

（1）探测并记录裂缝的位置、深度、长度、宽度和位移。

（2）监测裂缝的变化。

（3）检查坝体是否由散粒土组成。库水通过这类土体的横向裂缝可能导致大坝快速崩溃。

检查提示　　如果裂缝的深度低于水库水位，专业技术人员应确定适当的检查及处置措施。

2. 纵 向 裂 缝

纵向裂缝的方向大致与大坝轴线平行。这类裂缝产生的原因：

（1）不同压缩性能的相邻土石坝坝体分区的不均匀沉降。

（2）不稳定坝坡上的初始塌陷。在这种情况下，裂缝可能呈弧形。

图 1.3-8 所示为土石坝纵向裂缝的形成过程。当水进入土石坝坝体时，靠近裂缝的土石坝体材料强度可能会降低，进而加速坝体失稳。

与横向裂缝一样，观察到纵向裂缝时应该注意以下两点：

（1）拍摄并记录裂缝的位置、深度、长度、宽度和位移。

（2）监测裂缝的变化。其中，使用标记建立一个参考位置是一种实用的监测

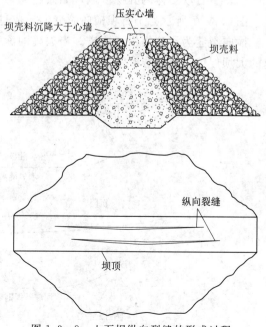

图 1.3-8　土石坝纵向裂缝的形成过程

方法。

检查提示　应咨询专业技术人员，以确定裂缝产生的原因。

3．干缩裂缝

干缩裂缝是由某些类型的土石方土料干缩引起的。干缩裂缝通常以随机的蜂窝状形式出现，一般出现在坝顶和下游坝坡。当以下因素一起发生时，干缩裂缝最严重：

（1）水库长期处于空库运行状态，同时伴随着炎热、干燥天气。

（2）由高塑性土（如黏土）组成的土石坝体。

通常干缩裂缝是无害的，但严重的干缩裂缝是有害的。严重干缩裂缝会导致沟道的形成，地表径流的侵蚀集中在沟道中，最终对大坝造成破坏。此外，暴雨会导致干缩裂缝被雨水填满，降低土石体的强度，导致土石体沿裂缝面发生滑坡。当库水位上升时，贯穿心墙的干缩裂缝无法迅速恢复并闭合，将可能导致大坝溃坝。

观察到干缩裂缝时应该注意以下两点：

1）探测比较严重的裂缝，确定其深度。

2）拍摄和记录所有严重裂缝的位置、深度、长度和宽度。

3）将测量值与原来的测量值进行比较，以确定情况是否在恶化。

检查提示　如果裂缝的深度低于水库水位，专业技术人员应确定适当的检查及补救措施。

1.3.3　失稳隐患检查

1．失稳

土石坝坝体失稳是非常严重的问题。失稳的主要可见迹象有：滑坡、隆起、渗流、裂缝和建筑物错位等（如墙壁、护栏、路面条纹、输泄水建筑物等）。

2．滑坡

滑坡可分为两大类：浅层滑坡和深层滑坡。滑坡可导致输泄水建筑物进口及排水沟阻塞、更大规模的深层滑坡、表层侵蚀等问题。

（1）浅层滑坡。如果上游坝坡过于陡峭，在库水位骤降时发生浅层滑坡，上游坝坡的浅层滑坡不会对大坝的完整性构成直接威胁。

下游坝坡过陡时也会发生浅层滑坡。此外，坝体强度低也会发生浅层滑坡。坝体强度降低可能是由于压实度不够，也可能是由于渗流、地表径流或排水沟堵塞造成坝坡土体饱和。雪荷载或建筑物的额外荷载会使这种情况变得更严重。图 1.3-9 是下游坝坡上的浅层滑坡示意图。

图 1.3-9　浅层滑坡示意图

观察到浅层滑坡时应该注意：

1) 拍摄并记录滑坡的位置。

2) 测量并记录滑坡的范围、前缘、中缘和后缘位移。

3) 寻找周围的裂缝，特别注意滑坡上部的裂缝。

4) 检查整个区域以确定滑动的深度和范围。

5) 确定滑坡附近或滑坡内是否有渗水区域。

6) 监测该区域以确定情况是否正在恶化。

> **检查提示** 如果不确定滑坡是否对大坝的完整性构成严重威胁，应咨询专业技术人员，并采取必要处理措施。

(2) 深层滑坡。深层滑坡对大坝的安全会构成严重威胁，图1.3-10是深层滑坡示意图。要识别深层滑坡，巡视检查中应特别注意：

1) 界限明确的陡坎。陡坎是在一个相对平坦的地区出现一个陡峭的后坡。

2) 坝脚隆起。坝脚隆起是由于下部的深埋破坏，是由土石坝坝体材料的旋转或水平运动引起的。

3) 弧形裂缝。坝坡上弧形裂缝表明滑坡开始了。这种类型的裂缝可能在滑坡顶部的斜坡上形成一个大陡坡。

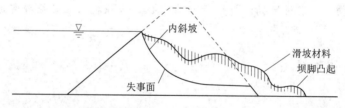

图1.3-10 深层滑坡示意图

上游或下游坝坡的深层滑坡或陡坡表明大坝存在严重的结构问题。应咨询专业技术人员：①决定是否需要降低或放空水库以防止发生溃坝。②查找深层滑坡的原因。③确定处理措施。

> **检查提示** 必须立即采取行动！大多数情况下，深层滑坡需要降低库水位，以防止溃坝，并应及时通知专业技术人员。

3. 横向扩张

大坝过度沉降会导致坝坡横向扩张和隆起，还会出现平行的纵向拉伸裂缝。膨胀隆起最明显的是部位在坝脚处。图1.3-11为大坝横向扩张形成膨胀隆起的示意图。

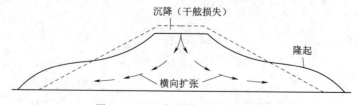

图1.3-11 大坝横向扩张示意图

横向扩张引起的隆起检查时，应注意：

由于横向扩张而引起的坝脚隆起会导致坝顶超高的降低。坝顶超高是最高水位与坝顶之间的距离。

> **检查提示** 如果怀疑坝顶超高降低了，应该对坝顶进行详细检查。

除了检查坝顶超高减少外，还应该注意：

（1）仔细检查隆起上方区域，看是否有陡坡。陡坡可能导致滑坡。

（2）检查隆起，以确定材料是否过于潮湿或柔软。材料过于潮湿或柔软也是滑坡的原因。

1.3.4 落水洞与塌陷隐患检查

1. 落水洞

当拆除底部土石坝坝体或坝基材料导致上覆材料塌陷成空洞时，即会形成落水洞。出现落水洞可能表明材料正在或已经通过内部侵蚀或管涌过程从大坝坝体或坝基中被带出（有关内部侵蚀和管涌的更多内容参阅1.3.1节）。埋在地下的动植物的分解，动物的洞穴也会造成落水洞。落水洞常与喀斯特地形有关，这种地形通常存在于石灰岩基岩地区，是由于基岩的溶蚀和风化作用而形成。图1.3-12为落水洞的形成过程。

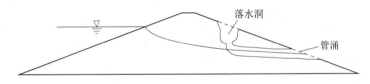

图1.3-12 落水洞的形成示意图

如果发现落水洞，需要仔细检查，并确定落水洞是否在持续增大。检查时应拍摄并记录塌陷的位置、尺寸和深度。

> **检查提示** 出现落水洞可能非常严重。要求专业技术人员迅速评估落水洞的情况。

2. 塌陷

塌陷是一种在路堤或地基上的沉降，其严重程度稍小于落水洞。塌陷一般是由下列原因引起的：

（1）侵蚀。上游坝坡的波浪作用会将坝体细颗粒或垫层从堆石下被带走，从而形成塌陷。

（2）土石坝体因压实性差或坝基的材料压缩而产生局部沉降。

（3）由于植被的腐烂、内部侵蚀或管涌而造成。

一些看起来是塌陷的地区，也可能是由于施工后的平整不到位造成的。区分塌陷和落水洞的一般方法是看它们的剖面，塌陷有轻微倾斜的碗状边缘，而落水洞通常有陡峭的、像木桶壁一样的边缘。局部塌陷可能是随后出现的落水洞的最初表现。图1.3-13所示为塌陷和落水洞的区别。

塌陷检测时，应注意：

沿固定点观测可以发现坝顶和坝坡的塌陷和其他错位现象。巡查人员应该沿着护栏、

图 1.3 - 13 塌陷和落水洞的区别

防浪墙、人行道和坝坡进行检测。一些明显的不平整可能是由于固定点的不规则放置导致。因此，应长期评估不规则情况，以核实位移的状态。

通过测量坝顶上的永久性标志物，以确定准确的位置和错位的程度，有助于发现视准不规则现象，测量记录还可以确定位移发生的速度。

尽管在大多数情况下，塌陷不会对大坝构成直接威胁，但它们可能是更严重问题的早期迹象。观察到塌陷时应该拍摄并记录塌陷的位置、大小和深度，并探测塌陷的底部，以确定是否有底层空洞，底层空洞是落水洞的标志。此外，应经常观察塌陷，判断其是否继续发展。

1.3.5 其他隐患检查

土石坝主要安全隐患除了以上四点，还会因为维修养护不到位而造成破坏。维修养护是为保证大坝正常运行而采取的经常性措施。一些维护不到位的问题可能不会立即对大坝造成威胁，但如果不及时处理，也会影响大坝安全。与维修养护不到位有关的隐患包括：①护坡不足；②地表径流侵蚀；③植物滋生；④杂物；⑤动物洞穴。

1. 护坡不足

护坡是为了防止边坡遭受侵蚀而建造的。土石坝主要采用堆石（抛石）护坡和草皮护坡两种护坡形式，也可采用水泥、混凝土、沥青、碾压混凝土等类型的护坡。护坡类型的选择取决于经济效益和现场情况。

（1）堆石（抛石）护坡。堆石是指放置在土石坝上、下游坡上的碎岩或块石。堆石可防止风浪作用、地表径流和冲刷造成的侵蚀。上游堆石护坡由两层以上物料组成：①内层。内层称为反滤层，为砂和砾石大小的石料。防止风浪通过堆石空隙将坝体细颗粒淘刷出来，土工膜织物反滤也可以达到这一目的。②外层。外层是卵石大小的岩石，不会被波浪冲走，这些较大的岩石可以防止侵蚀。不规则大小和形状的岩石形成了一个连锁体，既防止波浪从外层较大的岩石之间穿过，又防止波浪将底层坝料从内层带走。

放置堆石的边坡必须足够平整，以防止抛石从斜坡上滑落。人工堆砌的堆石，虽然通常能提供良好的保护，却是一个相对较薄的保护层。由于缺乏足够的支护，大块岩石的移动可能引起周围堆石的位移，因此薄层堆石容易发生破坏。大多数堆石是倾倒到位，形成了一个更厚的保护层。图 1.3 - 14 所示为上游堆石护坡示意图。

（2）植被护坡。由细粒土组成的土石坝体外侧必须做好侵蚀防护，如果不保护坝坡，会造成严重的侵蚀。如果发生严重侵蚀，将需要大量的维修养护，特别是在坝顶和下游坝坡。在边坡上种植植被（通常是草）可以防止侵蚀发生。植被护坡的根系将表层土壤固定住，保护坝坡免受风和地表径流的侵蚀。

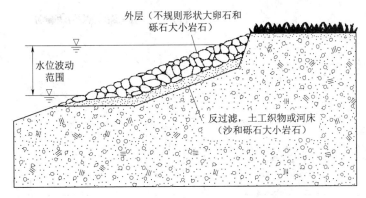

图 1.3-14 堆石护坡示意图

在大多数地区，良好的草皮护坡对坝顶和下游坡的保护非常有效。对于波浪作用不明显的小型水库，也可以利用草皮来保护上游坝坡。草皮应保持在最高约 15cm，以便进行土石坝坝体的检查。此外，养护良好的草皮有助于防止动物挖洞，并控制根系发达的植被。

植被护坡可用于消波消能，保护边坡不受侵蚀。如果植被稀疏或不合适，坝坡可能无法充分耗散波能，从而导致上游坡的侵蚀和冲蚀。

以下情况可能需要使用其他类型的边坡保护：①在干旱气候地区。②在地表径流过多或集中的区域，如两岸坝肩与岸坡接触处。③某些条件结合在一起，产生严重的波浪作用的区域。

（3）波浪侵蚀作用与边坡防护。上游坝坡在波浪持续作用下可能导致波浪作用侵蚀（冲蚀）和护坡退化。需要采取措施并维持坝坡稳定，否则波浪作用将侵蚀土石坝坝体材料。

1）波浪侵蚀（冲蚀）。波浪侵蚀冲毁土石坝部分上游坝坡。当这种情况发生时，坝坡防护（如堆石护坡或植被护坡）及底层材料被带走，形成一个相对平坦的区域，这个区域有一个陡峭的背坡或陡坡。在较小的堤坝上，波浪侵蚀会减小大坝的宽度，可能会导致堤坝的渗流增加、失稳或漫顶。上游坝坡上的冰作用也会导致护坡的变形或破坏。

2）劣化。坝坡防护材料发生裂缝、风化或破坏时，护坡可能发生劣化。波浪作用加速了坝坡防护的劣化，即使是好的坝坡防护也会随着时间的推移而劣化。应对已劣化的抛石、水泥、混凝土、碾压混凝土或其他边坡防护进行监测。一旦发现土石坝坝体发生严重破坏，必须对劣化的护坡进行修复或更换。

图 1.3-15 为波浪作用对土石坝护坡的影响。

（4）护坡的检查措施。检查时应该确保护坡足以抵抗侵蚀，重点检查波浪作用下护坡侵蚀劣化的迹象。如发现护坡不足，需记录发现并拍照，并确定土石坝坝体受损的程度（如土石材料被带走等），建议采取必要的措施，如修复或更换护坡。

2. 地表径流侵蚀

地表径流侵蚀是土石结构最常见的养护问题之一。无防护或保护层稀疏的区域更容易受到地表径流侵蚀的影响。如果不加以防护，地表径流侵蚀会成为一个更加严重的问题。

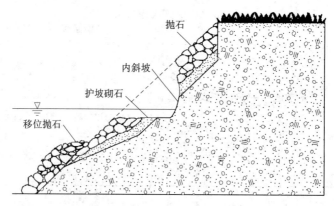

图1.3-15 波浪侵蚀示意图

（1）雨淋冲沟。地表径流造成的最严重破坏形式，表现为在两岸坝端岸坡和坝体中部的坝坡上形成深部侵蚀沟。严重的雨淋冲沟可能导致坝顶初始溃口，或大坝的渗径缩短从而导致管涌。由于级配不良或坝顶倾斜，也可能形成雨淋冲沟，导致排水不当。然后，地表水沿着坝顶上、下游边缘在最低点汇集和流出，这种径流形成的雨淋冲沟会减少大坝的横断面面积。

（2）坡顶防护。侵蚀可能破坏上游坝坡防护，使其发生沉降。这种破坏保护层的情况可能导致坝坡本身的劣化。如果不加以保护，坝顶也会受到风化和侵蚀。坝顶侵蚀防护包括路面铺装，如砾石、沥青或混凝土路面。使用的保护类型取决于坝顶预期的通行流量。如果坝顶上没有或只有少量车辆通行，那么草皮覆盖就足够了。应检查坝顶表面是否有足够的保护措施防止侵蚀。车辆在碎石或草皮覆盖的坝顶上通行频率过高，特别是在雨季，会导致坝顶表面出现车辙。车辙会形成积水，可能影响大坝稳定性。

有一些特殊的情况可能引发坝顶和下游坝坡的表面侵蚀。在一些地区，人和动物的足迹会在大坝上形成小路，这会破坏大坝坝坡的植被。超过坝顶的波浪也会对坝顶和下游坡造成破坏。巡查人员需要了解在特定位置常见的特定问题，或者在以前的检查中已经注意到的问题。

地表径流侵蚀检查时，应注意：

检查期间，应确保坝坡及坝顶具有充足的防护。无防护或地表保护稀疏的地区更容易受到地表径流的影响。仔细检查雨淋冲沟、车辙或其他地表径流侵蚀的迹象。检查上下游坝肩和两岸坝肩与岸坡接触面的低点，一般地表径流会集中在这些地区。熟练掌握可能导致侵蚀的特殊问题，如人、动物或大型车辆的影响。如观测到地表径流侵蚀需记录并拍照，并确定损害严重程度，建议立即修复被地表径流破坏的地区，并采取措施防止更严重的问题。

检查提示 在分散性粒土的地区，通常出现一种特殊的侵蚀模式。水在流到坝坡表面之前，在裂缝中沿垂直向下渗透，造成坝坡上的塌陷或落水洞。

3.植物滋生

植被滋生是一个常见的维护问题。植物滋生一般可分为两类，即植被过多和深根系植物。

（1）植被过多。堤坝上的任何地方，植被过多往往都预示着可能出现问题。过多的植被可能导致：

1）部分大坝被遮挡，土石坝体与两岸坝肩的接触部位，以及下游坝脚，过多的植被会妨碍现场巡视检查。如果被植被遮挡，那些威胁大坝安全的问题就可能会继续发展且难以被发现。

2）阻挡了进入大坝及其周边地区的通道。对于巡视检查和维护养护来说，通道被阻是一个严重问题，特别是在紧急情况下，通道畅通都是至关重要的。

3）为啮齿动物和穴居动物提供栖息地。穴居动物会造成管涌通道的形成，从而对大坝形成威胁。

4）阻挡阳光照射到草皮上，导致草皮枯萎死亡。

此外，在上游坝坡的堆石上不应种植任何植物。堆石区的植被容易引发边坡防护的位移和劣化，植物生长应通过定期修理或其他方式加以控制。

检查提示 为了确保能最大限度地看到坝坡和坝顶，尽量在割完草后安排检查。

（2）深根植物。作为护坡工程，良好的草皮是可以进行防护的，但深根植物，例如大型灌木和乔木是具有危害性的。例如，在暴风雨时，大型深根植物会被吹倒并连根拔起，由根部系统留下的大洞可能会破坏大坝或缩短渗径并造成管涌。与深层植被相关的根系发育并渗透到大坝的横断面中，当植物死亡时，腐烂的根系可以为渗流提供路径，并导致管涌发生。即使是健康的大型植物根系，也可能因为提供渗漏通道而构成威胁。这些渗流路径最终会导致坝体内部侵蚀，威胁坝体的完整性。

乔木和灌木不宜生长在土石坝坝体上或附近区域。对坝顶、坝坡和大坝附近区域的树木，最好的办法是在它们长大之前就把它们砍掉。如果大树被砍掉了，但是根系没有被移除，应仔细观察树桩周围的区域，看是否有渗水的迹象发生。

植物滋生检查时，应注意：

在检查期间，应当在大坝周边寻找植被过多的和有深根植被生长的区域；确保堆石护坡内没有深根植被生长；在下游坝坡或坝脚部位的残余树桩或腐烂的根系周围，检查是否有渗水迹象发生。若发现植物滋生，需拍摄该地区并记录，并注意植被的大小和生长范围，建议采取适当的修理措施，以消除不良植被，并采取措施防止不良植被的进一步生长。

4. 杂物

大坝及其周围的杂物不会对大坝的完整性构成直接威胁，但是无人看管的杂物会导致严重问题的发生。下面列出了一些与杂物有关的常见问题。

（1）大坝上堆积的灌木和原木会遮挡上游坝坡，并妨碍现场检查。

（2）由于波浪作用，杂物会加速抛石或其他边坡防护的劣化过程。

（3）木质杂物会被水浸透并下沉，可能会堵塞排水设施或溢洪道的入口。在洪水发生时，阻塞这些进水口结构会导致大坝漫顶。

（4）某些动物也会导致大坝内部和周围的杂物堆积。

杂物检查时，应注意：

如果在大坝或大坝周围看到了杂物，需拍摄并记录观察结果，确保输泄水建筑物的入口干净无障碍，且能正常工作。必要时建议清除杂物，并在可能的情况下采取措施，如安装拦污栅，防止杂物堆积。

5. 动物洞穴

动物洞穴对大坝结构完整性造成威胁，因为它们会削弱坝体，并为渗流创造通道。地鼠和白蚁等动物可对大坝造成破坏。当穴居动物挖掘的巢穴和通道连通水库与下游坝坡或缩短大坝的渗径，或是穿透大坝的心墙时，可能导致内部侵蚀。浅层或局限于坝体一侧的洞穴造成的危害可能小于深层或连通的通道。

动物洞穴检查时，应注意：

如果穴居动物明显存在，应拍摄该地区并记录，建议在大坝遭受严重破坏之前采取措施，通常是根除或清除洞穴。

检查提示　如果浅层的地洞非常普遍，以至于形成蜂窝状的坝坡，那么坝坡的完整性就应仔细检查。应该咨询专业技术人员，以确定如何弥补这一缺陷。

1.4　小结

本章所述的土石坝安全隐患通常是非常严重的。若发现以下任何隐患，检查人员应及时咨询专业技术人员：土颗粒流失或渗流浑浊现象；自上一次检查（考虑库水位）以来渗漏量增加；裂缝延伸至库水位及横向、纵向裂缝；与滑坡相关的深层滑坡或隆起；凹陷或其他严重塌陷；需要清除的深根植物；无排水沟。当不确定某情况是否对大坝安全构成威胁时，应及时向专业技术人员报告检查结果。若发现隐患，可采用隐患巡查"十步法"（见图1.4-1）。

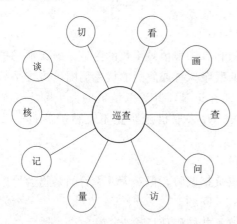

图1.4-1　隐患巡查"十步法"

看：现场查看。

画：若照片不能表征缺陷的重点，则可将观察到的隐患描绘出来。

查：调查隐患严重程度（查阅资料）。

问：现场巡查责任人或管理人员问答。

访：走访参建单位人员。

量：定量测量隐患的几何尺寸。

记：记录隐患的特征及发现发展过程。

核：核实隐患的成因及严重性。

谈：在隐患会影响大坝的安全时，与专业技术人员交流座谈并报告。

切：研判隐患安全性及处理措施。

第 2 章

混凝土坝和砌石坝工程安全巡查

2.1 混凝土坝和砌石坝工程分类及其特征

2.1.1 工程分类

1. 混凝土坝

混凝土坝分为重力坝、拱坝和支墩坝三种基本坝型。此外，重力坝或支墩坝有时也与土石坝组合构筑复合型大坝。

(1) 重力坝。重力坝是最常见的混凝土坝。重力坝的工作原理可以概括为两点：一是依靠坝体自重在坝基面上产生摩阻力来抵抗水平水压力以达到稳定的要求；二是利用坝体自重在水平截面上产生的压应力来抵消由于水压力所引起的拉应力以满足强度的要求。因此重力坝的剖面较大，一般做成上游坝面近于垂直的三角形剖面，且垂直坝轴线方向常设有永久伸缩缝，将坝体沿坝轴线分成若干个独立的坝段。

重力坝与其他坝型相比较具有以下几个特点：

1) 重力坝断面尺寸大，安全可靠。由于断面尺寸大，材料强度高、耐久性能好，因而对抵抗水的渗透、特大洪水的漫顶、地震和战争破坏能力都比较强，安全性较高。据统计，在各种坝型中，重力坝的失事率较低。

2) 重力坝各坝段分开，结构作用明确。坝体沿坝轴线用横缝分开，各坝段独立工作，结构作用明确，稳定和应力计算相对简单。

3) 重力坝的抗冲能力强，枢纽的泄洪问题容易解决。重力坝的坝体断面形态适于在坝顶布置溢流坝，在坝身设置泄水孔，可节省在河岸设置溢洪道或泄洪隧洞的费用。

4) 对地形地质条件适应性较好，几乎任何形状的河谷都可以修建重力坝。对地基要求高于土石坝，低于拱坝及支墩坝。一般来说，具有足够强度的岩基均可满足要求，因为重力坝常沿坝轴线分成若干独立的坝段，所以能较好地适应岩石物理力学特性的变化和各种非均质的地质。但仍应重视地基处理，确保大坝安全。

5) 重力坝体积大，可分期浇筑，便于机械化施工。在高坝建设中，有时由于淹没太大，一次移民及投资过多，或为提前发电而采用分期施工方式。混凝土施工技术已很成熟且比较容易掌握，放样、立模和浇捣都比较方便，有利于机械化施工。

6) 坝体与地基的接触面积大，受扬压力的影响也大。扬压力作用会抵消部分坝体重量的有效压力，对坝的稳定和应力情况不利，故需采取各种有效的防渗排水措施，以削减扬压力，节省工程量。

7）重力坝的剖面尺寸较大，坝体内部的压应力一般不大，因此材料的强度不能充分发挥。

8）坝体体积大，水泥用量多，混凝土凝固时水化热高，散热条件差，且各部浇筑顺序有先有后，因而同一时间内冷热不均，热胀冷缩，相互制约，往往容易形成裂缝，从而削弱坝体的整体性，所以混凝土重力坝施工期需有严格的温度控制和散热措施。

图 2.1-1 所示为重力坝典型荷载简图。

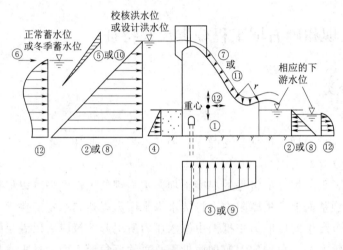

图 2.1-1　重力坝典型荷载简图

①坝体及其上永久设备的自重；②正常蓄水位或设计洪水位时的静水压力；③相应于正常蓄水位或设计洪水位时的扬压力；④淤沙压力；⑤相应于正常蓄水位或设计洪水位时的浪压力；⑥冰压力；⑦相应于设计洪水位时的动水压力。⑧校核洪水位时的静水压力；⑨相应于校核洪水位时的扬压力；⑩相应于校核洪水位时的浪压力；⑪相应于校核洪水位时的动水压力；⑫地震荷载（包括地震惯性力和地震动水压力）。

（2）拱坝。拱坝是在平面上呈凸向上游的拱形挡水建筑物，借助拱的作用将水压力的全部或部分传给河谷两岸的基岩从而保持整体稳定。拱坝的水平剖面由曲线形拱构成，两端支承在两岸基岩上。竖直剖面呈悬臂梁形式，底部坐落在河床或两岸基岩上，拱坝比之重力坝可较充分地利用坝体的强度。与其他坝型比较，拱坝具有如下一些特点：

1）利用拱结构特点，充分发挥利用材料强度。拱坝是一种推力结构，在外荷载作用下，只要设计得当，拱圈截面上主要承受轴向压应力，弯矩较小，有利于充分发挥坝体混凝土或浆砌石材料的抗压强度。拱作用愈大，材料的抗压强度愈能充分发挥，坝体的厚度也愈可减薄。对适宜修建拱坝和重力坝的同一坝址，相同坝高的拱坝与重力坝相比，拱坝体积可节省 1/3～2/3，因而拱坝是一种比较经济的坝型。图 2.1-2 所示为拱坝形状示意图。

2）利用两岸岩体维持稳定。与重力坝由自重在岩基产生摩阻力维持稳定的特点不同，拱坝将外荷载的大部分通过拱作用传至两岸岩体，主要依靠两岸坝肩岩体维持稳定，坝体自重对拱坝的稳定性影响不占主导作用。因此，拱坝对坝址地形地质条件要求较高，对地基处理的要求也较为严格。尽管目前对修建拱坝的坝址条件有所放宽，但充分查清坝基地

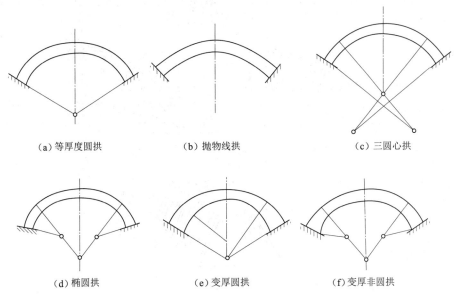

（a）等厚度圆拱　　　　　（b）抛物线拱　　　　　（c）三圆心拱

（d）椭圆拱　　　　　（e）变厚圆拱　　　　　（f）变厚非圆拱

图 2.1-2　拱坝形状示意图

质情况以及认真进行地基处理则是必要的。

3）超载能力强，安全度高。可视为由拱和梁组成的拱坝结构，当外荷载增大或某一部位因拉应力过大而发生局部开裂时，能调整拱和梁的荷载分配，改变应力分布状态，而不致使坝全部丧失承载能力。局部因拉应力增大引起的水平裂缝会降低坝体悬臂梁的作用，竖直裂缝会使拱圈未开裂部分应力增加。梁作用减弱，部分荷载"转移"给拱，致使拱荷载增加，未开裂部分拱的应力再增加，使原来的拱圈变成曲率半径更小的拱圈，从而使坝内应力重新分布，成为无拉力的有效拱或有小于允许拉应力的有效拱。所以按结构特点，拱坝坝面允许局部开裂。在两岸有坚固岩体支承的条件下，坝的破坏主要取决于压应力是否超过筑坝材料的强度极限。一般混凝土均有一定的塑性和徐变特性，在局部应力特大的部位，变形受限制的情况下，经过一段时间，混凝土的徐变变形增大，使特大应力有所降低。由于上述原因，使拱坝在合适的地形地质条件下具有很强的超载能力。

4）抗震性能好。由于拱坝是整体性空间结构，厚度薄，富有弹性，因而其抗震能力较强。

5）荷载特点。拱坝坝体不设永久性伸缩缝，其周边通常固接于基岩上，因而温度变化、地基变形等对坝体应力有显著影响。此外，坝体自重和扬压力对拱坝应力的影响较小，坝体越薄，这一特点越明显。

6）坝身泄流布置复杂。坝体单薄情况下坝身开孔或坝顶溢流会削弱水平拱和顶拱作用，并使孔口应力复杂化；坝身下泄水流的向心收聚易造成河床及岸坡冲刷。但随着修建拱坝技术水平的不断提高，合理的布置，坝身不仅能安全泄流，而且能开设大孔口泄洪。

（3）支墩坝。支墩坝是重力坝的另一种型式，依靠自重和水压力保持稳定。支墩坝由两个基本结构组成：上游不透水盖板和一系列支墩或垂直挡墙。支墩或挡墙的作用是支撑盖板并将荷载传递至坝基。图 2.1-3 所示为支墩坝类型图。与其他混凝土坝相比支墩坝有如下一些特点：

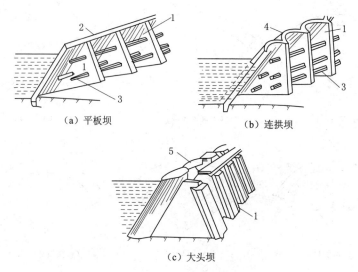

（a）平板坝　　　　　　　　　　　（b）连拱坝

（c）大头坝

图 2.1-3　支墩坝类型图

1—支墩；2—平面面板；3—刚性梁；4—拱形面板；5—大头

1）混凝土用量省。支墩坝有向上游倾斜的挡水面。可利用上游的水重增加坝的抗滑稳定性，支墩间留有空隙便于坝基排水，减小作用在坝底面上的扬压力，从而大大节省混凝土方量。与实体重力坝相比，大头坝可节省 20%～40%，连拱坝可节省 30%～60%。

2）能充分利用材料强度。由于支墩可随受力情况调整厚度，因而可较充分利用坝工材料的抗压强度。连拱坝则可进一步将盖板做成拱形结构，使材料的强度更能充分地发挥。但对上游面板混凝土的抗裂和抗渗性能有较高的要求。

3）坝身可以溢流。大头坝接近宽缝重力坝，坝身可以溢流，单宽流量可以较大。已建的溢流大头坝单宽流量达 $100m^3/(s \cdot m)$ 以上，平板坝因结构单薄，单宽流量不宜过大以防坝体振动，而连拱坝坝身一般不做溢流设施。

4）坝身钢筋含量较大。平板坝和连拱坝钢筋用量较大，单般情况下每方混凝土可达 0.3～0.4kN，而大头坝一般不用钢筋，仅在大头局部和孔洞周边布置部分钢筋，每立方米混凝土为 0.02～0.03kN，与宽缝重力坝相近。

5）对坝基地质条件要求随不同面板型式而异。因支墩应力较高，所以对地基的要求较重力坝严格，尤其是连拱坝对地基要求则更为严格。平板坝因面板与支墩常设成简支连接，对地基的要求有所降低，在非岩石或软弱岩基上亦可修建较低的平板坝。

6）施工条件有所改善。一方面因支墩间存在空腔减少了基坑开挖清理等工作量，便于在一个枯水期将坝体抢修出水面，支墩间的空腔还可布置底孔，便于施工导流；另一方面因坝体施工散热面增加，故混凝土温度应力、收缩应力较小，温控措施简易，可以加快大坝上升速度。但模板也相应复杂且用量大（尤以连拱坝为甚），混凝土标号比重力坝的高，故单位方量造价较高。

7）侧向稳定性差。一方面支墩因本身单薄又互相分立，侧向稳定性比纵向（上下游方向）稳定性低。如受垂直于河流方向地震时，其抗侧向倾覆能力就差；另一方面，支墩是一块单薄的受压板，当作用力超过临界值时，即使应力分析所得支墩内应力未超过材料的破坏强度，支墩也会因丧失纵向稳定性而破坏。因此为增加支墩的侧向刚度，需采取定的措施。

虽然建造支墩坝比重力坝所用的混凝土更少，但施工时有相当一部分的人力用于制作结构预制模板。20 世纪 30 年代人工费用相对较低，混凝土等建材费用较高，建造了许多支墩坝。

（4）复合坝。复合坝通常由混凝土重力坝或支墩坝段与土石坝段组合而成。复合坝综合吸取了混凝土坝提供溢洪道泄洪的能力（即过水时很安全）以及土石坝建造成本低以及建造时可就地取材的优点。图 2.1-4 为复合坝示意图。

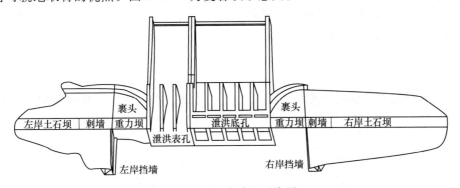

图 2.1-4　复合坝示意图

2. 砌石坝

砌石坝是用块石和（或）条石砌筑而成的坝。根据砌筑方式的不同，分为浆砌石坝和干砌石坝。前者用水泥砂浆或细石混凝土等胶凝材料砌筑块石或条石而成；后者则不用胶结材料，直接用比较规整的石料砌筑而成。

砌石坝按结构型式分类，主要有砌石重力坝（其中包括实体重力坝、宽缝重力坝和空腹重力坝）、砌石拱坝和砌石支墩坝，还有为数不多的砌石硬壳坝、砌石框格填渣坝等。

砌石坝主要有以下特点：

（1）可以就地取材。一些山区丘陵地带，土地资源宝贵，土料相对缺乏，而石料蕴藏丰富，可用以砌筑坝体，胶凝材料所用的砂砾料也可就地取材。与混凝土坝相比，水泥、钢材、木材用量较小。

（2）施工技术简单。在相当多的地区，石料加工与砌筑是当地群众的传统民间工艺，具有砌石坝施工技术基础。小规模的细石混凝土等胶凝材料的浇筑技术也易于掌握，温控措施相对简单。

（3）坝顶具有溢流条件。与同样为当地材料坝的土石坝相比，砌石坝可以坝顶溢流，对于大多数中小型工程，不需再建岸边溢洪道。

（4）施工度汛风险小。与土石坝相比，砌石坝的施工导流与度汛易于解决，施工期可预留缺口导流度汛，此外砌石坝容许洪水漫顶，很大程度上降低了施工度汛的风险。

（5）施工受天气影响小。与土料碾压施工相比，阴雨潮湿天气对砌石坝的施工影响较小，全年有效施工时间较长。

（6）节省造价。在具备建造砌石坝条件的地区，劳动力价格相对较低，与混凝土坝相比，不仅可大量节省三材，而且总造价同样可大量节省。

（7）施工设备利用可因地制宜。在相对贫困、劳动力相对富裕的地方，可多利用人力资源；在相对富裕、劳动力相对紧缺的地方，可多利用机械设备。

（8）易于分期加高，维护简单。分期加高对于砌石工艺相对容易，有些砌石坝根据当地经济、社会发展需要，在若干年内进行了数次加高。砌石坝的日常维护与修缮也相对容易。

（9）施工期较长，所需劳动力较多。砌石坝施工尽管也利用较多机械设备，但与混凝土坝或土石坝相比，块石砌筑仍需依赖较多人工，劳动生产力较低。

（10）砌筑质量难以严密控制。由于块石砌筑仍需大量人工，与大规模机械施工相比，施工质量有效控制率相对不高。

2.1.2　工程特征

混凝土（或砌石）坝的典型工程特征，包括接缝、内部结构、其他结构与机械设备等。图 2.1-5 所示为典型混凝土重力坝示意图。

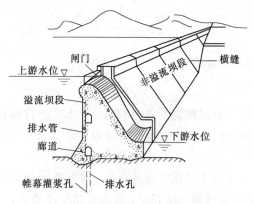

图 2.1-5　典型混凝土重力坝示意图

1. 接缝

大多数混凝土结构在两段之间有接缝。一些接缝是施工过程中两仓混凝土浇筑前后之间产生的接缝。另一些接缝是专门设计预留缝，以允许坝段的变位或控制混凝土开裂。在混凝土坝建造过程中主要有三种类型的缝：横缝、伸缩缝和施工缝。

（1）横缝。构成大体积混凝土坝的混凝土块由垂直缝分开，分缝从上游面至下游面、从基础至坝顶横向穿过结构。这些缝称为横断面收缩缝（横缝），用来防止由于温度下降而导致结构体积收缩引起张力裂纹。收缩缝的构造使得被缝分开的块体之间不存在黏结。

为防止横向收缩缝漏水，施工期间将密封材料或止水带在靠近上游面处嵌入到混凝土块的接缝中。最常见的密封类型由聚氯乙烯（PVC）、金属或橡胶制成。

横缝可以灌浆或键合以增强结构的稳定性。灌浆包括将硅酸盐水泥和水的混合物强制灌入接缝内部，然后将各个块体结合在一起，使它们作为一个整体。

（2）伸缩缝。伸缩缝位于混凝土结构中，主要用于容纳由于温度上升引起的体积膨胀。这些缝最常见于防浪墙、电站厂房、墙壁和其他容易膨胀的输泄水建筑物。伸缩缝可以打开，或者用可压缩填缝剂填充以防止压力或荷载传递。如果接缝是密封的，则可以防止接缝渗漏。

（3）施工缝。大体积混凝土坝以垂向叠加浇筑混凝土方的方式进行施工，称为升仓。水平接缝，又称为升仓线或水平施工缝，出现在新一仓混凝土浇筑在前一仓混凝土上时的新、老混凝土交界面处。施工期间施工缝必须进行处理以确保混凝土持续升仓时各仓混凝土衔接完好。施工缝通常间距 1.5～3m，每条缝在相同高程处延伸贯穿大坝，在大坝下游面可以看见所有的施工缝。有时用于预制混凝土块的模具会使混凝土中产生一些痕迹，这些痕迹通常聚在一起，间距较近，应避免与施工缝混淆。

2. 内部结构

混凝土坝内部的两个主要结构是廊道和排水系统。

（1）廊道。廊道是用于检查、基础灌浆或排水的坝体内部通道。廊道可以是纵向或横向构造，可以是水平或斜坡布置。廊道地面设有排水沟，可以保证廊道内排水，便于坝体内水排出并测量渗漏量。平洞是一个作为廊道体系入口或连接两条平行廊道或其他部分之间的通道。在坝体廊道体系外、两岸坝肩岩体内部，有时会建造平洞，用于对两岸坝端岩体进行灌浆、排水以及检查。图 2.1-6 为某混凝土坝坝体内部复杂廊道体系的一部分。

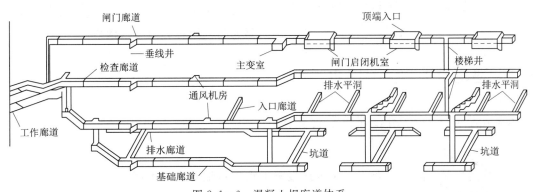

图 2.1-6　混凝土坝廊道体系

（2）排水系统。水压力（静水压力）表现为混凝土坝的孔隙、接（裂）缝等的内部压力，也表现为坝基扬压力。如果扬压力控制不好，会导致大坝失稳。静水压力通过放置在特殊钻孔或选定的排水管道中的扬压力计来监测。通过收集和排出渗漏到结构中的水或通过坝基渗透的水，排水管系统可以控制静水压力。排水管包括廊道排水沟、预制排水孔（表面排水孔和接缝排水）和基础排水孔（排水钻孔）三种主要类型。

1）廊道排水沟。廊道是大坝排水系统的重要组成部分。廊道的排水地沟将进入廊道的渗漏水流排出，通过安装管道从排水地沟收集水，并将其逐渐引至高程较低处，最终从大坝排出。排水可通过自重流出，或通过集水池收集渗漏水，然后用泵将收集的渗漏水抽出。

2）预制排水孔。预制排水孔，有时称为表面排水孔，是施工期间在大体积混凝土中预留的垂直排水孔，用于拦截沿着水平缝或通过混凝土渗入大坝的水流。坝体预制排水孔通常垂直布置，顶部一般延伸到坝的顶部，以方便检查清理。下端与廊道体系相接或直接连接到下游面用于排水的水平排水管道。

3）基础排水孔。灌浆帷幕是控制坝下渗水的一种重要方法。通过在坝踵附近的基岩

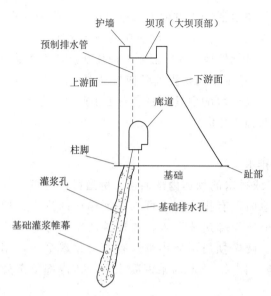

图 2.1-7　灌浆帷幕和基础排水孔位置示意图

深处钻入一排或多排灌浆孔并用泵注入水泥砂浆形成灌浆帷幕。灌浆帷幕可以减少但不能完全消除坝基渗流，为了集中收集并排出绕过或穿过灌浆帷幕的渗水，一般在灌浆帷幕的下游坝基布设一排或多排基础排水孔。基础排水管通过收集渗水并排放至可以处理渗流水的大坝内部排水系统，减少基底以及坝基水平滑动面上的扬压力。图 2.1-7 为灌浆帷幕和基础排水孔线的典型布置图。

3. 其他结构及机械设备

除大坝本身外，混凝土坝还可能包括各种附属结构和设备，如发电站及相关建筑物、引水工程、闸门和阀门、闸门控制系统、配电所、拦污栅、挡土墙和导流墙，通常将其统称为附属结构物。

2.2　巡视检查方法与隐患类型

2.2.1　混凝土坝和砌石坝巡视检查方法

1. 检查准备

现场巡检前所需做的准备工作包括查看工程运行记录、与水库大坝安全管理人员交流、检查检测工具与设备是否齐全等，以保障大坝检查工作顺利完成。

（1）查阅工程档案资料。巡检前，应先查阅所有可以获取的工程档案资料。大坝安全检查的一个重要方面是跟踪大坝运行表现和潜在问题，并确定它们随着时间推移如何变化以及变化程度。历史运行情况和设计资料会提出需要特别关注的问题，对这些问题应进行有针对性的检查和记录。相关数据资料包括：设计资料，参数资料，施工记录，运行记录，维护记录，监测资料，大坝安全检查报告等。多数情况下，先查看记录、后进行检查，然后将检查结果与历史数据进行比对，这将有助于判断大坝问题与隐患的变化趋势。

（2）与工作人员交谈。与大坝安全管理人员交谈是极为有用的获取大坝潜在隐患信息的方式，因为相对于偶尔来一次的检查者而言，在水库大坝工作的人员有更多机会了解大坝在不同的气温、荷载条件下的运行情况。例如若在检查期间库水位很低，检查时看不到只有在水位高时才会发生的问题；如果天气很热，可能会忽视当温度下降时容易发生的问题；如果由于调度运行限制，检查时不能打开闸门，可能难以发现闸门的相关问题。因此，应当向现场工作人员了解他们的经验和日常运行情况，确保进行检查时不忽视任何问题。建议检查时有一位熟悉工程情况的工作人员陪同。

（3）工具和设备。在检查时应确保有相应的工具可以使用。表 2.2 - 1 列出了混凝土坝安全检查时所需的工具和设备。

表 2.2 - 1   检验工具和设备

工具和设备	用　　途	工具和设备	用　　途
望远镜	沿坝顶观察无法进入的区域	小刀	刮岩，探缝等
相机	记录查勘情况和隐患	铲子	清理排水沟、清除结构表面覆盖物
锤子	听诊混凝土或岩石	量桶和秒表	测量渗流量和其他流量
尺	测量结构物或隐患的尺寸	探照灯	观察管路内部、廊道内行走等
探头	测量深入表面的裂缝宽度	水样包（罐）	检查渗水的质量（浊度）

2. 一般原则

检查时需要注意以下几点：

（1）检查的目的是收集现状。灵活运用检查方式，检查过程中提出问题，探究原因，直至得到满意的结果。

（2）不要停留在识别个别隐患上，应寻求隐患之间的连续性或关系（例如，能否由裂缝所在的表面追踪至结构内部？能否确定渗流通道或渗漏来源？）。

（3）大坝所有部位均需检查，不能走捷径。需要耐心检查，保证足够的检查时间。需特别注意有监测数据表明正在发生变化的部位或过去有隐患的地方。

（4）应对自我知识、能力范围有所认知。检查中有特定问题或疑虑不能解决时，应咨询经验丰富有能力的专家。

（5）笔记应记录完整。有经验的检查员会随身携带总体计划和部分简图，并在简图上进行记录，使用简图、照片和测量作补充性说明。

（6）采用 1.4 节的"十步法"记录检查并研判隐患情况。

可以采用记录隐患位置的方法包括：接缝或混凝土块编号、排水编号、廊道名称或编号、相对高程（在下游面处），或通过参照（或测量）某些已知的大坝参照物。

3. 记录和报告

检查过程需收集大量信息。检查者应在每次检查完成后尽快完成报告，因为此时对检查情况的印象最为清晰，且应注意用清晰连贯的方式汇报检查结果。

4. 坝顶检查

建议从坝顶开始检查，因为坝顶有着良好的总体视野，方便对大坝的大部分建筑物进行初步观察。坝顶检查的一种路线是沿着坝顶的一侧从坝体一端走到另一端，然后从对面一侧返回，沿途记录缺陷。另一种路线是一边沿坝顶行走，一边在上下游侧反复来回观察。做坝顶检查时，应确保检查涵盖所有能够检查的区域。以下内容应重点检查：坝顶情况、防浪墙、位移基准点情况、桥面和两岸坝肩、接（裂）缝情况、结构是否对齐、相邻坝段间接缝有无不均匀变形迹象。

5. 大坝视准方法

当检查直线坝顶的对齐时，一个实用的技巧是将视线指向被观察的线条中央，然后来回移动或倾斜身体，以便从多个角度观察线条。辅助视准工具有：

（1）望远镜或长焦镜头。通过使用望远镜或长焦镜头可以通过放大目标帮助发现结构不规则的地方并使变形部分更加明显。

（2）参考线。使用参考线也可以帮助视准。参考线是作为大坝表面水平或垂直控制点的已有结构。例如扶手、防浪墙、起重机轨道、道路上的路面条纹、永久基准点，以及坝段之间的接缝等都可以作为参考线。

对准坝顶观察时，需要从多个不同的角度观察选择的参考线。图2.2-1展示了沿坝顶的照准方法。

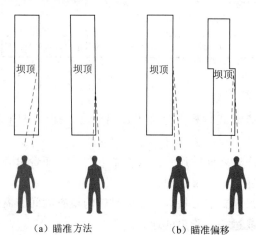

（a）瞄准方法　　　　（b）瞄准偏移

图2.2-1　沿坝顶的照准方法

6. 拱坝视准方法

由于拱坝坝顶是弯曲的，因此直线视准技术无法有效运用于拱坝坝顶。推荐采用以下方法检查拱坝坝顶是否对齐：

（1）站在两岸坝肩上观察大坝顶部。

（2）注意块体间靠近扶手或其他金属埋件的任何裂缝，这些裂缝表明该部位可能有错动。

7. 上游面检查

上游面应从顶部、两岸坝端或者船上检查。坝面检查位置的数量取决于大坝的长度及其高度：坝体越大，应检查的位置越多，最好在库水位低的时候检查上游面。

一般而言，进行上游面外观检查没有特定的标准，但检查时应注意以下方面：

（1）如有必要，使用望远镜仔细检查表面。

（2）确保检查整个表面。

（3）如果注意到一个特殊的隐患，可尝试从不同的方面进行研究，用船、平台或其他方法尽可能地靠近观察。

8. 水下检查

在某些情况下（例如，当水面线上方发现问题或在廊道内发现漏水等），建议安排潜水员或水下摄像设备在水面线下方的特定位置检查上游面。这是一种特殊的检查技术，偶尔用于确定某个特定问题的具体原因或严重程度。

9. 下游面检查

如果有明显渗水或结构问题，最有可能发生的部位是下游面。尽量在库水位高的时候检查下游面，这样更易在大坝下游面以及沿着坝脚观察到渗漏。因此，对上游面和下游面的检查最好在不同时间进行：上游在低库水位时检查，下游在高库水位时检查。另一种检查方式是在库水位从高水位到低水位之间变化时轮番检查。下游面的检查与上游面类似，仔细检查整个表面；从坝顶、坝肩、坝趾等多个角度观察表面；用望远镜或无人机设备检查表面；注意观察坝体与基础材料相接触的部位，包括沿着坝脚的渗漏、平整度有无变化，以及裂缝等；对支墩坝应仔细检查板的下游面和支墩表面开裂情况。

10. 近坝库岸检查

检查大坝周边地区时应根据条件允许情况在下游地区踏勘，注意滑坡、陷坑、潮湿地区、植被茂密地区，或其他能够表明有坝脚出渗、坝基渗漏或绕坝渗流的迹象；查看上游岸坡区域，观察是否有坝肩不稳定的迹象（如滑移或错动）；注意坝面与坝肩连接部位，寻找坝肩附近混凝土的裂缝和不稳定迹象或坝肩两岸岩体应力裂缝迹象；寻找基础移动的迹象。

11. 大坝内部检查

应沿着廊道体系完整地巡视检查。在检查过程中应确保廊道通风良好，有足够的照明保证检查安全；确保排水沟和相关的排水管道系统畅通无阻；寻找过去检查中排水流量的变化，并注意排水是否有阻塞现象，有些采用回声探测等方式检查排水管路是打开的还是堵塞的；检查表面混凝土是否有任何问题；通过比对裂缝在大坝表面、坝顶和廊道中的位置，尝试确定裂缝是否贯穿整个结构；确保带有压力计的排水管阀门已打开，只有在查看压力示数时才会短暂关闭排水管阀门；检查压力计读数是否符合历史变化趋势等。

2.2.2 混凝土坝工程隐患类型

混凝土坝或砌石坝工程的隐患主要包括：①开裂。②混凝土老化。③砌石老化。④表面缺陷。⑤位移（错位、不均匀位移）。⑥渗漏和渗流。⑦维修养护问题（排水、植被、废弃物、接缝的状况、以前的维修、环境状况）等。

2.3 混凝土坝和砌石坝隐患检查

2.3.1 裂缝检查

在大多数情况下，开裂是混凝土出现问题的第一个表观迹象。当拉应力超过混凝土的抗拉强度时，混凝土坝会发生开裂。这些应力可能是由建筑物的附加荷载或混凝土的体积变化引起的。大体积混凝土的体积变化由温度变化或混凝土内部化学反应引起。安全检查过程中会看到许多裂缝，并不是所有裂缝都是严重的。但对裂缝进行监测是必要的，有助于判断混凝土隐患。

1. 裂缝的主要特征

混凝土坝的裂缝可以根据长度、宽度、方向、深度、趋势（变化）和位置等特征来描述。

（1）长度。裂缝的长度是通过测量来确定的。

（2）宽度。裂缝的宽度可以表征两个混凝土部件之间的分离程度。一些检查人员的常见误区是在表面测量裂缝的宽度，但这会因为混凝土的老化导致夸大裂缝的真实尺寸。条件允许的情况下，应该通过插入刀片或带导线的探头深入到老化表面的下方来测量或估计裂缝宽度。图 2.3 - 1 表明了裂缝的真实宽度。

（3）方向。裂缝开展方向或走向可以使用以下术语描述，如图 2.3 - 2 所示。

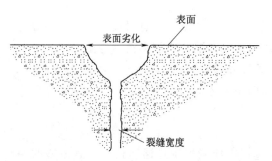

图 2.3-1　裂缝宽度（剖面图）

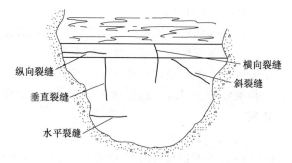

图 2.3-2　裂缝的走向

1）纵向：纵向裂缝大致平行于坝顶。

2）横向：横向裂缝大致垂直于坝顶。

3）水平：水平裂缝是位于同一高度的裂缝。

4）垂直：垂直裂缝自上而下开展。

5）斜裂缝：斜裂缝在水平和垂直之间有一个倾角。

裂缝也可以在混凝土表面上以任意图案（例如，块状花纹）出现。

（4）深度。除贯穿性裂缝或者延伸到大坝内表面（如廊道或闸室）的裂缝，一般很难确定裂纹的完整深度。

（5）趋势。变化趋势在裂缝监测中是非常重要的。在开始检查之前先查看之前的报告，了解裂缝是如何变化的，裂缝是否变得更长、更宽、更深，方向是否改变或保持不变。记录观察到的所有变化以便检查人员能够保持对裂缝的监测。测量装置或标点有时会固定在裂缝上，以监控宽度随时间的变化。

（6）位置。准确确定裂缝位置对于在未来的检查中监测其变化趋势至关重要。一些基本的参照规则包括面向下游分左右侧、块体和接缝编号、排水编号等。其他参照点如站点（沿坝的轴线测量）、高程（在大坝的下游面）、廊道名称或数量、大坝可识别的特征（例如结构、扶手、门洞）等也是可用的。

2. 裂缝的类型

混凝土坝的裂缝通常分为以下几类：①结构性裂缝。②沿接缝开裂。③干缩裂缝。④温度裂缝。⑤网状裂缝。⑥D 形裂缝。⑦其他浅裂缝。

（1）结构性裂缝。结构性裂缝是一种危及结构完整性的严重裂缝。结构性裂缝是由于载荷超限、设计不合理、施工工艺差或材料使用不当产生的。通常，结构性裂缝与大坝应力集中的部位有关，例如有开口的边角区域、温差较大的区域、坝基间断的部位（因材料变化、结构错位、坝基或两岸坝肩不均匀位移等造成的间断）。结构性裂缝通常是不规则的，即裂缝与坝轴线成一定角度，并且会突然改变方向。这些裂缝通常很宽，并且与裂缝周围的混凝土大幅度位移有关。裂缝开口会随着混凝土的持续承载和徐变作用而增大。图 2.3-3 显示出了具有垂直位移的不规则结构性裂缝。

（2）沿接缝裂缝。由于结构运动，体积变化或化学反应，接缝处可能会发生裂缝。其中一些裂缝是设计允许的，另一些非设计的沿接缝的裂缝可能会威胁大坝完整性。除了在设计允许范围内的裂缝，其余新产生的或正在开展的裂缝均应记录。

（3）干缩裂缝。混凝土在干湿循环条件下会发生膨胀和收缩，在此过程中发生体积变化，并在混凝土内产生拉应力，引起开裂。由于干燥而引起的干缩裂缝通常很细，不会有活动迹象。它们通常较浅，但长度可达数米。随着水泥浆固化和收缩，干缩裂缝经常出现在施工后，一般不会深层次发展而成为威胁。

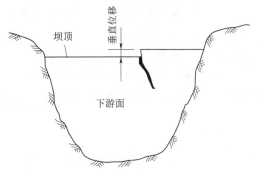

图 2.3-3　具有垂直位移的不规则结构性裂缝

（4）温度裂缝。当大体积混凝土浇筑时，水泥会产生水化热，若冷却过程控制不均匀，则会在内部产生较大的拉应力。当拉应力超过混凝土的抗拉强度时，混凝土会发生裂缝，裂缝通常是正交（矩形）或块状的。温度裂缝通常比干缩裂缝深得多。温度裂缝也可能由气候变化引起。天气寒冷时，坝顶变得比坝体水下部分更冷，这种温差可能导致从坝顶向下发展的裂缝。

（5）网状裂缝。网状裂缝是指混凝土表面以网状的形式出现的细小开口。网状裂缝是由于表面附近的材料体积减小，或者表面下方材料的体积增加，或两者同时发生而产生的。图 2.3-4 为网状裂缝示意图。

网状裂缝通常说明混凝土存在问题，如存在冻融作用或某种不利的化学反应（将在混凝土老化部分详细讨论化学反应）。当水进入混凝土的孔隙、裂缝或接缝时，会发生冻融作用。水冻结膨胀，导致混凝土开裂，然后又有水进入新的裂缝，当其冻结时，导致裂缝变宽或在表面呈碎裂状。

（6）D 形裂缝。有时沿接缝发生的 D 形裂缝是存在冻融作用的早期迹象。D 形裂缝是在分缝周围一系列细小的、形状类似于 D 形的裂缝互相连接构成。图 2.3-5 显示了 D 形裂缝。若 D 形裂纹从接缝处向外持续发展，则可能导致混凝土崩解。

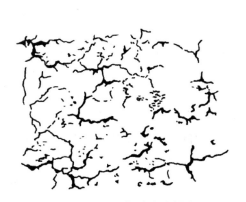

图 2.3-4　网状裂缝示意图

图 2.3-5　D 形裂缝

实际上，近年来所有大体积混凝土都含有引气剂，以减少冻融破坏。1970 年掺气技术发展成熟，在此之前建成的大坝容易发生冻融破坏，因此应特别注意建成时间较早的大坝有无冻融的迹象。

（7）其他浅裂缝。有时在混凝土表面可以观察到浅层的龟裂和细纹。龟裂是指在砂浆或混凝土表面，以紧密而不规则的间隔形成浅表裂缝。细纹是指在暴露的混凝土表面随机产生的细小裂缝。

3. 裂缝检查

裂缝检查是对混凝土结构进行检查，以便进行定位、记录和识别裂缝并注意裂缝与其他破坏性现象之间的关系。由于开裂是混凝土初期可见的损坏症状，因此裂缝检查是评估混凝土结构未来工作性态的重要部分。有些裂缝早早出现但没有进一步发展，而有些裂缝可能在后期出现并持续延伸，还有一些裂缝在非正常运用情况下产生。在裂缝调查中，通常运行设计图或检查图纸来记录裂缝的位置和开裂程度。裂缝检查应该包括裂缝特征（长度、宽度、方向、深度和位置）、裂缝类型描述以及与裂缝相关的其他问题或隐患。在有些情况下，表面裂缝与内部裂缝相关联。如果表面混凝土裂缝已经修补，裂缝检查将难以执行，并且结果可能不可靠，因为裂缝修补会将更深层的隐患覆盖。还需要关注修补的混凝土中是否出现了新的裂纹，如果出现了裂纹表明该处混凝土存在持久的结构性问题。

裂缝检查时，应注意：

开裂问题不存在特定单一的处理方式。裂缝问题不严重时仅需要对裂缝持续监测并做好记录；裂缝问题严重时，建议请专业技术人员复查。一般来说，大多数裂缝可归入"持续监测"的类别，过去已经在监测的裂缝，应继续量测和记录。为确定裂缝重大变化或发展趋势，持续有效的记录是必要的。遇到新的、严重的、大范围或突然变化的开裂情况时，应采取相应处理措施。以下为裂缝检查指南：

（1）对于以前监测和记录的裂缝，进行测量并记录所有变化。基于特定裂缝的发展趋势，应提高量测频次或安装适当仪器进行监测。

（2）如果观察到大范围显著的裂缝或正在开裂的情况，测量并记录它们。在这些情况下，也应提高量测频次或安装适当仪器进行监测。

（3）如果观察到新的正在扩展中的裂缝，可以考虑开始裂缝检查，彻底记录结构中的所有裂缝及其特点。

（4）如果观察到一个新的重大裂缝，或者一个特征显著变化的裂纹，联系专业技术人员尽快评估裂缝情况。

（5）如果观察到由结构位移产生的裂纹，并且该位移影响结构安全或设备运行（例如闸门错位会阻碍闸门运行和排水），应联系专业技术人员立即评估。

（6）如果发现大量的超过排水系统排水能力的水流经过裂缝，应立刻维修，并报告专业技术人员确定适当的维修程序。

检查提示　如果不确定开裂的严重程度，应联系专业技术人员对该情况进行评估。

2.3.2 混凝土老化隐患检查

1. 混凝土老化类型

老化是指由于混凝土材料成分分离造成混凝土表面或体内的一切不利变化。混凝土老化的表观现象有很多。上节讨论的裂缝问题，可以认为裂缝也是一种特殊的老化，它们往往与其他类型的老化相关联。以下是最常见的混凝土老化类型。

（1）崩解。崩解是指由任何原因造成的混凝土分解成小颗粒或开裂。

（2）剥落。剥落是指由于混凝土受到压缩、冲击或磨损造成的表面块体损失，通常发生在混凝土的边缘（例如，沿裂缝、接缝、边角或嵌入混凝土中的物体边缘）。产生混凝土剥落的原因包括遭受击打、天气变化、内部压力（如由浅层钢筋锈蚀引起）以及混凝土膨胀等。由于剥落只在混凝土表面发生，其本身并不是严重的问题，但混凝土表层剥落会引发次生问题。例如，剥落暴露钢筋、在嵌入混凝土接缝处的止水装置周围形成渗漏通道、干扰混凝土表面原有水流流态或发展成为结构薄弱部位。

（3）风化。风化是混凝土内可溶性盐在其表面形成沉积物的过程。风化物的形成通常是由于接缝或裂缝渗水引起的，混凝土内的氢氧化钙或碳酸盐被渗漏水流浸润，并顺着水流带出混凝土体。当水蒸发后，在混凝土表面形成硬质白色钙沉积物。钙从混凝土接缝中析出会扩大接缝开口，进而导致渗漏增大并加速混凝土老化。不过另一方面需要注意的是，析出也可能是一个自愈过程。在某些情况下，钙以此种方式在接缝周围沉积，从而封闭开口，阻断额外的渗漏。

（4）空鼓。空鼓指混凝土产生了空隙或其他薄弱点，通常位于物料分离的薄表层，可通过用锤子敲击表面和听空心声音检查混凝土是否存在空鼓，如图 2.3-6 所示。

（5）脱落。脱落是指混凝土表面的一小部分，由于内部压力而脱离，留下浅圆锥形凹陷。图 2.3-7 显示了脱落的情况。

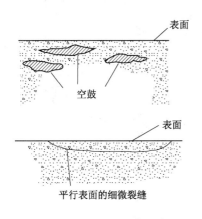

图 2.3-6 混凝土空鼓示意图

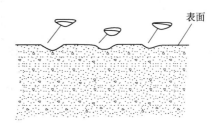

图 2.3-7 脱落示意图

（6）表面点蚀。点蚀是由混凝土表面的小孔发展而来，由局部崩解所形成。图 2.3-8 显示出了点蚀的情况。

（7）结垢。结垢是混凝土或砂浆表层的起皮状物质。图 2.3-9 显示了结垢的情况。

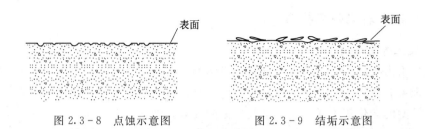

图 2.3 - 8　点蚀示意图　　　　图 2.3 - 9　结垢示意图

大多数情况下，裂缝既是混凝土老化的初始原因，也是老化的结果。由于裂缝会将混凝土的内表面暴露于风化、渗流、化学物质或其他不利因素中，因此裂缝会导致混凝土进一步老化。同时，开裂通常也表明混凝土老化正在发生。

检查提示　　每当观察到裂缝时，应注意其他类型混凝土老化的可能性。

2. 表面制图

表面制图指以系统的方式记录混凝土表面的缺陷，上面讨论的所有缺陷都应包含在内。可以使用详细的图纸、照片或录像来完成表面制图工作。使用照片时，应配合标尺或其他常见物体以标示其尺寸。有时在图纸某部分的上方采用网格纸来标示裂纹的位置。图 2.3 - 10 显示了混凝土老化表面缺陷制图的一个例子。

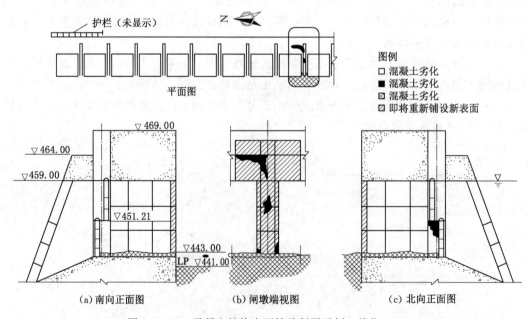

图 2.3 - 10　混凝土结构表面缺陷制图示例（单位：m）

3. 混凝土老化检查措施

一般设计单位以及技术人员会指导应对混凝土老化的问题。如果观察到混凝土的开裂或其他老化现象，应：

（1）采用一般大坝检查方法如绘制简图、量测、拍照和定位记录老化情况。

（2）如果已经存在缺陷制图，或者以前已经记录了老化情况，将目前的观察结果与原先记录的数据进行比较，并记录最新的情况。

（3）注意其他类型的老化。

（4）用锤子来敲击，听检混凝土表面是否存在空鼓。

检查提示 如果出现大面积的老化，或者情况发生了重大变化，或者表现出影响结构完整性的情况，应立即报告经验丰富的专业技术人员。

2.3.3 砌石坝老化隐患检查

1. 老化类型

石块、砖块、岩石或砂浆混凝土建成的砌石坝老化类型有以下三种：砂浆老化、块体松动或移动、块体带出。砂浆等胶凝材料的老化是砌石坝老化的主要原因，随着龄期的增长，砂浆会开裂产生空隙。不牢固砂浆又会导致渗漏和块体的松动、移动。如果移动过大，使得坝体漫顶时块体脱落，则可能导致溃坝。

2. 砌石坝老化检查措施

（1）检查砂浆，通过声音判断砂浆是否牢靠。使用小凿或冰镐在砂浆上轻敲，若砂浆塌碎或能敲取出来，表明该部位存在问题。

（2）和混凝土坝一样检查块体，寻找沿缝的渗漏、老化和开裂。

（3）寻找块体松动的迹象或已经发生移动的块体。

（4）如果观察到大量不牢靠的砂浆、松动或缺失的块体或块体周围有大量渗漏，立即通知管理单位及相关专业技术人员。

2.3.4 表面缺陷隐患检查

1. 表面缺陷类型

表面缺陷是另一种混凝土缺陷形式，不会自然发展，即指表面缺陷不一定随时间变化而扩展。表面缺陷一般包括：①混凝土表面较浅的缺陷。②由于施工不当造成的表观纹理缺陷。③混凝土表面受到局部破坏。最常见的表面缺陷类型有蜂窝麻面、分层、模具滑移、污渍和冲击损伤。

（1）蜂窝麻面。当砂浆不能填满空隙时，混凝土粗骨料颗粒之间会留下空隙，即蜂窝麻面。蜂窝麻面是由施工质量差造成的，如混凝土搅拌不均匀、浇筑不当或振捣不足等。图 2.3-11 为蜂窝麻面示意图。

（2）分层。分层由于混凝土过度湿润或振捣形成的水平分离，越小的材料越集中在顶部。分层会导致混凝土强度不均匀、成为薄弱区以及水平施工缝处混凝土剥离。图 2.3-12 为分层示意图。

（3）模具滑移。由于混凝土浇筑和振捣会给模具施加压力，当施工模具缺乏足够的强度时，就会产生滑移。施工期间的模具滑移会造成块体错位以及接缝和表面不平整。模板滑移有时被误认为是混凝土的不对准，后者通常

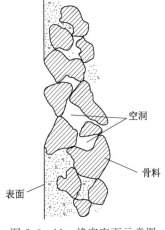

图 2.3-11 蜂窝麻面示意图

空洞

骨料

表面

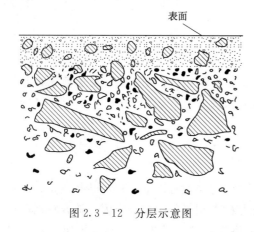

图 2.3-12　分层示意图

发生在施工后。

（4）污渍。虽然变色和染色有时与混凝土缺陷有关，但混凝土表面上的大多数污渍只会造成令人不快的观感而非损坏。污渍有许多天然原因，如径流水中的沉积物或外部钢筋腐蚀的沉积物，也可能是建筑或维修事故造成的（如撒出来的石油、油脂、油漆、杂酚油或沥青等）。

（5）冲击损伤。混凝土表面损坏有时是机械冲击造成的。例如卡车、船舶、起重机或碎石块的冲击可能损坏或削掉混凝土表面的一部分。尽管这种损坏是局部的，但可能会导致其他破坏，如表面破损使得水分进入混凝土内产生冻融破坏等。

2. 表面缺陷检查措施

不同于可能穿透混凝土结构的裂缝，表面缺陷通常较浅，一般不会对结构造成直接的威胁。然而，表面缺陷为其他作用提供了开口，可能引发更严重的隐患。如果观察到混凝土中的表面缺陷，应记录其性质和位置；并及时进行修复防止引发更严重问题的缺陷（例如允许水进入混凝土块内部）。

2.3.5　变形隐患检查

1. 变形类型

水库年际内不断蓄满放空、季节性温度变化以及其他各种原因都会导致大坝发生形变，在混凝土坝的设计中也会考虑大坝位移问题。导致位移的运动主要由以下因素引起：①两岸坝肩或坝基沉降或位移。②混凝土中的化学反应。③大坝的结构性能。④其他施加的偶然强荷载（例如扬压力、地震、极端温度变化等）。混凝土坝变形有错动和不均匀变形两种主要类型（见图 2.3-13）。其中错动是指初始结构配置的任意变化；不均匀变形是指当结构的一部分相对于结构的相邻部分移动。

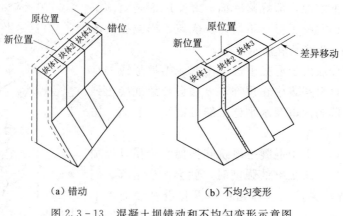

（a）错动　　　　　　（b）不均匀变形

图 2.3-13　混凝土坝错动和不均匀变形示意图

2. 变形检查

在坝顶运用视准方法是最常见的检查变形的方法。不均匀变形主要发生在相邻块体间的接缝部位。其他表示变形的标志包括：混凝土体积变化，接缝闭合或张开，接缝填料损失，开裂，浇筑仓面附近混凝土脱落，机械硬件设备的倾斜、剪切或挪动，闸门卡住等。

变形检查时，应注意：

大坝的微小变形是必然的，正常范围内的变形无须担心，在大坝设计中已有所考虑。当大坝变形对整个结构或其中几个部分产生不利影响时应加以重视。进行检查准备时，应从以前的检查报告中获取数据，并重点关注已经发现有变形的结构部分。检查变形时，应当：

（1）检查变形量测仪器的数据（例如三角测量点、铅垂线井等）。

（2）在大坝顶部运用视准方法寻找错动和不均匀变形。

（3）检查接缝、硬件和设备是否有不均匀变形。

（4）注意结构开裂。

（5）警惕任何变形突变或新发生的变形。

检查提示 发现重大变形变化（无论是在大小还是方向上）时，应立即报告由专业技术人员评估。对于观察到的所有变形，记录其位置、幅度、方向及其他变形证据，包括当时的日期、时间和温度。

检查提示 确保检查时记录水库和下游区域的水位。可以采用计算机图形辅助工具，帮助区分季节性的周期变形和潜在问题。

2.3.6 渗流隐患检查

有些标准对于渗漏和渗流的术语可互通使用。本节在此做如下区分：渗漏指在水工结构中沿着接缝、裂缝或开口流动的水流；渗流是水通过土（岩）体孔隙的流动。

1. 渗漏的特征

渗漏通常发生在混凝土的接缝或裂缝中。渗漏的主要原因包括裂缝、接缝开口、止水损坏、导管或管道渗漏、混凝土老化等。混凝土坝发生渗漏常见现象有大坝下游面散浸，廊道潮湿，沿着接缝和裂缝染色或堆积沉积物，下游面的接缝或裂缝处有水溅出或流出，廊道排水沟、排水系统和预制排水孔中的大量水流。渗漏会加速混凝土老化、混凝土物料析出、质量损失、结构强度降低等。渗漏也会使大坝静水压力过大，导致大坝块体倾覆或滑移。

2. 渗流的特征

产生渗流的主要原因有：基础老化，帷幕灌浆不充分或基础排水功能丧失，坝基或两岸坝肩材料中有缝隙。渗流的常见现象包括：大坝坝肩或地基下游区域湿润，大坝下游部分地区的植被生长茂盛，大坝下游坝坡不稳定（例如坍落和滑坡），观测仪器读数显示有异常增高的静水压力。渗流的潜在后果包括扬压力增大和大坝不均匀移动，还会带走坝肩和坝基中的可溶性材料从而削弱基础，严重情况会造成溃坝发生。

3. 渗漏和渗流监测

所有混凝土坝都有渗漏和渗流。渗漏和渗流量通常与库水位有关，一般来说，随着库水位上升，渗流量增加。温度也会影响渗流量：天气寒冷时，混凝土收缩，接缝或裂缝张开，渗流量增大。作为检查的一部分，应监测渗漏和渗流的速度和变化趋势，这需要检查以前不同库水位下的渗漏和渗流记录，以便相互比对。监测时应关注以下问题：①新发生的明显渗漏和渗流。②渗漏、渗流模式或水流发生重大变化。③渗流浑浊度。

（1）浑浊度。渗水变浑浊表明坝基材料可能受水流溶蚀带出。浊度的变化需要引起关注。每次量测渗流时，应对透明度进行评估。

（2）渗漏和渗流量。检查人员需测量渗漏和渗流量。如之前的记录无法用于分析比较时，需要重新开始流量数据观测。记住在每次测量流量时记录当下库水位，这将有助于确定流量变化的原因。测量渗流量的方法有很多，最常见的有：①使用量水堰。②使用量桶和秒表。

（3）堵塞的排水孔。监测渗漏时，流量增加不是唯一需要关注的问题。如果从基础排水孔发现渗流明显减少，表明排水孔堵塞了。排水孔堵塞可能导致混凝土老化、廊道淹水、扬压力/静水压力增加和潜在的稳定性问题。

4. 渗漏和渗流检查措施

如果观察到渗漏和渗流，应监测渗漏水流并记录出口处的所有渗漏和渗流的位置、水量或流量，降水情况，观测时的库水位等，并应检查渗流浊度；记录任何疑似排水堵塞的现象，可能需要清洁并重新疏通排水管。若观察新的明显渗漏和渗流，或者渗漏或渗流模式发生重大变化，请立即联系专业技术人员。

2.3.7　维修养护隐患检查

维修养护是为保护大坝而采取的常规措施。与维护不足有关的缺陷包括：排水不畅、植被破坏、河道废弃物等。另外，在例行维护程序中应检查大坝某些特定结构物的运行状况，确保大坝继续保持良好的运行状态，这些结构物包括：接缝状况；以前的维修加固部位；环境条件等。

1. 排水不畅

应定期探查基础排水孔是否存在泥土或沉积物，并作定期清理或疏通以防堵塞。维持基础排水孔畅通可以确保扬压力得到释放。廊道排水沟中的淤塞也会阻碍廊道排水系统的正常运作。做排水系统检查时，应观察排水口，注意可能堵塞进口的沉积物；探测排水中的淤堵物；检查流量记录中的流量变化，这反映排水的问题；在廊道里行走观察排水沟的状况。报告排水沟堵塞情况并建议及时清洁；检查压力表。

2. 植被破坏

植被有时会在混凝土块之间接缝处生长。若不加移除，植被会破坏止水，加速混凝土老化，并导致渗漏增加。检查期间应报告有植被问题，并及时清除。

3. 河道废弃物

废弃物堆积会阻断水道入流，并损害大坝的正常功能。持续的波浪作用驱使废弃物撞击大坝上游面，会导致表层混凝土剥离。这种表面损坏会加剧混凝土老化。检查时应报告在大坝周围大量积聚的废弃物，并及时清除；记录废弃物对大坝造成的任何损坏。

4. 接缝状况

混凝土坝中接缝密封所用的止水材料通过结构的移动而变得松散，或者由于风化作用而老化。密封不好会导致更多水从接缝处渗漏。检查时应检查接缝填料的状况，并记录观察到的任何损坏。

5. 以前的修复情况

混凝土或砂浆的修复在老混凝土坝和砌石坝中很常见，其中包括支模孔的修补、裂缝或缺陷表面的修补、其他混凝土修补等。这些修理需要根据其是否能恢复问题所在位置具备的原有功能进行评估。检查时根据其发挥功能的能力评估每处修复的状况；注意修补材料的质量。如果修复破裂，尝试确定破裂是否局限于修补材料，还是修补部位后方的材料开裂了；检查修补部位和后部材料之间的黏结质量；记录观察结果，如果修补部位后部材料存在严重或正在恶化的问题，请咨询专业技术人员评估情况。

6. 环境条件

在整个检查过程中，保证工作人员有安全的工作环境是非常重要的，特别是在结构的内部空间。应特别注意照明、通风、楼梯和梯子周围的安全保护措施。如果照明不足，在检查期间一些缺陷将无法被观察到。如果通风不足，特别是有害气体积聚或氧气消耗问题，将会成为严重的安全隐患。为确保可以安全检查，大坝的所有关键内部区域，确保其照明充足、通风良好。如果观察到不安全的环境条件，应报告所有不安全的条件；继续检查之前应确保提供足够的照明和通风。

2.4 小结

本节提供了关于混凝土坝和砌石坝工程安全隐患检查的信息，表 2.4 - 1 列出了隐患类型及检查要点。

表 2.4 - 1　　　　　　　　　　　隐患类型及检查要点

隐患类型	检 查 要 点
裂缝	结构裂缝： √ 与坝轴线成一定角度的不规则裂缝 √ 突然改变方向的裂缝 √ 有明显位移的混凝土宽裂缝 √ 随着时间的推移不断开展的裂缝 √ 开口拐角处、施工缝处以及基础不连续处的裂缝 √ 主要的新裂缝 √ 发生了巨大变化的裂缝 √ 存在较多区域的破裂
混凝土缺陷	√ 崩解 √ 剥落 √ 风化 √ 空鼓 √ 脱落 √ 点蚀

隐患类型	检查要点
混凝土缺陷	√ 结垢 √ 硫酸盐侵蚀：破裂、剥落、龟裂、结垢、污渍 √ 酸性腐蚀：风化、开裂、剥落、变色 √ 碱骨料反应：图案裂纹、风化、结垢、骨料颗粒周围的白色状物、凝胶渗出、升仓线附近混凝土脱落、设备黏结 √ 金属腐蚀：沿钢筋开裂、锈斑、剥落、钢筋外露
表面缺陷	√ 蜂窝麻面：骨料周围的空洞 √ 分层：混凝土骨料的不均匀层 √ 模具滑移：不均匀的接缝和表面 √ 污渍 √ 冲击损伤
位移	√ 块体之间的接缝位移 √ 混凝土体积变化 √ 接缝闭合或张开 √ 接缝填料损失 √ 开裂 √ 升仓线附近混凝土脱落 √ 机械硬件设备倾斜、剪切或挪动 √ 闸门卡住
渗漏和渗流	√ 下游面或廊道有新的明显漏水 √ 与坝趾相邻的两岸坝肩或坝基的湿润程度 √ 渗漏、渗流模式或水流发生重大变化 √ 接缝或裂缝处水溅出或流出 √ 渗流浑浊度 √ 排水堵塞
维修问题	√ 混凝土块间接缝处的植被 √ 大量的废弃物堆积 √ 接缝填料损失或老化 √ 以前维修的质量和状况 √ 坝内照明通风情况

本节讨论的部分隐患是相对严重的。如果观察到以下隐患，需要咨询专业技术人员：

（1）新出现的较大裂缝或裂缝特征与以前的检查结果相比发生了重大变化。

（2）裂缝位移对结构和设备运行有害。

（3）裂缝存在过量渗水，排水系统无法解决。

（4）相比于前一次检查，混凝土出现重大或大范围缺陷或者缺陷变化很突然的情况。

（5）显著的错动或不均匀位动。

（6）新出现的大量渗漏或渗流。

（7）渗漏、渗流模式或流量发生重大变化。

（8）渗流浑浊度。

（9）修补处覆盖了含有严重问题的下部结构。

需要注意的是，每当不确定某个问题是否对大坝安全构成威胁时，应与经验丰富的专业技术人员反映并进行讨论。

第3章

输泄水建筑物工程安全巡查

输泄水建筑物是水利水电枢纽工程的重要组成部分，主要承担水库向下游输水和宣泄洪水等功能。根据泄水建筑物在枢纽总体布置中的位置，可将其分为坝身泄洪和岸边泄洪两种方式。坝身泄洪即洪水通过修建在主河道的坝身表孔或其他孔口（中孔、深孔和底孔）下泄。当河道特别狭窄时，往往采用岸边泄洪布置方式，如岸边溢洪道和泄洪洞等。输水建筑物包括输水隧（涵）洞，压力管道等，小型水库还采用分级卧管等。

3.1 输泄水建筑物重要性及其特征

3.1.1 输泄水建筑物的重要性

输泄水建筑物必须能在紧急情况下工作，以防止生命和财产损失。

1. 失事后果

输泄水建筑物有两类缺陷会引发大坝失事和事故。

（1）泄流能力不足。大多数大坝失事的首要原因是由溢洪道和泄水建筑物泄流能力不足所引起的土石坝漫顶，而不是因其结构缺陷或劣化。

（2）结构缺陷和劣化。大多数与溢洪道或泄水建筑物结构缺陷和劣化有关的大坝失事和事故可归于以下几类。

1）土石坝材料的侵蚀。在所有事故中（此类中不包括由漫顶或坝坡护体失稳所导致的侵蚀），88％与溢洪道有关。

2）变形由沉降、断层或其他原因引起，在所有事故中，60％与溢洪道和泄水建筑物有关。

3）劣化。腐蚀和开裂是劣化的最常见类型，在所有事故中，55％与泄水建筑物有关。

这三种类型占所有大坝失事和事故类型的近30％，且每一类型中大多数事故都是由溢洪道或泄水建筑物的缺陷引起的。此外，溢洪道和输泄水建筑物还常常与以下类型的失事和事故有关：①漫顶。正如前面提及的，大多数漫顶事故是由溢洪道泄流能力不足引起的。然而在某些情况下，漫顶及随后的大坝失事由溢洪道和泄水建筑物堵塞或失效引起。②土石坝渗流和管涌。管涌是开始于渗流出口，并向上游延伸从而形成一个穿坝的连续空腔或"管状物"的渐进式侵蚀。管涌常常沿泄水建筑物管道形成。

2. 溢洪道和输泄水建筑物检查的重要性

大多数溢洪道和泄水建筑物结构缺陷和劣化是渐进发展的。结构缺陷恶化之前，检查人员可以找到潜在缺陷的迹象。定期检查可以提前发现这些问题，避免结构缺陷向不利方向发展。一些问题是突发性的，如暴风雨、洪水期或高速泄流时以最大泄流能力下泄的水流可能引起严重的损坏。因此，在上述情况、地震活动发生之后或其他可能对溢洪道和泄水建筑物产生影响的情况下，需要对输泄水建筑物进行特殊检查。

3.1.2　输泄水建筑物工程特征

1. 溢洪道

溢洪道是用于宣泄规划库容所不能容纳的洪水，保证坝体安全的开敞式或带有胸墙进水口的溢流泄水建筑物（见图 3.1-1）。溢洪道一般不经常工作，但却是水库枢纽中的重要建筑物。溢洪道按泄洪标准和运用情况，分为正常溢洪道和非常溢洪道。前者用以宣泄设计洪水，后者用于宣泄非常洪水。按其所在位置，分为河床式溢洪道和河岸溢洪道。可由进水渠、控制段、泄槽、消能防冲设施及出水渠等建筑物组成。控制段堰型常用开敞或带胸墙孔口的实用堰、宽顶堰、驼峰堰等型式。消能防冲设施可采用挑流消能、底流消能、面流消能或其他消能设施。

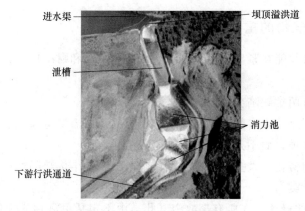

图 3.1-1　典型溢洪道结构布置图

2. 输泄水隧洞（涵洞）

输泄水隧洞（涵洞）是用于调配水资源的建筑物。输泄水隧洞的结构包括进口段、取水结构物、洞身段、闸门或阀门控制室、特殊消能工和出水渠等。

3. 压力管道

通常有发电功能的水库大坝需要压力管道，压力管道将水库内的水引入水轮机组。由于压力管道内部可能承受突发荷载，例如水锤等，因此压力管道被设计为能够承受压力波动。水电站压力管道型式可分为：明管、坝下埋管、坝内埋管、钢衬钢筋混凝土管和其他管型（回填管）等。

4. 分级卧管

在小型水库中，取水口进口控制段采用的较多的一种结构型式称作分级卧管。

分级卧管多采用条石砌成或用混凝土管做成，管上每隔 50～60cm 开 1 个或数个放水口，并装有开关控制放水，分级卧管典型结构型式见图 3.1－2。

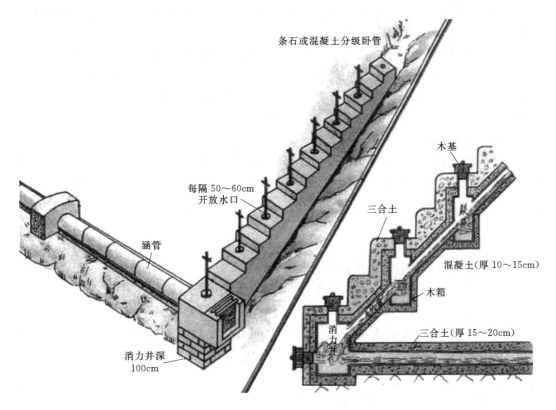

图 3.1－2　分级卧管典型结构型式

3.2　输泄水建筑物巡视检查方法

3.2.1　检查计划

1. 考虑因素

在进行溢洪道或输泄水建筑物检查时，应考虑几个因素。这些因素包括：

（1）向水库大坝业主及运营管理单位发出通知。可能需要两到三个月的时间来做准备工作（如准备特殊设备，或申请排干管道、水域或水池的审批手续）。对于输泄水建筑物组成部分的排水，可能需要关闭叠梁或闸门等。此外，输泄水建筑物管道必须能够承受在排水条件下产生的外部压力。可要求大坝业主正式评估工程是否适合进行排水检查。

（2）检查最佳时机。当溢洪道或输泄水建筑物系统的所有或大部分组成部分都可以检查时，应立即安排检查。如果可能，在检查之前，水下建筑物应该排水。可要求业主或运营者通知检查人员何时计划降低水库水位，因为维护（或其他目的）需要将水库（或其他组成部分）的水排干，以借机在无水条件下进行检查。

（3）观察运行情况。溢洪道在运行过程中，可能会显示出一些潜在问题，但在溢洪道无水情况下并未出现这些问题。在可能情况下，可以安排之前未曾进行过检查的输泄水建筑物进行检查，使其在更高库水位下运行，以观察工程在更大荷载下的运行情况。

在一次结构检查中，不可能在工程运行时同时获得最佳检查时机（无水情况下）和观察到异常情况。这两种情况常常是难以同时出现的，可在不同检查中检查不同方面。在不同情况下观察可以全面了解建筑物的安全性。例如，管道在无水情况下可能没有明显的接头问题，但是在有水之后，可能会看到水从某些接头渗出。

2. 专门检查

如果在检查中发现重大问题，可能需要有经验的专业技术人员进行专门检查。在洪水、地震或其他可能对建筑物造成重大破坏的特殊工况发生后，也应进行专门检查。

3.2.2　资料审核

1. 数据来源

与溢洪道和输泄水建筑物有关的工程记录文件，包括以前的报告摘要、预先检查清单、书面标准操作规程、设计文件和施工图（或竣工图）。

2. 历史存在的问题

以往的检查报告摘要包含关于问题和缺陷的调查结果和建议。在进行检查前，先审阅这些文件（包括照片和草图），以确定先前发现的输泄水建筑物的问题或缺陷类型，主要包括：

（1）这些报告是否显示缺陷恶化的趋势？

（2）长期存在的缺陷是否需要重新检查？

（3）对结构和材料适当性进行的维修是否需要检查？

（4）对历史缺陷的处理建议是否得到落实？

3. 现有问题

大坝安全管理人员可能清楚知道自上次检查以来出现的新问题。在检查结束前，可与业主或运行人员座谈、询问当前的运行方式变化和出现的新问题，以及与溢洪道或输泄水建筑物有关的裂缝和渗漏情况。

4. 已知缺陷或潜在问题

在资料审查中，查找以下情况：

（1）过时的施工方法。主要包括：

1）管道或洞身内部没有涂层或衬砌。

2）管道或洞身接头没有充分密封。

3）混凝土养护无防潮控制规程。

4）沿洞身的回填压实情况缺乏控制。

5）止水铜片的止水效果随着时间的推移会变差且缺乏柔韧性。

6）混凝土配合比与当地的土料和水质实际情况不匹配。

（2）过时的组件配置、设备或其他特性。例如：溢洪道和输泄水建筑物水力形态不佳，急弯导致水流分离、上升和空化；过时的溢洪道闸门结构型式不受控制，并且不可靠。

（3）接近预期寿命的材料。例如，波纹金属管（CMP）通常可以使用 25～30 年，而铸铁管则可以使用 100 年。

（4）施工问题或异常情况。需要注意的是：穿过管道或通道的断裂带，或地基中未被清除或处理的软弱带。

（5）施工期间检查不足。根据记录，对认为不需要检查的项目重点关注。

（6）通过可腐蚀材料挖掘的溢洪道。计划在溢洪道出口区寻找边坡破坏、缺少的基础材料和掏槽。

（7）地质断层或剪切带。在地质薄弱带预测可能发生的管道变形或损坏。

（8）不均匀压缩地基。尤其在组成部分接缝处或其附近，如带闸门结构的水管或水渠，以及横缝上。不均匀压缩地基上的管道可能会出现裂缝，在接缝处发生分离，或出现闸门或阀壳错位或卡阻。

（9）大型闸门。检查闸门结构和管道之间的不均匀沉降（特别是在不均匀压缩地基上）或裂缝。

（10）挡墙与底板变形情况。检查挡墙后或底板下排水是否正常，以及是否出现不均匀沉降。

（11）通过大坝的有压输泄水建筑物管道。有压段的检查比较困难，但如果可能的话，一定要非常仔细地检查有压段的完整性。特别是对于土石坝，混凝土的裂缝或钢管接缝处的焊接不充分会使得加压水渗入土石坝。

（12）高速水流。在不连续的水流表面、边界或可能产生负压的区域可能会出现空化现象。

（13）碎石（岩石、砾石、沙子）容易进入输泄水建筑物进水口，可能产生混凝土和金属部件的磨损。

（14）腐蚀性水质。如果记录显示当地的水对混凝土、管道或止水片有害，应预测恶化情况。

（15）闸门进行平衡/不平衡测试的结果显示异常。

3.2.3 巡查指南

1. 工具和设备

（1）在检查溢洪道时，需要用到的检测工具包括：

1）绳子或梯子，用于那些难以到达的区域。

2）防水靴。

3）望远镜，用于检查不可接近区域的裂缝或缺陷。

4）测量裂缝，排水口和排水孔深度的仪器。

5）用于检查混凝土和岩石表面的岩石锤和尖锤。

6）检查计划副本和设计或竣工图。

7）隧洞和管道内使用的手电筒。

8）用木桩和标记胶带标记排水口和不稳定边坡。

9）船（及相关安全设备），以便更容易接近相关区域或检查相关性能。

10）带长钉的鞋，用于稳定在冰上和倾斜或潮湿的混凝土上。

11）木钉，用于探测表面以下的空隙。

12）安全帽和手套。

（2）检查输泄水建筑物时，需要用到的检测工具包括：

1）空气质量检测仪器。如果空气质量或通风不良，可能需要准备压缩空气和呼吸设备。

2）在操作闸门、阀门或其他设备时应佩戴耳罩。

3）回声测深仪，确定进水渠的水深。

4）带相机的无人遥控机器人。

5）当检查机械设备或在一些狭窄的竖井时佩戴防护眼镜。

6）当检查员通过小管径泄水管道时配备轴滑板或定速传送器。

7）双向无线电设备或其他通信设备。

8）超声波厚度检测仪来确定金属厚度。

2. 先进的检查方法或设备

本节介绍适用于大多数检查的一些重要通用流程。检查输泄水建筑物时，应注意：

（1）在开始前与业主、管理人员讨论检查计划。询问当前和历史上溢洪道和输泄水建筑物出现的问题。

（2）确保在检查过程中使用的专用设备（如手推车、轨道、升降机或吊带）是安全的，并处于正常运行状态。

（3）水下检查是为了检查拦污栅、水垫塘、护坦或消力池是否有过多杂物，损坏，以及基础是否被侵蚀。消能段的水下检查，可能比排水后检查更加实用和经济。

若无法排水检查，应考虑水下检查。需聘请具备安全潜水资格及受过适当检查训练的潜水员，在经验丰富的专业技术人员指导下进行水下检查。

（1）当潜水员检查的安全性受到质疑，或者成本过高时，远程操作无人遥控机器人搭载视频设备是一种较好的选择。

（2）注意寻找并记录任何异常的事情，不管它看起来多么微不足道。对新的或不寻常的现象进行调查。

（3）与业主、管理人员讨论发现的问题，并对期望的所有补强加固措施进行讨论。如发现任何问题或不足之处，特别是当问题严重或维修费用昂贵时，应及时通知业主和管理人员。根据相关要求，制定检查时间表，并在适当的时候进行后续检查。（相对缺乏经验的检查人员在进行后续检查前，应咨询专业技术人员。）

3. 检查报告

关于溢洪道和输泄水建筑物的检查结果和建议可能与运行和维护有关，也可能直接关系到大坝安全。

3.2.4　安全问题

关于输泄水建筑物的检查，以下安全问题尤为突出：

（1）检查人员身体应处于健康状态，检查负责人应询问组员健康状况以及过敏情况。如果在高海拔地区检查应注意可能的高原反应。

（2）一些输水设施（如压力管道）洞线很长，且通道和隧洞又陡又窄。在入口处应设置人员和内部检查人员保持联系。检查人员进入小直径管道时，应系安全绳。

（3）有害气体有时会从邻近的基岩泄漏到隧洞和竖井中，也可能有可燃粉尘。使用相关仪器的人员应清楚没有足够的通风情况下的进入情况和氧气浓度，以及是否存在有毒和易燃气体。

（4）天气温暖时应留意毒蛇威胁，当检查管道或溢洪道下面的区域时，应配备防水鞋。

（5）水下检查时，潜水员应具备潜水资格和潜水检查资格。如有必要，非工程师潜水员应在检查过程中为检查人员提供视频。潜水员应注意进水口附近的潜在危险，例如渗漏引起的水流以及锋利的金属边缘对潜水设备的损坏。

（6）当在消能段附近或在陡峭湿滑的斜坡上工作时，应使用绳索或吊带保护检查人员。输水设施表面经常有藻类生长，要注意防滑。

若闸门承受水压，请确保所有控制设备都处于安全运行状态，或用警示标语清楚地进行标记，警示人员在设备运行时可能会受伤。

3.3　输泄水建筑物常见问题及隐患检查

输泄水建筑物常见问题包括：材料问题、堵塞、差异运动或错位、地基问题、渗漏或排水不良等。隐患排查需列出造成阻塞的不同原因、目测识别主要问题、描述空蚀的过程。涉及的材料包括混凝土、沥青混凝土、掺土水泥、碾压混凝土、喷浆混凝土、砌石料、木材、金属及其他管材等。

3.3.1　混凝土材料问题隐患检查

溢洪道和输泄水建筑物有很多潜在的混凝土问题，尤其需注意裂缝、表面缺陷、混凝土劣化、连接处渗漏、接头止水材料老化或受损以及其他连接问题。

1. 裂缝

裂缝的基本情况介绍同 2.3.1 节。一个良好的且不间断的记录对于确定裂缝变化或者发展趋势是十分必要的。需对新发生的、严重的或者大范围的裂缝以及突发变化采取措施、谨慎处理。下面是一些检查建议。

（1）对于已经监测到和记录过的裂缝，测量并记录任何变化。基于特定裂缝的变化趋势，可通过减少测量间隔或者安装合适的监测仪器来监测。

（2）如果观察到明显的裂缝或者大范围的裂缝，测量并记录下来。这种情况下应加大测量频次或者安装监测仪器来进行监测。

（3）如果观测到大量新裂缝，可考虑进行一次裂缝详细调查，全面记录这些裂缝和其特征。

（4）如果观测到一个宽的新裂缝，或者和前次检查相比，裂缝的特性发生了显著变化，应尽快评估当前状况。

（5）如果观测到裂缝，且裂缝进一步发展可能会损坏结构或者影响设备运行（比如闸门错位，阻碍闸门运行和泄水），应立刻评估情况。

（6）如果发现大量的水从裂缝中流出且无法经排水系统处理，建议立即采取修复措施。应咨询混凝土材料专家，确定适当修复措施。

2. 表面缺陷

表面缺陷属本质上属于不会进一步恶化的混凝土缺陷，即随着时间并不会大范围恶化。其可能包括：混凝土表面的浅层缺陷；不恰当的施工技术导致的结构缺陷；混凝土表面的局部损伤。若观察到混凝土表面缺陷，应记录其特性和位置；注意立即修复损坏，防止更严重的劣化（如水进入混凝土内部）。

3. 空蚀

通常由混凝土材料的成分分离，导致混凝土结构表面或者内部的不良变化称为混凝土劣化。在泄水、输水建筑物中，这种劣化通常是由空蚀引起的。当泄水、输水建筑物溢流面上的水流流速、压力等达到临界值，流体会产生湍流。湍流导致负压，使水汽化并在水流中形成泡沫或空洞，该过程称为空化。当空泡随液体进入压力较高的区域时，失去存在的条件而突然溃灭，原空泡周围的液体运动使局部区域的压力骤增。如果液流中不断形成、长大的空泡在固体壁面附近频频溃灭，壁面就会遭受巨大压力的反复冲击，从而引起材料的疲劳破损甚至表面剥蚀，成为空蚀破坏，简称空蚀。空化一般发在下游闸门和阀门、陡峭的溢洪道泄槽、隧洞或者输水管道内；空蚀则可能会发生在泄槽或者隧洞的底板，或者在建筑物侧壁。空化、空蚀与侵蚀类似，但是破坏的潜在危害更大。一旦这个过程开始，劣化会很快发生。一个微小的偏移或碳酸盐质沉积会引起空化，在高速水流下会导致溢洪道或者输泄水建筑物严重损坏或者混凝土失效。混凝土表面出现坑洼或者粗糙、不规则的坑洞以及突出的粗颗粒，说明发生了空蚀。空蚀从上游开始，并以"跳蛙"的形式向下游发展，每个空蚀点都会引起下游新的空化。如果发现了空蚀，试着确定导致其发生的原因，并评估其潜在危害。比如考虑运行的频次，目视检查通风口到水流通道是否畅通无阻，或向通风口注水，以确保通风口没有堵塞。有时可以通过用例如钢纤维聚合物混凝土等更高强度的材料来修复受损区域，从而减轻空化影响。在隧洞里安装通气槽能为受损区域提供更多空气以消除负压。

4. 侵蚀

侵蚀通常首先磨损混凝土骨料周围的基体材料，并在一个大的表面出现相对均匀的损伤。在溢洪道上，侵蚀是由随着水流移动研磨混凝土材料产生的。溢洪道护坦和消力池特别容易受到侵蚀损害。侵蚀通常从空蚀开始，并且会加剧和扩大损害。由于磨损作用在水流通道或者拐弯处产生突变点，如进水口到隧洞、输水管道、泄槽的弯道处，消力池的消能设施等部位易表现出上述问题。循环的磨损是种特殊形式的混凝土侵蚀，磨损的碎片若在水流作用下重复旋转，反复磨损混凝土表面，消力池易受此类损害。如果长时间高速水流且携带破损材料磨损混凝土结构，则会导致其产生大量侵蚀。消力池底层的侵蚀会掏空基础，导致结构不稳定。

5. 连接处渗漏

由于接头止水材料老化、受损或者其他连接问题，接缝处可能产生渗漏。

（1）接头止水材料老化、受损。混凝土通道和输水管道通常包括止水装置，止水装置一般是连续的带状防水材料，通常是金属、聚氯乙烯或者橡胶。混凝土浇筑时，止水装置被埋在部件的接缝处，阻挡渗水流开，从而防止水流进入接缝处。如果受损的止水装置不再起止水作用，接缝处出现异常渗流，会侵蚀地基材料或者在接缝处产生冻融破坏。图 3.3-1 为典型止水装置示意图。

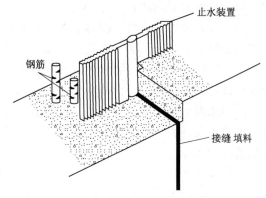

图 3.3-1 典型止水装置示意图

（2）其他连接问题。如果可能，干燥时应检查接缝处。在放水后也应检查输水管道，因为水会通过渗入接缝处回流，可发生严重的渗水情况（放水后出现一些渗漏是正常的）。有时，已有的建筑物连接设计图或者接缝处检测信息能够为可疑的连接问题提供有用参考。以下几点适用于检查连接问题：

1）从接缝处渗出的土颗粒可表明有渗水迹象。

2）混凝土接缝处通常用填缝料，或者塑料或者橡胶压实密封。当填缝料或者密封材料遗失或是硬化，连接易受损伤。接缝处有植被表明已经受损或者填缝料遗失。

如果连接位于大坝内部贯通的输水管道，缺失或者受损的填缝材料需要重点关注。溢洪道通道内分离的未密封连接示意图见图 3.3-2。

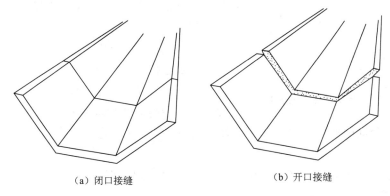

（a）闭口接缝　　　　　　　　（b）开口接缝

图 3.3-2 溢洪道通道内分离的未密封连接示意图

3.3.2 堵塞问题

堵塞是输泄水建筑物经常发生的情况之一，该现象会导致泄流能力下降，输泄水建筑物不能正常运行。洪水发生时，由于泄流能力降低，不能将足够的水从水库排除，或者阻碍输泄水建筑物使其不能降低库水位，可能会发生漫顶，存在溃坝风险。常见的堵塞原因有以下几种：

（1）过度生长的植被。灌木、高的杂草以及树木均会削弱泄流能力。

（2）水生植物。水生植物如水葫芦等，会堵塞输泄水建筑物的进水口，藻类是输泄水建筑物面临的主要问题。

（3）邻近滑坡。滑坡原因有水渠和岸坡太过陡峭、岸坡土体饱和、库水位下降、水流下切岸坡以及未保护土壤、高流速、底部或岸坡不牢固或老化、地表保护不当等。

（4）杂物。枯树、护坡材料以及其他杂物会导致堵塞，特别是进水口、拦污栅以及输泄水建筑物的闸门易被杂物堵塞。

（5）冰雪。暴雪发生的区域，在溢洪道入口会堆积并沉积结冰。春天冰雪消融需泄洪时，堆积在入口的冰雪会堵塞溢洪道。在暴雪易堆积区域，应在运行过程中积极寻求清除溢洪道积雪的办法。

（6）人造结构。有时候会人为在溢洪道上修建围墙或小船码头或擅自在溢洪道控制段增加闸板、拦鱼网等。有时为增加水库库容，在溢洪道堰顶人为修建的土堤或混凝土堤等。

3.3.3 错位隐患检查

1. 局部错位定义

差异变形是局部错位的一种，主要是衬砌、墙体的局部变位，或其他与相邻部分有关的溢洪道组成部分的位移。产生原因包括：地基或回填体损坏；膨胀黏土、软岩地基；建筑物背面压力导致排水不良。局部错位也可能是由建造失误造成的。图 3.3 - 3 展示了泄槽的部分偏移。压力（可能来自不良排水）使得泄槽上部的边墙向内移动。

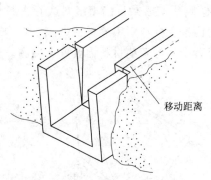

移动距离

图 3.3 - 3　差异变形导致的偏移

2. 局部错位的危害

局部错位有很大危害，主要有：

（1）水流会造成侵蚀，某些情况下会产生空蚀破坏，最终会使结构失效。

（2）接缝处间隙使得水渗入并逐渐破坏地基材料，导致过大的扬压力，使得泥土或石料流失。

（3）接连构件表面受到挤压，导致混凝土剥落，金属结构变形以及止水装置破裂。

3. 大范围错位

大范围错位使整个建筑物偏离了设计位置。大范围错位的原因有：过度夯实的回填土，过大的土压力或水压力使得建筑物偏离位置；回填土或地基材料的流失；基础滑动；基础剪切破坏；基础沉降；地震活动导致基础崩塌。大范围错位可能导致结构失效坍塌。地标、边界和定位技术可用于检查该问题。

3.3.4 基础问题隐患检查

基础问题与其他问题通常相互关联,例如:错位是基础、回填和排水问题的结果。基础问题包括:

(1)渗漏。通过管涌、渗漏逐渐淘空地基或回填料。渗透的土颗粒会被带走或导致坍塌。

(2)侵蚀。邻近溢洪道水渠或末端区域的地基或者回填处,易受到侵蚀损害。

(3)沉降。沉降会导致错位。

(4)地基断层。地基断层会导致错位。

(5)软基。建造在膨胀性黏土或者黏质岩体上的结构易在接缝处产生隆起、塌陷和错位。

3.3.5 渗漏隐患检查

土坝渗漏是穿透土石坝及其基础的慢速渗流。渗漏的速度和总量都必须控制,否则会发生管涌。管涌是描述内部侵蚀的术语,这种侵蚀开始于下游侧坝体,并且以一种较快的速度向水库延伸,直到内部形成管道或者直通水库的通道,大坝迅速崩塌。图 3.3-4 展示了输泄水建筑物渗漏发生管涌事故过程。

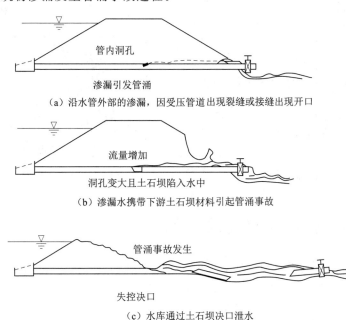

(a)沿水管外部的渗漏,因受压管道出现裂缝或接缝出现开口

(b)渗漏水携带下游土石坝材料引起管涌事故

(c)水库通过土石坝决口泄水

图 3.3-4 输泄水建筑物渗漏发生管涌事故过程示意图

输水管道洞孔使得水渗出管道,渗出水流沿管道流动到达坝脚,当坝体出现渗水,会携带一些土颗粒。随着洞孔变大,渗漏加剧,坝体逐渐被侵蚀,形成一个贯通坝体的"管道",当土石料被逐渐带走导致大坝溃决,即管涌事故发生。

溢洪道通常有排水孔或其他排水设施防止结构后方产生过大的水压力。当无排水孔或者排水系统，或者排水管堵塞时，会积压很多水。产生该问题原因如下：

（1）渗透的基础承载力较低。

（2）渗漏的扬压力会损坏溢洪道泄槽。

（3）设计的水压荷载是有限的。如果由于损坏的排水管导致静水压力超出设计能力，则会造成结构不稳定或者出险。

图 3.3-5 是一个常见的排水孔横断面图。排水孔会被杂物、下渗的细骨料、铁锈、碳酸盐岩沉积等堵塞。需要对排水孔进行检查，包括探查排水孔以检测堵塞情况，记录裂缝位置、数量和深度。排水不畅的迹象包括：挡墙后面积水；混凝土表面潮湿，尤其在裂缝和接缝处；水从裂缝和接缝处渗出；挡墙倾斜或底板翘起。排水不畅迹象示意图见图 3.3-6。

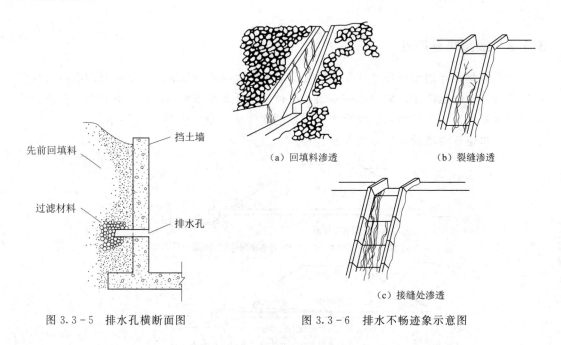

图 3.3-5 排水孔横断面图　　　　图 3.3-6 排水不畅迹象示意图

3.4 输泄水建筑物重要结构部件隐患检查

输泄水建筑物的其他建筑物包括进水渠、进水口结构、溢洪道控制段、泄水建筑物闸阀段、输水段（泄槽、涵洞和隧洞）、消能段和尾水渠。

3.4.1 进水渠

如果溢洪道或输泄水建筑物具有一个进水渠，则该组成部分位于结构其他组成部分的上游端。进水渠是将水从水库输送到控制段或进水口结构的明渠，可以是非淹没式或淹没式。

1. 非淹没式进水渠

为实现设计功能，非淹没式进水渠应提供一个无障碍的、能够均匀分布到控制段或进水口结构的流量。常见非淹没式进水渠位于垭口的溢洪道，或贯穿鞍部和脊部，以及用于灌溉或类似目的的泄水建筑物中。

（1）非淹没式进水渠类型。非淹没式进水渠可以分为有衬砌或无衬砌。无衬砌渠道可以用各种材料修建，并可在岩石或土体中开凿（挖）。在可能的情况下，至少需要在土渠边坡种植植被，以最大限度地减少侵蚀。渠道衬砌材料包括混凝土、沥青混凝土、水泥、碾压混凝土或喷射混凝土、抛石、石笼等。

（2）非淹没式进水渠的组成部分。非淹没式进水渠由渠道底板、渠壁、漂浮式拦污浮排（可选）等组成。大多数非淹没式进水渠进口都需要一个拦污浮排。图 3.4-1 展示了在岩石中开凿的无衬砌渠道、混凝土墙和抛石地面的衬砌渠道以及有拦污浮排的进水渠示意图。

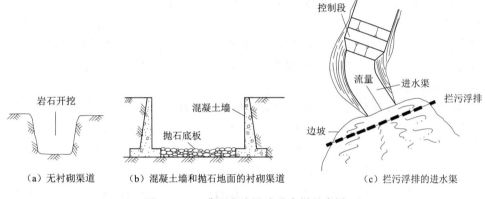

（a）无衬砌渠道 （b）混凝土墙和抛石地面的衬砌渠道 （c）拦污浮排的进水渠

图 3.4-1 典型非淹没式进水渠示意图

（3）非淹没式进水渠的典型问题及检查。进水渠故障可能会完全阻塞流向溢洪道或泄水建筑物的水流，大大降低过流能力，或导致水流不规则，从而冲击或越过渠壁。最终，水库水位可能会升高到安全线以上，大坝甚至可能会漫顶。非淹没式进水渠可能受到以下因素的影响：

1）材料劣化。当表面材料劣化时，可能导致边坡和墙体的破坏。为检查表面材料的劣化，表 3.4-1 列出了检查非淹没式进水渠材料的要点。

表 3.4-1　　　　　　　　检查非淹没式进水渠材料的要点

材　料	检　查　点
混凝土	检查混凝土衬砌是否有裂缝、位移和侵蚀
	沿着渠壁查看，以确保没有发生位移
碾压混凝土，水泥土和喷射混凝土	检查是否有裂缝和腐蚀
沥青混凝土	检查是否有裂缝、腐蚀和崩解
泥土	注意是否有严重的侵蚀沟
岩石	在天然岩石通道中寻找风化严重的岩石
	检查抛石是否风化，石头是否劣化以及边墙是否滑动

续表

材　　料	检　查　点
石笼	注意石笼①沉降或岩石劣化的迹象
	检查铁丝网是否生锈、断裂、切断或变形

① 石笼是用铁丝网围成的"笼"，里面填满了岩石，可以堆积起来以巩固斜坡。

2）障碍物。非淹没式进水渠可能受到植被、杂物、沉淀物、落石、树木、雪/冰坝、人造结构（如船坞）等因素影响。检查进水渠是否有障碍物，可采取以下措施：①检查拦污浮排是否有过多的杂物，若有，应及时清理，以保障渠道宽度（见图3.4-1）。②检查渠道的杂物。③积雪和冰冻条件下的维护，包括防止控制段结冰和积雪以及可能的积雪清除措施。④记录障碍物类型、位置和程度。

3）斜坡和墙体破坏。检查进水渠道斜坡及墙体是否破坏时，应采取下列措施：①检查边坡或墙壁是否有滑动、移动、裂缝或湿点。检查地基是否被地下水侵蚀。②观察渠道上方地形，看是否有不稳定的迹象，如溢洪道墙后的坑洞或塌陷。如果观察到渗漏引起土体流失，应找到渗漏点。③检查是否有排水不良的迹象，如渗漏和堵塞的排水孔或排水沟。

4）地面状况或稳定性差。检查进水渠底板时，应注意以下几点：①如果渠道是土质衬砌，需查看沟槽坡脚处是否有潮湿区域；检查是否有侵蚀、塌陷和植被缺乏。②检查地基是否有被地下水侵蚀的迹象。③检查排水不良的迹象，例如渗漏、淤塞的排水孔或排水沟。④使用夹板或锤子检查混凝土底板下的空隙。另一个可能使用的工具是"缓冲链"，是系紧在杆子上的一系列链条，通过在表面拖拉以检查混凝土。该工具用于大型区域试验。

5）潮湿/干燥导致的混凝土劣化。随着水位的上升和下降，混凝土会因潮湿和干燥以及冻融循环造成劣化。检查混凝土表面是否有开裂、结垢、剥落等现象，同时需检查进水渠吃水线。

6）波浪侵蚀。检查土质衬砌或抛石衬砌是否因波浪侵蚀而被破坏。临水侧过于陡峭的边坡可能会崩塌。图3.4-2展示了波浪侵蚀。

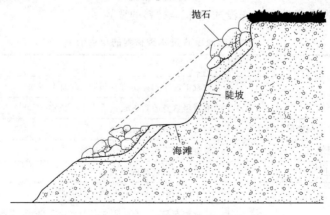

图3.4-2　波浪侵蚀示意图

7）损坏的拦污浮排。拦污浮排有两个目的：收集杂物和为船只和游泳者提供安全屏障，可使用多种设计和材料来建造浮排。浮力通常是通过在结构中使用木材而获得的。图3.4-3展示了拦污浮排的侧面图和正面图，其带有一个链网和缆绳网，延伸到水面以下以捕获杂物。有时可能需要船或潜水员对拦污浮排进行充分的检查。检查时应关注锚固是否松动或缺失，检查浸水和淹没的木制部件，检查结构是否有破损、弯曲和缺失。

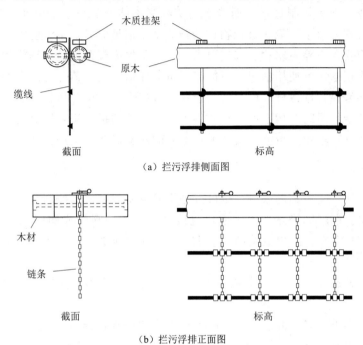

（a）拦污浮排侧面图

（b）拦污浮排正面图

图 3.4-3　拦污浮排示意图

8）过流能力不足。如果发现有漫顶迹象，建议进行水文复核计算，以检查进水渠是否能满足运行要求。

2. 淹没式进水渠

用于泄水建筑物的进水渠将水流引至进水口结构。淹没式进水渠通常是通过挖掘通向建筑物的通道来建造的。渠道可能有衬砌或无衬砌，当水库快速上升后进水渠会被淹没。图3.4-4展示了淹没式进水渠的结构。

淹没式进水渠比非淹没式进水渠道过流性能弱。一些典型问题，如边坡不稳定和障碍物难以察觉。进水渠可能出现的典型问题是无衬砌的边坡不稳定，表现为塌陷或滑

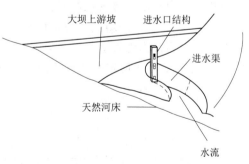

图 3.4-4　淹没式进水渠的结构示意图

坡。斜坡不稳定性最有可能在水位下降或地震活动等作用下发生，或由于边坡地下水位高于正常蓄水位而导致内部孔隙压力过大而发生。如果突然从出口流出泥石流或浑浊的水，这可能是水下滑坡的迹象。如果出现塌陷或滑坡迹象，塌陷的材料可能会限制甚至阻塞水

流进入取水口。如果边坡稳定性正在不断下降或已出现不稳定情况，需要采取以下措施：①可能需要立即采取抛石或石笼等控制措施，须清除所有阻塞通道的材料。②分析以确定不稳定的原因。③安装流量监测设备。④限制水流通过淹没式进水渠的障碍物，包括淤积、滑坡或塌陷、淹没的垃圾堆积物、水生植物如水葫芦等。

当出口控制设施没有改变时，可以通过降低流速来限制过流量。对运行记录的审查应重点关注该问题。如果限制过严，而泄水建筑物又不能泄放更多的洪水，则可能造成漫坝。如果检查发现是由于垃圾、沉积物、动物活动或植被而导致水流受阻，可能需要采取以下措施：①应立即清除阻塞物。②应要求运行人员更为频繁地检查维修程序并清除垃圾或沉积物。③根据水库的使用情况，可能需要重新评估垃圾负荷，可能需要安装或改进拦污栅。例如，如果拦污栅栏杆间前有大的杂物，可能需要一个开口较小的拦污栅。如果是相对损害较小的杂物阻塞结构，如水草，一个开口更大的拦污栅可能更为合适。④如果过多的淤泥或杂物正在堆积，可能需要对大坝上游的水土保持措施进行评估。

3.4.2　进水口

进水口是输泄水建筑物的入口，也可以是构成封闭溢洪道的控制段。进水口包括以下部分：①进水口。②辅助进水。③入口过渡区。④防护闸门或阀门。⑤调节闸门或阀门。⑥拦污栅或拦鱼栅。⑦事故闸门。⑧水塔、交通桥或平台。⑨防冰系统。

1. 进水口类型

进水口结构的设计可能存在潜在问题。以下是对不同类型进水口结构的描述，包括一些检查建议。

（1）混凝土坝进水口。混凝土输泄水建筑物的进水口结构是大坝表面的一个入口。与进水口相关的附属部分，如拦污栅、拦鱼栅和控制设备可以归为"拦污栅结构"中。

1）竖井。竖井是一个简单的 L 形金属或混凝土管，它使库水位在高于进口高程时，才能流入。可以是开式入口，也可以外设拦污栅封闭入口。

2）竖井式入口。竖井式入口是一种由钢筋混凝土构成的大型进水口装置。竖井式进水口可用作开敞式溢洪道的控制段。

3）斜坡式进水口。斜坡式进水口常见于垃圾或沉淀物堆积较少以及易出现结冰问题的地方。该结构仅作为管道入口，通常位于水库底部或其附近区域，取决于具体位置预计的沉积量。图 3.4-5 展示了斜坡式进水口结构坝。

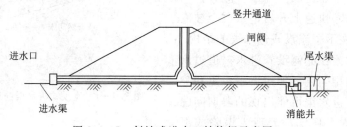

图 3.4-5　斜坡式进水口结构坝示意图

如果垃圾或沉积物大量堆积，淹没式进水口可能会被堵塞，导致水流减少，甚至在紧急情况下丧失泄放能力。长探头或耙子可用于确定进水口处是否有淤泥堆积，或拦污栅处是否有垃圾堆积。如果不能在放空条件下检查，应考虑进行水下检查，特别要检查是否有任何其他可能堵塞的迹象。

当库水位较低时，淹没式进水口最有可能被阻塞，水面附近或水面以上的进水口可能被漂浮物堵塞。

（2）塔式进水口。当进水口结构具备以下任一或全部功能时，常采用塔式进水口：

1）水库泄流调节。

2）用于清除垃圾、维护和清洁拦鱼栅或安装叠梁的部分，如操作平台。

3）在不同水库高程处设置若干开口，以便有选择地抽取储存水，以控制水质特征如温度、味道、气味、溶解氧、矿物质。

塔内可包括竖井，也可以提供进入控制段的通道。塔式进水口结构通常需要一座从坝顶或水库边缘进入的桥梁。图3.4-6展示了塔式进水口结构。在实际结构中，拦污栅将设置在进水口上。为了呈现无障碍物视图，图中未显示拦污栅。

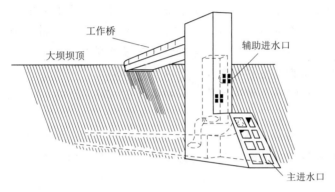

图3.4-6 塔式进水口结构示意图

（3）倾斜式进水口。倾斜式进水口通常布置在大坝上游坡或沿大坝上游库岸。根据特定要求和现场条件，倾斜式进水口可以完全被淹没，或者延伸到最大水面高度以上，以具备能够在水库水面进行闸门操作的能力。延伸到水面以上的倾斜式进水口功能通常与塔式进水口功能相同。当某一地点的沉降和稳定性问题严重时，通常选择倾斜式进水口。图3.4-7展示了一个倾斜式进水口结构。

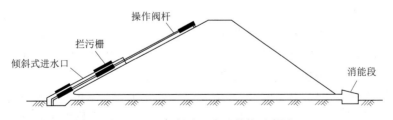

图3.4-7 倾斜式进水口结构示意图

（4）辅助进水口。辅助进水口可以与主进水口结构结合布置。主要功能包括施工或维护期间的改道，低流量排放或选择性排放。辅助进水口通常位于水库较低的位置，为小型管道供水。辅助进水口可能需要诸如拦污栅和控制设备等附属设备，与主进水口结构所需类似。

2. 检查进水口

以下列出了各类型的进水口存在的一般性问题。

（1）材料退化。当库水位上升或下降时，水面以上延伸的进水口可能会在干湿交替的环境下加速退化，并受到冻融破坏。如果进水口是由涂有涂层的金属构成的，则应检查是否有锈蚀孔，尤其是在接近地面处。在检查混凝土进水口结构时，应使用裂缝图作为参考。同时应当注意到出现新情况或恶化情况的迹象。

（2）进水口损伤。在库水位低于进水口时，或闸门关闭时，仍有水流继续进入管道，这是进水口受损迹象。应咨询专家，评估可能出现的结构问题。

（3）进水口错位。错位可能表明存在坝肩移动或有威胁大坝完整性的其他严重性结构问题出现。应咨询专业技术人员进行评估。

3. 进水口交通桥

如果是从大坝顶部或水库边缘通过交通桥到达进水口，桥梁是在检查过程中遇到的第一个组成部分（除非检查是从船上进行）。应检查入口栈桥中的材料是否存在以下缺陷：①在木桥和栏杆上，寻找腐烂、断裂的部分以及被动物破坏的部分。②检查弯曲的横梁。③在混凝土桥梁上，检查接缝和水流失点是否有裸露的金属和钢筋锈蚀。④检查油漆是否脱落或遗失。⑤检查焊缝或机械连接器、联轴器和法兰是否损坏。⑥寻找松动或锚固不牢固的护栏。⑦检查以前修复过的区域状况。

按照以下步骤检查桥梁排架：①在进水渠或水库内的混凝土桥梁排架上寻找应力部位或冻裂部位。②检查桥墩处的轴承支架是否完好，是否有移动迹象。③检查滑动结合处是否错位或受损。

4. 事故闸门

事故闸门用于关闭进水口，以便对泄水建筑物泄水，进行检查和维护。事故闸门可能需要紧急关闭，因此应时刻保持工作状态。淹没式进水口的事故闸门可能需要使用船只和潜水员来放置。有些装置包括用于放置事故闸门的龙门起重机，考虑到事故闸门的大小和重量，其通常被放置在大坝外部附近。若没有进行妥善保养，事故闸门可能无法使用，或需要进行重大修理。在计划检查时，应与管理单位讨论事故闸门的试运行，以便在检查时，可随时使用。在计划使用事故闸门前，应先评估其在当前负荷下的承受情况；不能因为以前使用过，就认为现在仍然安全。如果临时事故闸门是为检查目的而制造的，应特别小心，切勿为了方便而给检查人员带来危险。

（1）评估事故闸门可靠性。专业技术人员应对事故闸门结构进行充分评估。如果事故闸门未能通过以下任何一项检查，则无法对其进行测试操作。

1）应将目前的库水位与设计特征水位进行比较。如果水库正常水位比原设计水位有所增加，则应加固事故闸门（或在一开始就进行保守设计），使其能够承受更多荷载。

2）如果要使用任何设备（例如龙门起重机）来安装事故闸门，在尝试安装之前，必须对设备的状况进行评估。

3）在泄水建筑物泄水前，可要求业主证实事故闸门和有关设备以及管道是否具备足够能力。

（2）检查事故闸门是否存在运行缺陷。如果已按前文所述，检查了事故闸门结构的可靠性，并确保该事故闸门可安全使用，则应试验该事故闸门及其支架是否存在运行缺陷。

1）应该检查水面上的事故闸门导轨，确定其可用。

2）事故闸门被放置在管道进口时，如果遭到卡阻或不能滑动到位的情况，不要试图将其强制下压。如果卡阻和阻塞发生在水位以下，则需进行水下检查。

3）如果在放置事故闸门后仍有水流，可能是出现了结构问题，须确定连续水流的源头。

（3）在报告中提出事故闸门建议。如果进水口设事故闸门，且事故闸门存在病险或无法运行，应提出以下建议。

1）修理事故闸门或其导轨槽。

2）制订维修养护程序，以提高可操作性。

3）紧急情况下事故闸门设备应予以修理（或应制定此类设备规程）。

4）如有需要，应重新设计事故闸门。

如果确定在检查期间不能使用事故闸门，须重新安排检查工作，以便使用潜水员或水下无人遥控机器人搭载视频设备。

5. 拦污栅

进水口的下一个检查部分是拦污栅。拦污栅是由金属或钢筋混凝土制成的格栅，放置在进水口结构上，以防止超过一定尺寸的垃圾进入水道。淹没在水中的拦污栅处于稳定的环境中，不易损坏；但偶尔或定期暴露在空气中会加速其腐蚀。图 3.4 - 8 展示了水下塔式进水口拦污栅。

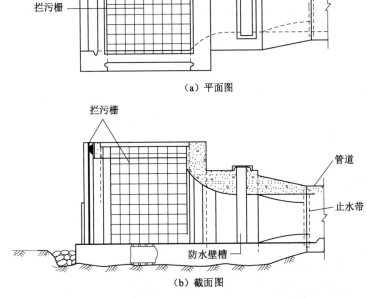

（a）平面图

（b）截面图

图 3.4 - 8　水下塔式进水口拦污栅示意图

冰载荷会损坏拦污栅或其支架，特别是在进水口结构上结冰后水库高程发生显著变化的情况下。

杂物会堵塞或损坏拦污栅。拦污栅的损坏或缺失会使杂物进入泄水建筑物，损坏下游设备。如果杂物堵塞导致泄流能力严重下降，局部的高速和振动水流可能会在大洪水期间造成结构其他地方的劣化。

拆卸拦污栅面板并不可取，即使一小股水流进入，也可能会妨碍拦污栅面板的重新安装。

泄水建筑物泄水能力下降是拦污栅可能出现问题的一个迹象。拦污栅长期处于淹没状态，无法在干燥时检查。如果不能通过探测来检查拦污栅，且有迹象表明拦污栅出现问题，可以派潜水员进行水下检查。检查拦污栅时，需清除拦污栅上的所有垃圾。清除垃圾后，检查杆和支柱是否损坏；检查拦污栅面板是否出现腐蚀、焊缝断裂、栅栏断裂、弯曲或丢失；检查支撑拦污栅的混凝土状况；若有大量的垃圾阻塞了水流，尝试估计阻塞程度。对结构的相关部分进行评估，以确定振动造成的损坏。

6. 拦鱼栅

拦鱼栅可以单独使用，也可以与拦污栅结合使用。拦鱼栅的开口一般都很小，比拦污栅上的孔口更容易堵塞，因此，定期清扫和喷洗拦鱼栅十分重要。拦鱼栅相关的问题基本上与拦污栅相同。

7. 防冰系统

在严寒气候条件下，进水口结构周围容易结冰，降低水库过流能力，因此需要设置防冰系统。其主要由安全压缩设备组成，设置在结冰区下方，当有结冰风险时，设备释放压缩气体，气体上升达到水面可防止结冰形成。

8. 进水口

深入进水口结构或处于进水口内部的入口通常为圆形或特殊形状，以使水流呈流线型，并使水力损失最小。即便如此，由于水流方向的快速变化或不连续而产生的局部负压区也会引起振动或空蚀破坏。检查时应关注受损混凝土和裸露的钢筋；若入口部分均使用钢材料作为衬砌，应确保钢衬没有任何松动或丢失。

9. 进口段

进水口结构的内部控制通常会形成特别的入口过渡区，贯穿整个控制区；进口段可以是钢衬的，也可能有涂层。衬砌表面可能会因空蚀、腐蚀或振动而损坏。如果钢板松动或丢失，混凝土会发生空蚀破坏，从而暴露钢筋。检查进水口结构的中间水道时，直接检查所有不连续下游段通道表面是否有劣化，如闸槽、衬板、通风口、选择性排气系统、低流量排放系统的侧面入口；可以测定金属的蚀余厚度。

3.4.3　溢洪道控制段

进水渠或进水口的水流进入溢洪道控制段，并流向下游泄槽、涵洞或隧洞。有些溢洪道的控制段直接连接消能段、尾水渠或河床。控制段控制溢洪道放水，防止库水位高于溢洪道堰顶，并在汛期调蓄洪水。图 3.4－9 为溢洪道控制段示意图。

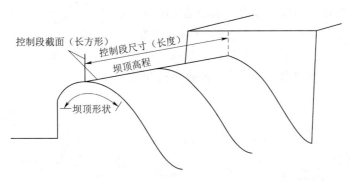

图 3.4-9 溢洪道控制段示意图

1. 溢洪道控制段类型

溢洪道控制段主要有无衬砌控制段、有衬砌控制段和非常溢洪道控制段三种类型。

（1）无衬砌控制段。大多数无衬砌控制段是开挖在土质或岩体中的明渠，通常位于水平或平坦的坡上。植被或碾压混凝土可用于覆盖土壤或岩石，以提高其抗侵蚀的能力（通常用草或水泥覆盖土质溢洪道）。使用诸如阀门、闸门和可拆卸挡板等设备可以改变控制段过流能力。对于无衬砌的辅助溢洪道，控制段会有岩体，起屏障作用，防止溢洪道在罕见的洪灾期决口。图 3.4-10 所示为典型无衬砌辅助溢洪道的平面图和剖面图。

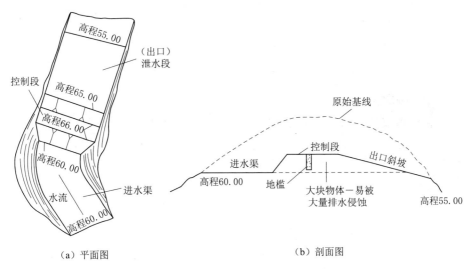

（a）平面图　　　　　　　　　　（b）剖面图

图 3.4-10 典型的无衬砌辅助溢洪道示意图（单位：m）

（2）有衬砌控制段。由一段明渠组成的控制段可以是有衬砌的，以保护渠壁不受侵蚀。有衬砌控制段可以具有诸如堰或孔口的装置，以调节和引导水流进入泄槽、管道或隧洞。

堰顶或溢流堰顶，通常为槛状，可由混凝土、碾压混凝土、抛石、石笼、木材或金属建造。孔口可以是一段管道或通道的上游开口，也可以是一个通道开口，有时候还有落底式进水口等特殊结构。

（3）非常溢洪道控制段。非常溢洪道是溢洪道控制的一种特殊类型，可以是有衬砌或无衬砌的明渠。控制段设土石材料，在遭遇超标准特大洪水时，土石坝以可控的方式溃决。非常溢洪道采用中部渠高的结构，以便以渐进的方式溃决。图 3.4-11 显示了有衬砌渠道中的非常溢洪道控制段，在洪水期间逐渐被冲蚀。

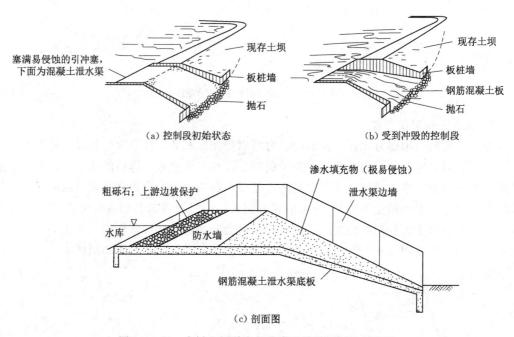

图 3.4-11　有衬砌渠道中的非常溢洪道控制段示意图

2. 溢洪道控制段结构组成

控制段包括堰或槛、孔口、管道、闸门、叠梁和闸板以及辅助设备。

（1）堰。堰是一种槛形的溢流结构。直线型堰的堰长与所跨长度相同。通过建造不同结构的堰体，可以获得更长的长度。图 3.4-12 为典型堰的结构示意图，图 3.4-13 为浴缸型堰的进水口示意图。

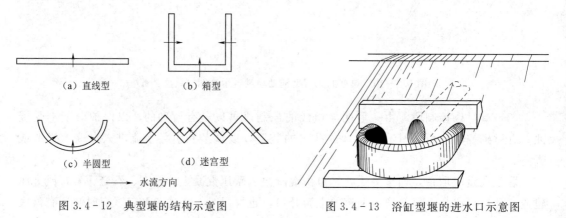

图 3.4-12　典型堰的结构示意图　　　　图 3.4-13　浴缸型堰的进水口示意图

从侧面观察时，堰可以分为实用堰、宽顶堰和迷宫堰，其中实用堰分为 WES 堰、驼峰堰、梯形实用堰等。

（2）孔口。孔口的大小、形状、高度和角度控制水流流量。竖井式进水口是一种特殊类型的堰顶，用于控制流入封闭式溢洪道系统的水流。当水库水位上升到水流可以跌落到进水口时，会使用这种类型的控制段。图 3.4-14 为竖井式进水口示意图。

（3）管道。管道也可用作一种控制手段，可以影响水进入结构后的流速。涵洞和虹吸管是溢洪道控制系统中使用管道的两种方式。

1）涵洞根据高程、开口大小和坡度设置最大流速。

2）虹吸管通过在进水口端产生真空来工作。

图 3.4-15 为涵洞和虹吸管溢洪道示意图。

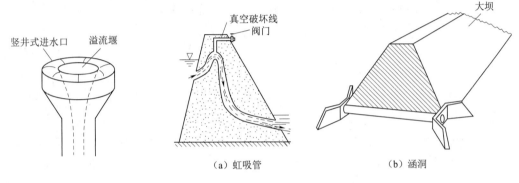

（a）虹吸管　　　　　　　　　　　（b）涵洞

图 3.4-14　竖井式进水口　　　　　图 3.4-15　涵洞和虹吸管溢洪道
　　　　　　示意图　　　　　　　　　　　　　　　示意图

（4）闸门。闸门通过机械操作来改变控制参数。常见闸门有弧形闸门、平面直升闸门、翻板闸门等。图 3.4-16 为弧形闸门结构示意图。

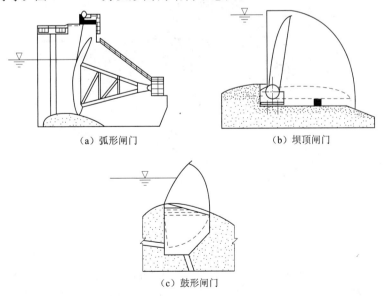

（a）弧形闸门　　　　　　　　　　（b）坝顶闸门

（c）鼓形闸门

图 3.4-16　弧形闸门结构示意图

（5）叠梁和闸板。叠梁和闸板可以根据需要进行安装和拆卸，以改变坝顶高度或渠道宽度。

1）叠梁是嵌在闸墩门槽中的平板。

2）闸板是由固定在堰顶的立销或支柱支撑的独立面板。当水压力超过支柱的强度时，闸板即失效。

图 3.4-17 为叠梁和闸板示意图。

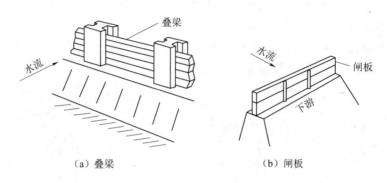

（a）叠梁　　　　　　　　　（b）闸板

图 3.4-17　叠梁和闸板示意图

（6）辅助设备。辅助设备可以是桥墩、甲板、桥梁、爬梯或其他在闸门、叠梁或闸板上支撑、操作或执行维护所需的装置与设备。图 3.4-18 为带有起重机的设备（工作）桥。

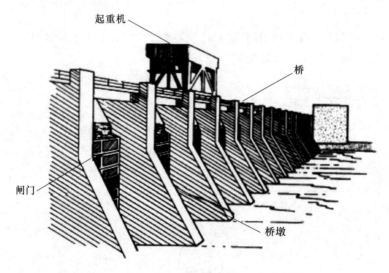

图 3.4-18　带有起重机的设备（工作）桥

3. 溢洪道控制段典型问题

控制段是溢洪道十分关键的部分。溢洪道必须按设计要求进行泄流，无论水流是在库水位达到预定水位（堰顶高程）时泄流，还是通过闸门操作或闸板移除/失效时泄流。控制段不能正常运行所造成的最严重后果是库水位会持续升高并造成大坝漫顶。溢洪道控制段的典型问题包括：

（1）表面材料的劣化。检查控制段各部分是否损坏，观察集中和高速流动区域的表面，比如靠近闸门的地方，看是否有侵蚀现象；检查闸门附近的混凝土开裂和金属撕裂、断裂和疲劳；检查孔口边缘和堰的上游边缘，看是否受到冰或漂木撞击而损坏。高速水流通过有异常情况的混凝土表面会引起空蚀，仔细检查表面是否有位移、小孔洞和碳酸钙沉积物。尤其应仔细地检查搁置闸门的轴承表面以及闸门槽、衬板和通风口。

（2）存在障碍物。除本节已经讨论过的一般类型的障碍物外，还应检查控制段是否存在淤堵，应注意堰顶冰冻和积雪现象；查看沉积物是否堵塞下游的通气孔。

仔细检查闸板材料。闸板支柱或闸板本身通常被设计成当水位达到某一预定高度时失效。支柱或挡板材料的任何更换或改变都可能会导致延误或消除设计功能，导致溢洪道泄洪能力降低，进而造成大坝漫顶。

（3）自溃堤问题。在应对特大洪水之前，自溃堤可能已经存在很多年了。随着时间的推移，许多问题会影响引冲塞（槽）。检查自溃堤时，应检查以下内容：

1）确保非常溢洪道上没有乔木和杂物，可按需设草皮护坡。

2）检查土石坝材料是否受到侵蚀和流失，其可能会导致自溃堤过早失效。使用仪器测量引冲塞（槽）距离，或建议进行勘测，以确保引冲塞（槽）尺寸符合施工图中的设计要求。

3）检查是否有诸如铺路或违章建筑等改建问题。

（4）工作桥和桥墩问题。溢洪道上的工作桥梁、桥墩、桥板或其他入口结构的缺陷，可能会使闸门和其他控制装置在紧急情况下无法工作，支撑结构的倒塌可能会堵塞溢洪道。检查本节前述的进水口结构的入口栈桥所出现的相同问题。

（5）闸门、叠梁和闸板问题。第5章提供了有关闸门和阀门问题的具体内容。在检查溢洪道的控制段时，首要注意的是需确保闸阀和其他泄水设施的运行不受邻近结构的影响。检查叠梁、闸板以及邻近支撑结构时，应检查以下几点：

1）检查结构元件的位移或混凝土的劣化，可能会堵塞闸门或使闸门错位。如果可能，试运行设备，以定期检查堵塞情况以及闸门安装是否正确。在运行过程中，检查闸门下面的材料是否劣化。

2）对于木制叠梁，检查是否出现腐烂和其他劣化情况。

3）注意过度渗漏。

4）注意闸板的弯曲、闸阀杆的错位情况，以及其他因积水、杂物、积冰或过紧而产生的形变迹象。

（6）回填和地基问题。检查控制段的回填和地基问题时应谨记：

1）控制段的地基往往须具备承受重型设备的能力。仔细检查可能出现沉降、地基偏移或侵蚀问题的位移。检查混凝土渠壁和底板下是否有空洞。

2）溢洪道穿过土石坝之处，接缝的间隙不能裸露地基或回填材料，而且要保证止水带、密封剂和压缩接缝填料完好无损、状态良好，这一点至关重要。

3）检查排水孔和地基排水沟是否有淤堵，并留意排水系统是否有渗漏以及其他问题迹象。

3.4.4 泄水建筑物闸阀段

闸阀的安全状态对闸门或阀门的有效维护至关重要，并在紧急情况下为其操作提供安全的环境。在大坝安全检查中，外壳结构的完整性和入口条件是重要因素。闸阀外壳可以安装在泄水建筑物管道的不同位置。其安装的位置决定检查关注的重点。

（1）上游闸阀位于管道的上游端，且可以作为进水口结构的一部分。上游控制外壳会受到与进水口结构相同的冰雪危害和风化影响（反复的湿润和干燥，以及冻融作用）。如果拦污栅拦污能力不足，杂物可能会进入闸门或阀门，导致机械装置或其外壳损坏，可能会堵塞拦污栅，影响其开启或关闭。

（2）中段闸阀位于沿管道的某个位置（大坝内部或下方）。通常需要通过廊道、坑道、隧洞或竖井进入。应检查外壳结构（有时也称"闸室"）的结构稳定性、出入条件、干燥性和安全运行条件，如爬梯、栏杆、照明和通风的充足性。

（3）管道下游端的闸门或阀门易结冰。

闸门或阀门的典型问题如下。

1. 上游过渡段问题

紧靠闸壳或阀壳上游的水道称为上游过渡段。仔细检查此区域，特别需要检查所有不连续段，包括接缝处的裂缝或位移，腐蚀或空蚀，钢衬板、闸门导轨或密封板松动或丢失，钢筋外露等；检查混凝土（或使用的其他管道材料）的结构完整性，如存在裂缝或变形；寻找可能阻塞闸门的杂物。

2. 闸壳或阀壳问题

检查闸阀外壳和闸阀周围的混凝土。检查受损焊缝、外壳和水管之间存在裂缝或不连续段、闸门松动、错位或位移、过流面的侵蚀或空化、冰雪危害（如果表面外露）等。

3. 下游过渡段问题

闸门或阀门与下游管道或出水口结构之间的区域称为下游过渡区。在下游过渡区，水路断面形状从闸门（通常为矩形）或阀门形状改变为下游水路断面形状。如果调节闸门或阀门下方的流速，可能会引起混凝土的侵蚀，那么过渡段某一部分需进行钢衬。在有超过一个上游管道和闸门或阀门的区域，在闸壳或阀壳处，多个水路可以汇聚成一个水路。在分隔多个控制闸门的闸墩下游端，会产生极端的湍流和负压。这些压力会破坏过渡区的墙和顶，并在过渡衬砌与管道的接缝处造成不连续破坏。

（1）对于上游过渡段，检查所有不连续点附近是否存在接缝处的裂缝或位移，腐蚀或空蚀，钢衬板、闸门导轨或密封板松动或丢失，钢筋外露等。

（2）检查衬砌是否牢固地粘在混凝土外壳上。用锤子敲击或用声波仪器来确定衬砌后面的混凝土中是否存在空隙。

（3）使用金属厚度测量装置检查衬砌厚度。

3.4.5 泄槽

泄槽将水流从控制段输送到消能段、尾水渠或自然河流。泄槽容纳来自控制段的全部流量，以防止大坝结构完整性受到破坏。与进水渠一样，泄槽可以有衬砌，也可以没有衬砌。图3.4-19展示了侧槽式溢洪道控制段和泄槽，其泄槽轴线垂直于溢流堰顶。

1. 泄槽组成部分

每类泄槽组成各不相同。无衬砌泄槽包含边坡、边墙、底板等。有衬砌泄槽有边坡或边墙和底板。混凝土衬砌一般设排水孔或其他排水结构，各部分间的接缝设沥青等接缝填料和止水带。

2. 泄槽的典型问题

泄槽经常受到高速水流的冲击，因此会加速损坏。如果泄槽破坏，则溢洪道无法正常泄流，洪水会侵蚀坝坡和邻近岸坡，导致漫坝，危及大坝安全。泄槽的典型问题包括：

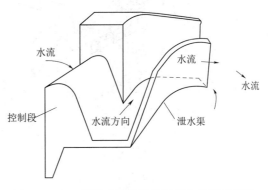

图3.4-19 侧槽式溢洪道控制段和泄槽示意图

（1）表面材料劣化。空蚀是可能影响泄槽的一个典型问题。许多泄槽坡度较大，容易暴露在高速水流下。

应仔细记录泄槽流道上的偏移、接缝、凹陷、碳酸钙沉积和其他异常现象，并检查附近区域是否有空蚀损坏迹象。

（2）淤堵。检查泄槽的野生植被生长情况，斜坡崩塌后的岩石或物质，被槽板挡住的杂物。

（3）边坡老化破损、开裂、变形等问题。

（4）泄槽老化破损、开裂、塌陷等问题。

（5）接缝处损坏。检查泄槽的接缝是否存在地基的分离和外露，止水带损坏或缺失，密封剂或压缩接缝填料硬化或缺失，水流渗入和渗出，开裂的接缝处是否有土颗粒析出，是否有接头偏移及偏移引起剥落等现象。

（6）回填和地基问题。通过泄槽的高速水流会侵蚀无衬砌的渠道，而在有衬砌的渠道中，会使渠道底板或边墙发生位移，从而侵蚀回填材料和地基材料。

1）检查有高速水流经过的溢洪道附近区域，查看是否有水流漫过溢洪道边墙从而造成的侵蚀。

2）检查可能沉降、地基位移或侵蚀的位移。

3）寻找混凝土渠壁和底板下的空隙，以及有衬砌渠壁和回填土间的间隙。

4）检查排水孔和排水沟是否堵塞，并注意排水系统是否有渗漏和其他问题迹象。

3.4.6 涵（隧）洞

涵（隧）洞是指贯穿大坝或在大坝周围的封闭式过水通道，其通过将涵管段接合在一起而形成的管式或箱式结构。管道可以建在开挖的沟槽内、隧洞内、地面上或地面以上的支架上。图 3.4 - 20 为贯穿土石坝的涵管示意图，图 3.4 - 21 为贯穿混凝土坝的管道示意图。

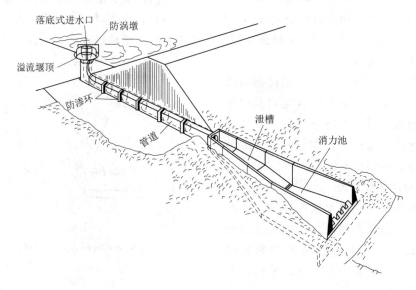

图 3.4 - 20　贯穿土石坝的涵管示意图

压力管道是将水从水库、前池或调压井中在承受压力的条件下引入水轮机或其他设备以满足发电、供水等要求的管道。为了保证隧洞的围岩稳定，并降低糙率，提高输水能力，隧洞一般都需要衬砌。常用的有混凝土衬砌、浆砌块石（条石、料石）衬砌和钢筋混凝土衬砌。现在采用锚喷支护作为永久衬砌的也逐渐增多。图 3.4 - 22 展示了泄洪洞的特征。

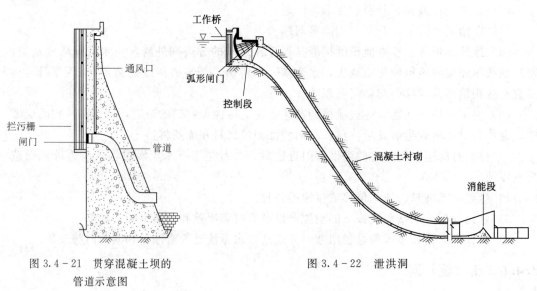

图 3.4 - 21　贯穿混凝土坝的　　　　图 3.4 - 22　泄洪洞
　　　　　　管道示意图

1. 管道

管道范围可以从贯穿土石坝的简单外露的金属波纹管（CMP）延伸至输送承压水的复杂输水系统。管道的组成部分也大不相同。以下为大坝管道的一些组成部分和材料。

1）管道材料：石棉水泥、铸铁、现浇或预制钢筋混凝土、波纹金属、球墨铸铁、聚乙烯、聚氯乙烯、钢、陶土或木制排气管等。

2）压力管道衬砌：沥青混凝土、煤焦油磁漆、砂浆、塑料或橡胶等。

3）使用止水带、密封件或密封垫密封的接缝。

4）环绕管道的防渗圈，以延长渗透路径。

5）用于防止接缝下沉和开裂的接缝支架和垫圈。

6）过滤式排水砂层，地面颗粒材料将来自管道的渗漏水引开，通常布置在管道下游部分。

7）管道垫层用以支撑结构的天然岩石、混凝土或压实的地基材料。

8）管道出水口支架。

（1）泄水建筑物闸门或阀门位置意义

在泄水建筑物的中部或下游端安装闸门或阀门会对管道产生不同影响：①中游闸门或阀门，对于中游段闸门或阀门，管道的上游部分位于库首之下，易受到较大的压力。②下游闸门或阀门，如果控制闸门位于水道下游端，闸门上游会有一部分受压管道。在检查时，闸门或阀门上游的所有管道都会处于库首的压力之下。

（2）管道外部检查程序。通过检查管道（如果暴露在外）或土石坝的外部特征，可以发现管道潜在问题迹象。

1）如果材料达到设计使用年限，检查管道外部是否有劣化迹象。管道外部的情况可能与内部有很大不同。在某些情况下，一方面土壤会保护管道外部免受氧化引起的腐蚀；另一方面，当地的场地条件可能会加速外表的腐蚀劣化。因此，仅仅考虑管道外部情况还不足够。

2）寻找土壤渗入管道的迹象：①土石坝沿管道中心线的凹陷。②表面出现坑洞或管涌空洞，动物弄出的孔洞可能不如坑洞或管涌空洞易发现。③衬砌内出现孔洞。若出现管涌或沉降现象表明可能会有此问题。④泄放水流中的颗粒。

3）留意是否有渗漏情况或渗漏迹象（最好在管道满水时进行）。渗水迹象有：①水渍。②过茂植被，或在潮湿区域出现生长茂盛的植物。

4）当所有进水口关闭时，观察水流。如果观察到任何渗漏，则再次检查进水口是否渗漏。如果不是，记录水进入管道的位置，并检查水中是否含有颗粒。

5）在靠近下游末端的管道周围寻找与管涌相关的侵蚀。仔细检查管道排水口上方的土石坝边坡，看是否有出现有管涌迹象的空洞或侵蚀。检查结构附近是否有渗漏。如果渗漏带沉淀物，情况可能非常严重。

6）如果管道外露，检查支架是否有下沉或接缝处是否有移动现象。

7）检查外露钢管的混凝土锚墩是否开裂、风化或劣化。

（3）管道内部检查程序。在尝试检查管道内部时，可能会遇到以下困难：

1）排水困难。除非管道已经排水，否则无法对其进行全面检查。然而，由于以下一个或多个原因，排水是不可能做到的：①缺少防水壁或其他封堵装置。②需要限制水库的最大排水量。③需要保持水流量。④在排水状态下管道结构受力存在缺陷。

为了探测管道内部状况，可能需要依靠外部的检查结果。

2）无法接近管道内部。管道可能太小或太危险，由人无法进入内部进行检查。一种可行方案是使用遥控机器人搭载视频设备。如果还不可行，可以进行以下两点检查：①管道外露部分或位于其上的大坝的状况进行检查。②对管道可进入部分的内部检查，在强光或镜子等设备的帮助下，可以从管道的下游端观察到一些细节。

如果从管道的下游端观察到沉降相关问题，可能表明管道部分段有积水。

管道内部检查中经常遇到管道开裂。关注历史检查的裂缝记录，并使用裂缝图记录新裂纹。图 3.4-23 为涵（隧）洞裂缝示意图。尽可能详细地记录裂缝，标明测量值或绘制草图，按比例显示裂缝长度和位置。

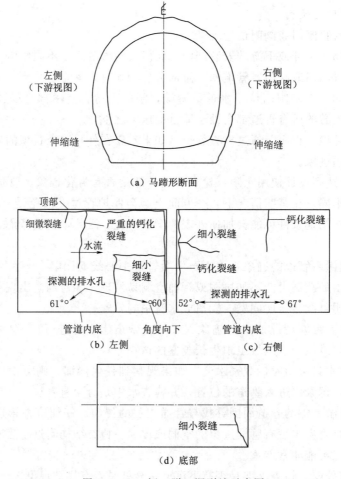

图 3.4-23　涵（隧）洞裂缝示意图

要检查混凝土结构中的裂缝是否连续，可以用地质锤或其他工具敲打混凝土，通过分辨音调变化，从而了解混凝土状况。如果有迹象表明裂缝向结构中延伸，则可能需要使用染色试验和声波法对混凝土进行更全面的检查。检查管道内部时，记录以下内容：

（1）在闸门和阀门下游，以及在急弯、接缝处或其他不连续处发生的空蚀损坏。

（2）金属管道或衬砌的腐蚀。

（3）使用裂缝图记录裂缝。描述位置、长度和方向（横向、纵向或对角线），估计裂缝深度。

（4）涂层或衬砌材料受损。结构应力过大会导致开裂或压屈，局部缺失会导致空蚀。

（5）杂物影响。

（6）管道变形。

（7）混凝土上的风化物或凝胶。

（8）侵蚀，特别是在高速流动区域。

（9）接缝分离、紧缩或劣化。

（10）管道内水外渗或外水内渗。

（11）管道各部分错位。

（12）排水孔堵塞。

（13）在靠近观察到裂缝的管道后方出现空隙、错位或其他可能渗漏的区域。

管道的问题最常发生在接缝处，在检查时应特别注意这些部位。在水压力作用下，接缝裂开可能会导致外壳结构腐蚀并导致水渗漏到土石坝中。如有可能，应在干燥条件下检查管道的接缝。在管道排水后立即进行检查，可能会发现渗漏位置，因为水有时会从受影响的接缝中喷出。通常情况下，管道接缝会在大坝最高段下被拉开，并在水道的两端被挤压。检查管道接缝时，务必：①检查接头是否有渗漏。②检查相邻管段间的接缝是否漏水，止水带是否破裂。③检查混凝土的挤压剥落。④检查因不均匀沉降而造成的管段错位。

图3.4-24为张开的管道接缝示意图，该接缝因局部沉降沿管道底部裂开。

图3.4-25显示了混凝土压力管道支墩严重开裂的情况。

2. 隧洞

隧洞可以使用各种材料作为衬砌，也可以开挖穿过岩石，不带衬砌。由于衬砌材料在隧洞内形成管道。因此有衬砌隧洞的问题类似于管道问题，检查无衬砌岩石隧洞时，应注意掉落的石头堵塞隧洞、接缝处岩石劣化等问题。

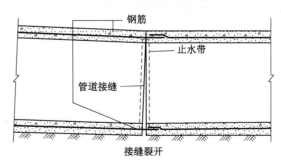

图3.4-24 张开的管道接缝示意图

3.4.7 消能段

溢洪道或泄水建筑物消能段的作用是降低和引导水流的能量和流速。当水流进入无衬砌的渠道、天然河床或河流时，降低水流能量十分重要。各种消能结构可以组合使用。溢洪道或泄水建筑物消能段应保护建筑物底部和大坝基础不受侵蚀和破坏，并保护邻近堤防在高速水流作用下不受尾水水流和漩涡的影响。

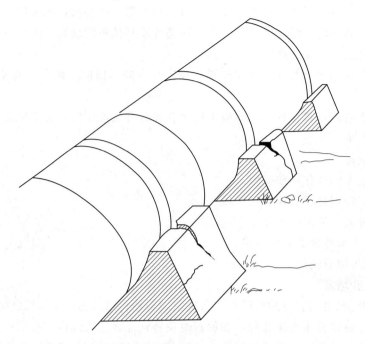

图 3.4 - 25　混凝土压力管道支墩严重开裂情况示意图

1. 消能结构

消能结构包括消力墩、台阶式消能、挑流鼻坎、消力池、控制闸阀、涵管冲击消能箱、海漫和防冲槽等。

（1）消力墩。是一系列直立的障碍物，可以减慢水流速度。它们通常用混凝土建造，有时嵌入河道底板的巨石会起到消力墩的作用。图 3.4 - 26 显示了钢筋混凝土消力墩的侧视图，包括倾斜消力墩和水平消力墩。

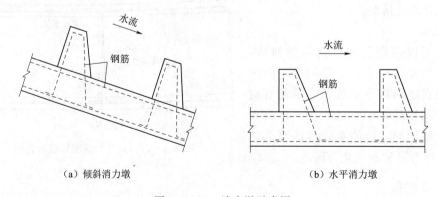

（a）倾斜消力墩　　　　　　　　　　（b）水平消力墩

图 3.4 - 26　消力墩示意图

加墩陡槽由设置在渠道底板上的一系列消能墩组成，陡槽上沿程加设消能墩后，水流在沿陡槽下行过程中进行消能，以保证陡槽出口处流速不大于进口流速。图 3.4 - 27 为加墩陡槽示意图。

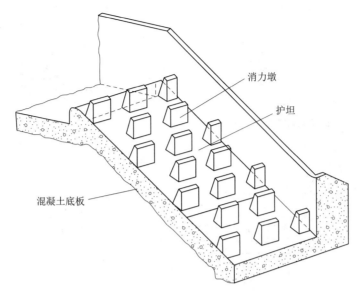

图 3.4 - 27　加墩陡槽示意图

这种结构结合了输水和消能功能，既输送控制段的水流，又消散能量。

（2）台阶式消能。整个泄水渠可由一段台阶组成，或消能段可采用台阶式，以降低水能。图 3.4 - 28 为台阶式泄槽剖面图。

（3）挑流鼻坎。桃流鼻坎是一种位于泄槽末端的倒置结构，它通过将水翻转到空中并流向一个消力池来改变和引导水流。当水深不允许形成水力跳跃时，通常使用挑坎。水面以下的挑坎或有槽的挑坎称为消力戽。在挑坎或其他终端结构底部基础会设防渗墙，以防止侵蚀破坏。防渗墙一般采用钢板桩、混凝土或木材（极少数情况下）。图 3.4 - 29 展示了两种不同类型挑坎结构。

图 3.4 - 28　台阶式泄槽剖面图

（4）消力池。消力池是一种耗散水流高动能的渠道结构。一个水跃池由一排或多排障碍物组成，如陡槽消力墩（位于泄槽与池底相接的位置）、消力墩、锯齿式消力墩（类似锯齿型的槛式结构）。结构截面通常会形成驻波，为掺气涡流，降低流速，增加水深。水跃池通常由混凝土或抛石构成。图 3.4 - 30 为消力池示意图。

（5）控制阀。通常是锥形阀，一般安装在泄水建筑物管道的末端，将水流分散成喷雾状。随后，泄流能量被引导到一个水池中得到进一步控制。

（6）涵管冲击消能箱。涵管冲击消能箱适用于小型涵管、涵洞、输放水管道出口等。由小型箱式结构构成的冲击消能工，无尾水要求。水流撞击胸墙，充分消能后通过胸墙底部出口进入下游。图 3.4 - 31 为涵管冲击消能箱示意图。

（7）海漫和防冲槽。出消力池的水流含有一定的紊动及脉动，为了调整流速分布，减轻下游河床的局部冲刷，保障消力池工程安全，通常在消力池下游接建一段刚性或柔性海漫，在海漫的末端修建防冲槽。详见图 3.4 - 32。

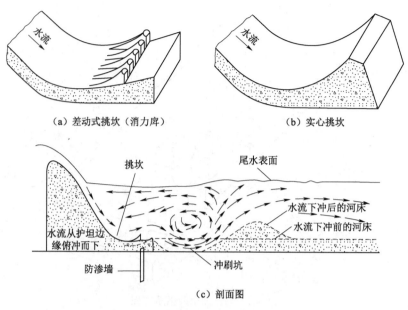

（a）差动式挑坎（消力戽）　　　　　（b）实心挑坎

图 3.4 - 29　挑流鼻坎示意图

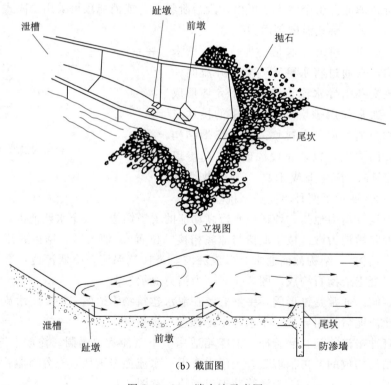

图 3.4 - 30　消力池示意图

2. 消能段检查

在检查溢洪道或输泄水建筑物的消能段时，应遵循以下原则：

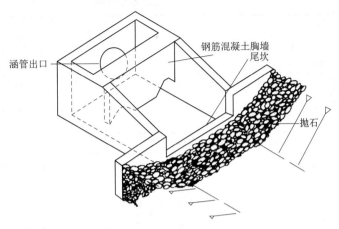

图 3.4-31 涵管冲击消能箱示意图

（1）首先，也是最重要的一点，要了
解其结构功能。

（2）仔细观察结构。注意不寻常的水
流、涡流和漩涡，特别是从下游将岩石和
杂物带入建筑物的回流。

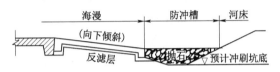

图 3.4-32 海漫和防冲槽示意图

（3）寻找沙沸，这是渗漏受压力向上
作用的结果，表现为表面渗漏出现的沸腾现象。沙沸常伴随着一个圆锥形物质，主要位于
沸腾区域周围，这是由于渗漏携带地基或坝体材料堆积而形成的管涌。

（4）如有可能，排水后检查其表面是否损坏。

（5）要检查一个无法排水的水池，可使用船检查，并用铅锤测量其水深。如发现损
坏，则需要用测量设备来确定水下损坏的位置。

（6）如果怀疑有问题，建议由潜水员进行水下检查。与所有的水下检查一样，详细的
检查计划和具备良好的通信系统是记录受损区域的重要条件。

3. 消能段的典型问题

由于这些消能结构降低了流速并消散了水能，因此消能段的所有组成部分都可能会受
到损坏。如果消能结构不能正常运行，那么下游末端的坝体结构可能会受到侵蚀，造成基
础受损。溢洪道或泄水建筑物消能段的典型问题包括：

（1）材料劣化。消能段材料劣化问题检查要点见表 3.4-2。

（2）障碍物。检查消能段是否存在以下障碍物：

1）杂物堵塞消力墩。

2）消力池以及挑坎下游内的杂物（通常是石块或人乱扔的东西）。

3）回流将下游杂物带入出水口结构。

4）消力池中生长茂密的植物（如茂密的水草）。

如果看到有物体阻塞水流，应注意物体的类型、尺寸和深度，以及相对位置。

船只可用于对大型池底进行检测，以检查是否有障碍物或损坏区域。

表 3.4－2　　　　　　　　　　消能段材料劣化问题检查要点

材料	检 查 要 点
混凝土	检查有无空化迹象。槽墩两侧、消力墩、锯齿消力墩等暴露在相当大的湍流中，任何偏移或不规则现象都可能引发空化
	寻找溢洪道护坦、挑坎顶面和底面以及消力池底板、池壁、槽墩和锯齿消力墩磨损形成的侵蚀破坏
	检查接缝一侧有无剥落或沉降。检查接缝密封剂或压缩接缝填料是否开裂、丢失、移动或劣化。寻找损坏的止水带
	注意因侵蚀和空蚀而造成的钢筋锈蚀和损坏。混凝土末端结构一般为钢筋混凝土
	如有可能，在排水时检查消力池的水下部分，或使用潜水员进行检查（水下摄像机或遥控机器人可在潜水员进入前使用）
抛石	确保抛石没有移位或丢失，且地基材料受到保护。寻找抛石下的管涌或空隙
土工织物	检查抛石或石笼消力池以及下游渠道外露的土工织物，一般情况下其不应暴露在顺流或直射阳光下

（3）消力墩损坏或被冲走。消力墩可能会开裂、腐蚀、松动或被冲走。如果消力墩在冬季低流量时暴露在外，应注意冰雪造成的损坏。

（4）池壁或消力墩错位。水流的作用力会使末端结构发生偏移，如发现问题，应进行如下操作：

1）检查垂直度。沿槛顶检察对准偏差。

2）检查仪器数据，测量偏移。错位可能会导致偏移，而偏移的下游可能会形成空化。

（5）排水沟故障。检查消能段的排水沟是否堵塞。确定从排水沟流出的水是否清澈，是否含有沉淀物或细小颗粒。

（6）回填和地基问题。检查消能段的回填和地基有无缺陷时，应注意以下几点：

1）仔细检查消力池和抛石衬砌消能段的地基和回填问题。在回填中检查沉降和裂缝。测量问题区域的大小和距离。测量沉降深度并探测空隙和侵蚀渠道。

2）注意消力池下游回填部分的侵蚀问题。防渗墙和钢筋不应外露。

3）沉降或设计不适当的高度或长度，可能会改变消力池的水跃位置。检查结构内的水跃设计位置。

4）寻找水池中错位的池壁，裂缝和开裂的回填料，寻找沉降迹象。

5）检查抛石消力池是否因基土流失或缺少反滤装置而受到侵蚀。

6）如果消力池为砂或砾石，检查是否有管涌。

3.4.8　尾水渠

尾水渠将溢洪道和泄水建筑物的宣泄水流输送到大坝下游的天然河道中。正常运行的尾水渠能够安全泄流，不会对溢洪道或泄水建筑物结构的设计出流量产生不利影响，并且不影响消能工的消力性能，同时能保护大坝结构完整性。

1. 尾水渠类型

与进水渠和泄水渠一样，尾水渠可以是有衬砌的，也可以是无衬砌的，且表面可以使用各种材料。图 3.4－33 显示了使用不同建筑材料衬砌的尾水渠示意图。

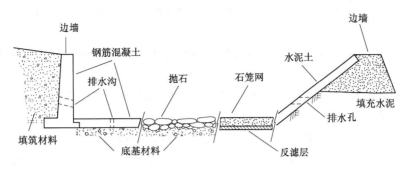

图 3.4-33 不同建筑材料衬砌的尾水渠示意图

2. 尾水渠组成

（1）渠道底板或底部。应均匀平整，以避免汇聚水流。

（2）渠道边坡或边墙（也称为导流堤或导流墙）。将水流导进正确渠道，并保持边坡稳定性。

3. 尾水渠典型问题

尾水渠将溢洪道和泄水建筑物的泄流回流至自然河道。如果尾水渠失效，过大的流量很可能侵蚀溢洪道下部、土石坝坝趾区域或大坝下游区域。

尾水渠在结构和材料方面存在与其他明渠相同的共性问题，主要问题说明如下：

（1）侵蚀。进入尾水渠的水流通常比渠道进口的水流流速更高。如果结构错位且缺少防护，尾水渠极易被侵蚀。在河堤上寻找表明有不当压实的侵蚀沟，以及因下游堵塞、植被覆盖不够导致的漫顶迹象。

（2）长度不足。尾水渠应向下游延伸，以确保水流不会损坏土石坝丁坝和坝脚区域。如果破坏正在发生，记录问题极其重要。

3.5 小结

（1）输泄水建筑物安全巡查时需考虑的因素：

1）提前通知水库管理单位，检查前确定输泄水建筑物闸门启闭正常。

2）最佳检查时机。尽量使检查与建筑物因维修或其他目的而排水的时间一致。选择可以查看大多数组成部分的时间。

3）观察运行情况。可能需要观察泄水建筑物在比通常更大的水流运行或溢洪道运行时的情况，以便发现安全问题。

检查时应审查设计文件、竣工图纸、施工报告、历次检查报告，以及运行和维护记录等，并特别关注建设年代、场地地质特征（断层、剪切带）、溢洪道和泄水建筑物结构的运行特征等，寻找当前存在缺陷，并了解缺陷和潜在隐患。

（2）输泄水建筑物的一般问题和缺陷，主要包括：

1）材料问题。空蚀、侵蚀、止水带不足或损坏和混凝土接缝问题以及溢洪道和泄水建筑物常见的金属问题。

2）堵塞。堵塞的原因有过度生长的植被、水生植物、邻近滑坡、杂物、雪/冰坝和人造结构。

3）错位。局部错位是邻近部分相关的一部分发生的局部偏移、差异移动或施工失误造成局部错位。大范围错位是整个建筑物偏离了设计的位置。

4）基础和回填问题。错位和排水不良与基础和回填问题互相关联。问题原因包括渗漏、侵蚀、沉降、断层、软基等。

5）渗漏。渗漏尤其是泄水建筑物的渗漏，会导致土石坝管涌事故。

6）排水不良。排水孔和排水设施能防止结构后方产生过大的水压力。过大水压会导致墙体倾斜或底板翘起。

表 3.5-1 总结了输泄水建筑物各组成部分的检查要点。

表 3.5-1 输泄水建筑物各组成部分的检查要点表

组 成 部 分	检 查 内 容
进水渠 非淹没式进水渠	材料劣化
	障碍物
	边坡与边墙损坏
	底板状况差或稳定性
	波浪作用引起的侵蚀
	拦污浮排损坏
淹没式进水渠	障碍物
	淤积
	边坡稳定性
进水口	材料劣化
	不稳定性
	拦污栅/拦鱼栅问题
	异形开口
	封闭装置的可操作性
控制段 溢洪道控制段	表面材料劣化
	障碍物
	引冲塞问题
	入口栈桥问题
	闸门、叠梁和闸板问题
	回填/地基问题
闸体	材料劣化；空蚀；侵蚀；钢筋裸露；焊缝损坏
	钢衬板、闸门导轨或密封板松动或丢失
	错位

续表

组 成 部 分	检 查 内 容
输水段 泄槽段	材料劣化
	障碍物
	渠道边坡和边墙损坏
	渠道底板状况差或稳定性
	接缝受损
	回填/地基问题
管道或隧洞	焊接、铆钉或法兰不牢固
	金属变形
	管道衬砌下有空隙
	管道渗漏
消能段	材料劣化
	障碍物
	消力墩损坏或丢失
	排水沟故障
	回填/地基问题
尾水渠	与非淹没式进水渠和泄水渠相同
	侵蚀
	长度不足

第4章

坝基和近坝库岸安全巡查

本章介绍坝基、坝肩和库岸的检查要点，以及识别可能影响大坝整体性和安全性的缺陷或隐患的方法。

4.1 坝基及其特征

为检查坝基、坝肩和库岸，检查人员需对岩土体材料有基本的了解。土体材料分为两种基本类型：①松散材料（土壤），包括砾石、砂、淤泥、黏土和有机质（泥炭）等。②固结材料（岩石）。不同类型的土石坝和混凝土坝，其建造通常使用各类土体材料，以及为控制渗流、加固坝基和坝肩等对土体材料所进行的处理。最后，介绍了库岸可能存在的地质条件，以及控制渗流和加固潜在滑坡体的各种处理方法。

4.1.1 工程地质条件的重要性

坝基、坝肩、库岸对大坝的整体性和安全性起着重要作用，它们为大坝提供支撑，并决定着水库储水量。在许多情况下，溃坝的原因并不在于结构本身，而在于坝基和坝肩的地质条件。坝基、坝肩、库岸定义如下。

1）坝基。大坝的基础，包括河床和两岸布置坝体的部位。因此必须依靠对坝基附近条件的观察来推断基础性能。

2）坝肩。坝肩是指大坝两岸放置坝体及其邻近受力部位的坝基，是大坝两端所依托的山体。

3）库岸。库岸是水库的边界，包括水面上下沿河谷两侧的所有区域。

图 4.1-1 展示了大坝和水库的坝基、坝肩和库岸示意图。

1. 地质条件对大坝安全影响

由图 4.1-2 可知，早期影响坝基稳定和渗流的地质条件是造成大坝失事的主要原因。甚至一些漫顶的案例也有可能是由地质条件引起的，例如大量滑坡体滑入水库，堵塞泄洪设施或造成涌浪漫顶。

2. 地质缺陷造成的大坝失事典型案例

下列案例说明查明可能危及大坝结构完整性和安全的地质条件是很有必要的。

（1）意大利瓦伊昂（Vajont）坝。瓦依昂大坝位于意大利阿尔卑斯山东部皮亚韦河支流瓦依昂河下游，距汇入皮亚韦河的瓦依昂河河口约 2km。大坝坝型为混凝土双曲拱坝，

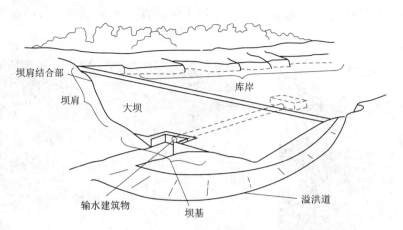

图 4.1-1 大坝和水库的坝基、坝肩和库岸示意图

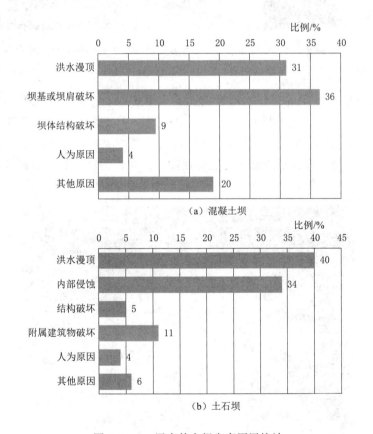

（a）混凝土坝

（b）土石坝

图 4.1-2 国内外大坝失事原因统计

最大坝高 262m，水库正常蓄水位 722.50m，总库容 1.69 亿 m^3，有效库容 1.65 亿 m^3，水电站装机容量 0.9 万 kW，建成于 1960 年。

在大坝施工期，发现瓦依昂峡谷的地质构造是由石灰岩和黏土相互层叠形成（见图 4.1-3、图 4.1-4）。石灰岩层间的黏土吸水饱和后易变成泥浆，相当于岩层间的润滑剂，易导致深层滑坡风险。同时地质勘察发现，大坝上游还存在古滑坡体，这也是巨大的安全隐患。

图 4.1-3　瓦依昂水库近坝库岸
石灰岩和黏土互层结构

图 4.1-4　石灰岩和黏土互层结构近视图

1960 年瓦依昂大坝建成开始实验性蓄水。随着库水位上升，岩层间的黏土被浸润，并开始逐渐失稳。当年 10 月水头升至 163.00m 时，大坝左岸出现了长达 2km 的拉裂缝（见图 4.1-5），这表明大规模山体有向库内滑移的迹象。设计单位认为，水位上升是造成滑坡的关键因素，且认定降低水位上升速度可以阻止滑坡发展，因此计划通过控制滑坡速度，慢慢抬高库水位。

图 4.1-5　大坝左岸长达 2km 的拉裂缝

1963 年 9 月 28 日，瓦依昂地区连降大雨，大量雨水渗入山体中，进一步削弱了岩层间的摩擦力，且增加了山体自重。山体滑移速度越来越快，已超过了 20cm/d。1963 年 10 月 9 日 22 时，大约 2.6 亿 m^3 的山体滑坡以 110km/h 的速度冲入水库，将 1800m 长的库段全部填满。部分山体甚至一直推进到对岸 140m 高的山上，整个过程用时不到 45s。横向滑落的山体掀起了滔天巨浪，高达 250m 的涌浪袭击了大坝的上下游地区。上游 10km 以内的沿岸村庄、桥梁均被突如其来的巨浪冲毁。约 2500 万 m³ 库水越过瓦依昂大坝涌向下游城镇，浪头比大坝还要高出 150m。巨浪在毫无预警之下席卷了龙加罗内和附近 5 个村庄，睡梦中的人们根本来不及反应，共 1925 人在冲击中遇难，几乎无人生还，成为历史上最具破坏性的水库灾难之一。

瓦依昂大坝为混凝土双曲拱坝，抗超载能力强，这种结构的受力条件优良，尽管它受到了来自滑坡和漫顶水流压力总计约 400 万 t 的冲击力（相当于广岛原子弹爆炸所产生能量的两倍），但大坝凭借优良的结构设计经受住了巨大的荷载冲击，仅坝顶轻微受损。如果不是由于瓦依昂峡谷特殊的地质构造，导致坝岸山体在三年的充分饱和后最终崩溃，这场悲剧也就不会发生。

（2）美国提堂（Teton）大坝。提堂坝位于美国爱达荷州斯内克（Snake）河支流提堂河上，坝型为土石心墙坝，最大坝高 93m，水库总库容 3.6 亿 m³。

在 1976 年 6 月 5 日水库的初次蓄水过程中，高达 93m 的大坝发生溃决，库水全部下泄至下游 250km 范围，淹没了 77km² 的区域。大坝失事时，水库内超过 3 亿 m³ 的库水大约在 5h 内被排空。11 人在此次事故中丧生，事故造成的损失超过 4 亿美元。

提堂坝未在最大坝高的河岸坝段破坏，而在坝高相对较小的河岸坝段破坏；坝体溃决未发生在坝基为冲积层的河床坝段，而发生在坝基为岩基的岸坡坝段。

分析大坝失事的原因：由于岸坡坝段齿槽边坡较陡（见图 4.1-6），岩体刚度较大，心墙土体在齿槽内形成支撑拱，拱下土体的自重应力减小。由于拱作用，槽内土体应力仅为土柱压力的 60%。在土拱的下部，贴近槽底有一层较松的土层（见图 4.1-7）。因此，当库水由岩石裂隙流至齿槽时，高压水对齿槽土体产生劈裂而通向齿槽下游岩石裂隙，造成土体管涌或直接对槽底松土产生管涌（见图 4.1-8）。

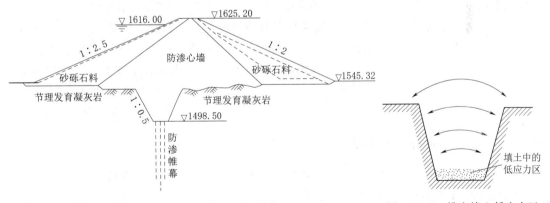

图 4.1-6　提堂大坝典型断面图（单位：m）　　　　图 4.1-7　槽底填土低应力区

（3）甘肃省小海子水库。甘肃省小海子水库为渠道引水注入式平原水库，始建于 1958 年，由上、中、下库三部分组成，坝型为壤土均质坝，总长 10.1km，最大坝高 8.72m，设计总库容 1048.1 万 m³。

2007 年 4 月 19 日中午 11 时 45 分，水库下库坝体发生溃坝事故，溃口位于坝体中间部位，桩号 2+681.0～2+722.5 范围，决口处坝高 8.1 m，溃口宽度 41.5m，当日 16 时 30 分

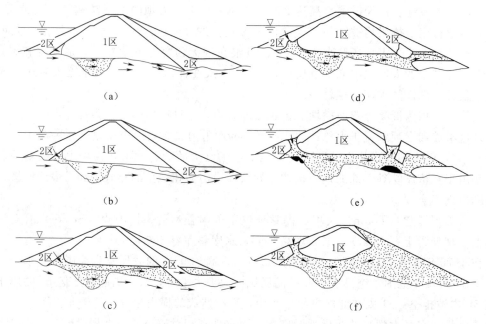

图 4.1-8　提堂大坝破坏过程示意图

463 万 m^3 库水基本泄空，溃口最大流量约 $250m^3/s$。事故造成直接经济损失 180 万元。

除人为因素外，小海子水库失事的主要原因如下：

1）防渗铺盖未进行认真保护和处理，存在一定的质量隐患。据查在桩号 $2+681.0\sim 2+722.5$ 坝段的库区内原为机关农场，为灌溉耕地和生活用水，开凿了 2 口水井，井深 30m 已穿透了坝基黏土防渗层，形成渗水通道。同时库区内还有很多枯死树根和排水沟槽，均未进行清理和有效回填处理，这些质量隐患的存在，降低了水库铺盖防渗层的效果和质量。

2）勘测设计精度不够，坝线方案更改未做地质勘探分析。除险加固工程建设中，由于征地搬迁等问题当地群众阻挠施工，将新建坝体长约 2km 的坝线（包括溃坝段在内）向库区内移动了 $50\sim 80m$，致使原排水沟置于坝脚外，老泄水渠置于坝下。坝线改移后，设计单位未对新改移坝线进行补充地质勘探和渗流分析，也未对坝后排水沟提出处理措施，施工设计阶段对重点部位关键工程未进行进一步的勘测分析论证，导致了悲剧发生。

4.1.2　工程地质资料的收集

土体材料的力学性能因环境条件的不同而差异巨大。了解岩土体在这些不同环境条件下的性能有助于及时准确判断隐患，并提出切实可行和针对性建议。例如，若在细砂质土层发现渗出浑水，应立即采取措施确认是否发生了管涌，并在发生溃坝之前进行应急处置。若渗水相对清澈，且由岩层渗出，可以只对该区域进行渗漏量监测。在检查坝基、坝肩和库岸之前，应该先检查现场表面及地下情况，包括土壤或岩石类型，现场地震活动和断裂带，现场或附近可能引起沉陷的情况。

大坝在规划、设计和施工阶段均会进行不同深度的地质勘察，地质勘察内容包括钻孔取样、现场试验与室内试验，这些地质勘察资料有助于检查人员全面了解岩土体的物理力学性能。

大坝安全检查应建立大坝安全档案，可以在档案中找到历次地质勘察的记录。若这些记录未载明在大坝安全档案中，可以从大坝运行管理单位、设计单位或施工单位获得有关地质资料。如果已有的地质勘察成果不可用或深度不够，则必须补充相关地质勘察工作。表 4.1－1 列出了大坝相关地质资料的来源途径。

表 4.1－1　　　　　　　　　　　大坝相关地质资料的来源途径

资料出处阶段	资料收集来源
可行性研究阶段地勘资料	水库管理单位
初步设计阶段地勘资料	水库管理单位
除险加固阶段地勘资料	设计单位或施工单位
地质勘察专题研究资料	水库大坝区域、流域综合管理机构和研究单位
其他	图书馆、科研文献等资料数据库

4.1.3　岩土体的主要分类及其特征

岩土体有许多不同的分类和描述，而大多数坝址由不同类型的土体材料组成。

土体材料主要分为两大类：土（矿物或岩石碎屑构成的散粒集合体）和岩石（天然形成的具有一定结构构造的单一或多种矿物或碎屑物的集合体）。

1. 岩土

（1）分类。对土分类时，应先判别该土属于有机土还是无机土。若土的全部或大部分含有有机质时，该土属于有机土；含少量有机质时为有机质土，否则，属于无机土。土中有机质应根据未完全分解的动植物残骸和无定形物质判定。有机质呈黑色、青黑色或暗色，有臭味，有弹性和海绵感，可采用目测、手摸或臭感判别。无法判别时可由试验测定。若属于无机土，则可根据土内各粒组的相对含量由粗到细将土分为巨粒土、含巨粒土、粗粒土和细粒土四大类后，再进一步细分。此外还有特殊土，例如黄土、膨胀土、红黏土等。

土的粒组应根据表 4.1－2 规定的土颗粒粒径范围划分。

表 4.1－2　　　　　　　　　　　土 的 粒 组 划 分

粒组统称	粒组划分		粒径 d 的范围/mm
巨粒组	漂石（块石）组		$d > 200$
	卵石（碎石）组		$200 \geq d > 60$
粗粒组	砾粒	粗砾粒	$60 \geq d > 20$
		中砾粒	$20 \geq d > 5$
		细砾粒	$5 \geq d > 2$
	砂粒	粗砂粒	$2 \geq d > 0.5$
		中砂粒	$0.5 \geq d > 0.25$
		细砂粒	$0.25 \geq d > 0.075$
细粒组	粉粒		$0.075 \geq d > 0.005$
	黏粒		$d \leq 0.005$

1）巨粒土。巨粒土和含巨粒土应按所含粒径大于 60mm 的巨粒组含量来划分。含巨粒组质量多于总质量的 50% 的土称为巨粒土；巨粒组质量为总质量的 15%～50% 的土称为巨粒混合土；巨粒组质量少于总质量的 15% 的土，可扣除巨粒，按粗粒土或细粒土的相应规定分类定名。

2）粗粒土。粒径大于 0.075mm 的粗粒组质量多于总质量 50% 的土称为粗粒土。粗粒土又分为砾类土和砂类土两类。粒径大于 2mm 的砾粒组质量多于总质量 50% 的土称为砾类土；粒径大于 2mm 的砾粒组质量少于或等于总质量 50% 的土称为砂类土。

3）细粒土。粒径小于 0.075mm 的细粒组质量多于或等于总质量 50% 的土称为细粒土。细粒土应按下列规定划分：①粗粒组质量少于总质量 25% 的土称为细粒土。②粗粒组质量为总质量 25%～50% 的土称含粗粒的细粒土。③含部分有机质的土称有机质土。

（2）工程性质。以下是五类松散材料工程性质的基本描述。当这些材料混合时，工程性质会发生变化，主要取决于混合物的组成。

1）砾石。分级、压实的砾石是稳定的材料。砾石无细粒时，具有透水性，易压实，不受湿度或冰冻作用的影响。

2）沙子。沙子和砂砾一样，在分级和压实良好时也是一种稳定的材料。然而，沙子不像砂砾那样透水。若沙子变得更细更均匀，它更接近淤泥的特点，渗透性和遇水时的稳定性也随之降低。

3）黏土。黏土在潮湿时易变形，但在干燥后会形成坚硬的黏结体。黏土实际上是弱透水的，湿润状态下很难压实，也很难排水。黏土的特征是随着含水量的变化而发生大的膨胀和收缩。

4）淤泥。淤泥是轻微的塑性或非塑性微粒。有水情况下本质上是不稳定的，当饱和和受震动（地震）时趋于液化，具有黏性流体特性。淤泥是相对不透水的，很难压实，而且很容易受冻胀的影响。

许多细粒土包括淤泥，在干燥时收缩，在湿润时膨胀，会对上部结构产生不利影响。

5）有机质。部分植被分解形成的有机质是泥炭质土壤的主要成分。有机土壤呈深灰色或黑色，通常有典型的腐烂气味。有机质含量高的土壤往往因腐烂而产生空洞，或通过化学变化而改变土体的物理性质，工程上一般不使用。

（3）松散材料的特性。勘察时，需对土壤进行试验以确定级配、渗透性能、抗剪强度和承载力等物理力学性能指标。由于土体材料因场地而异，必须依靠对场地的地质研究来确定坝基和坝肩材料的基本组成。

2. 岩石

（1）分类。岩石为一种或多种矿物（如花岗岩、页岩、大理石）的集合体，或单独用肉眼无法探测到的大量矿物质（如黑曜石），或大量固体有机物质（如煤）。所有岩石均有三种基本分类。

1）沉积岩。由松散沉积物或有机物质固结而成的岩石。沉积岩通常比其他岩石类型的性质差，而且风化速度更快。最常见的沉积岩是页岩、砂岩、石灰石（白云石）。

2）变质岩。由于矿物学化学和结构变化而从"现有"岩石中衍生出来的任何岩石。这些结构变化是对地球深处温度、压力、剪应力和化学环境的显著变化的响应。变质岩通常比沉积岩更致密，而且风化速度不快。它们是分层的，强度不均匀。最常见的变质岩有板岩、片岩和片麻岩。

3）火成岩。由熔融或部分熔融的物质凝固而成的岩石。火成岩的范围从深层的（在地下深层形成）到喷出的（喷射到地球表面）。火成岩是最各向同性的（各方向均匀），通常是最坚硬的岩石类型。最常见的火成岩有流纹岩、玄武岩、辉长岩和花岗岩。

（2）特征。在确定岩层适合支撑大坝之前，需要考虑许多特征。这些特征包括：①硬度和强度。②不连续（开口或裂缝）。③风化作用。④溶解作用。

1）硬度和强度。岩体的硬度和强度由岩石最初形成的方式、形成岩石的颗粒组成以及形成过程中施加在岩石上的土压力决定。显然，岩石越坚固，它支撑的坝基就越稳定。

2）断层、节理和裂隙等岩石中的不连续面或开口可能在几个方面影响大坝：①为地下水或库水提供渗漏通道。②若断裂严重，或者裂缝在可能发生滑动的方向上延伸，则坝基和坝肩区域不稳定。

不连续面包括断层、剪切带、节理和叶理（岩石结晶形成叶状层）。在所有不同类型的不连续中，断层是最受关注的。断层是岩石因受到巨大应力而发生剪切破坏而形成的断裂。这些应力的释放会导致地震。断层的主要影响是断层一侧或两侧的岩体发生位移。然而，沿着断层的剧烈运动会对其上的构造产生深远的影响。地下水在断层中流动的速度也往往比在其周围相对完整的岩体更快。

地质资料应包含有关大坝坝址地下或周围所有断层的信息。若大坝位于断层带上方或非常靠近断层带，在地震活动期间，它可能会受到不稳定性的影响。

3）风化作用。风化是指岩石因温度变化、冻融作用、日晒、风吹、雨打、动植物活动和化学作用而变质。风化是岩石的化学或物理变化，能显著影响岩体的工程性质。风化作用一般随深度的增加而减小，风化作用可增加岩石的压缩性，降低剪切和压缩强度，降低抗侵蚀性，增加渗透性。

4）溶解作用。溶解作用是渗透水通过接缝、裂缝或其他开口进入并分解岩石；然后这些开口变大，渗透流量增加；最终可能危及岩体的稳定性。石灰石、白云石、石膏和石盐特别容易溶解。通过表面染色以及岩石外的沉积物，或通过水质测试可以检测出溶质。

4.1.4 土石坝基础

土石坝通常适用于任何给定类型的场地。土石坝的设计和建造应特别针对某一特定地点的条件。选择最适合的坝址类型需考虑以下几个因素：场地地形、地质和基础条件，建筑材料的可用性，溢洪道和泄洪设施的要求，水文条件，施工导流等。若设计人员未能解决这些因素中的一个或多个，可能会对现有大坝的安全产生影响。一旦把所有因素都考虑进去，建造成本通常就会成为决定建造何种大坝的决定性因素。土石坝所用的土质类型有：

1）岩石。由于其具有较高的承载力和抗侵蚀、抗渗透能力，适合于土石坝基础，大多数堆石坝也建在岩基上。然而，由于岩石中的不连续面（节理、裂缝、裂隙等），仍需进行灌浆或表面密封等处理。

2）砾石。若在密集结构下，砾石也适用于填土坝和堆石坝的地基。然而，砾石地基往往渗流大，必须采取特别的预防措施，以确保有效的截渗或防渗和排水。

3）淤泥或细砂。经适当处理和设计，可作为土坝的基础。这些材料的潜在问题是液化、沉降、管涌和渗漏。

4）黏土。可作为土坝的基础，但可能需要进行特殊处理。通常，需要对材料的自然状态进行测试以确定材料的固结特征（沉降）及其承载力。

1. 坝基及坝肩处理

土壤和岩石可以通过处理来控制渗流并提高强度。根据所处理的材料和将要建造的坝型，处理方法不同。本节将对用于控制渗流和加强坝基和坝肩材料的最常见处理方法进行基本描述。即使坝基和坝肩已经处理，但并不意味着这些区域一定不会出现渗流、沉降或稳定问题。各种处理方法可能会受到时间、所用材料、设计和施工过程中产生的缺陷影响。

2. 控制渗漏的处理方法

控制坝基和坝肩的渗流是十分重要的。渗流会导致管涌，并使土体不稳定。控制渗流的方法有以下几种：防渗墙、上游防渗铺盖、下游排水设施、灌浆等。

（1）防渗墙。防渗墙的目的是延长或切断流经坝基和坝肩的渗流通道，并减少渗漏量使之可由排水设施处理。防渗墙是土石坝不透水区的延伸，一般需要伸入相对不透水层。而防渗墙的位置将取决于大坝的分区。防渗墙通常位于大坝不透水区下方，图 4.1-9 展示了典型土石坝防渗墙类型。

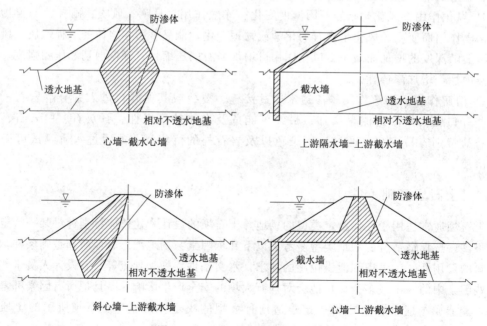

图 4.1-9　典型土石坝防渗墙类型

1）全防渗墙。若相对不透水基岩深度不大，则可全部截渗直至基岩，并回填不透水材料。图4.1-10为心墙堆石坝基础下的全防渗墙示意图。

2）悬挂式防渗墙。有时可能会采用悬挂式防渗墙截流。这种类型的截流并不完全延伸到不透水层或基岩。部分截渗延长了渗流路径，从而降低了下游坝脚的抬升，但不会完全截流。图4.1-11为悬挂式防渗墙示意图。

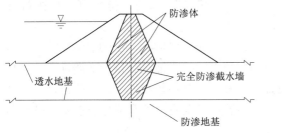

图4.1-10 心墙堆石坝基础下的全防渗墙示意图　　图4.1-11 悬挂式防渗墙示意图

3）深防渗墙。当开挖深度较大或地下水控制困难时，可采用浆槽施工进行截水。通过透水地基开挖沟槽，沟槽的侧面用泥浆支撑，然后用一种土和膨润土泥浆或混凝土的不透水混合物回填沟槽。

混凝土通常用于防渗墙深部。墙厚多为80～120cm混凝土通过导管放置在沟槽中，导管出口足够低，这样混凝土墙就不会出现不连续和离析。图4.1-12展示了两个位置的混凝土防渗墙：一个位于心墙堆石坝上游防渗体下方，另一个位于心墙正下方。

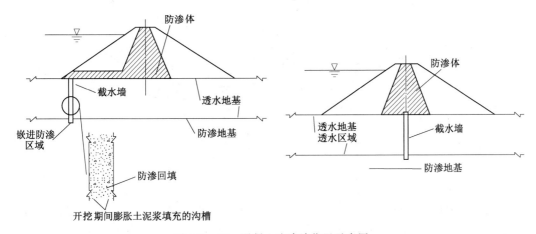

图4.1-12 混凝土防渗墙位置示意图

（2）上游防渗铺盖。上游防渗铺盖通过连接坝脚上游的防渗材料垫层，延长渗径，减小基础渗流。铺盖通常与坝体防渗结构相连。当基岩或防渗层因深度过大而无法穿透时，通常采用上游铺盖。这些铺盖有时与悬挂防渗墙一起使用。

图4.1-13展示了水力冲填坝上游防渗铺盖的位置。

上游防渗层一般用于河道或河谷的砂砾石层，但也可用于部分坝肩。这些铺盖可能不足以减少坝基中的渗流力，从而不能防止管涌事故发生。几乎每一个坝基的自然分层都可

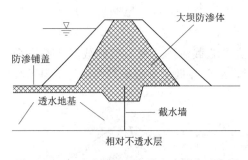

图 4.1-13　水力冲填坝上游防渗铺盖示意图

能使大坝下游趾部的一个或多个地基地层存在高压。重要的是，下游防渗措施应与这些铺盖一起使用，以收集产生的渗流。

（3）下游排水设施。采用上游措施来减少渗流，通常辅之以下游渗流控制装置。这些设备包括：下游排水铺盖、排水管、坝趾排水层、减压井。

1）下游排水铺盖。几乎所有的现代土石坝都使用下游排水铺盖。设计下游排水铺盖可收集坝基和坝体的渗流。这些排水渠一般设置在下游的坝基和桥坝肩上，以收集这些地区的渗水。图 4.1-14 为下游排水铺盖的位置，详细展示了全防渗墙和部分防渗墙或没有防渗墙的大坝。

2）排水管。排水铺盖的渗漏物应在低水位处收集和排放，这可以使用排水管来完成（见图 4.1-14）。土坝下的排水管不得延伸。若排水管被大坝的重量破坏或被腐蚀，它就可能成为一个无法控制的渗流通道。排水管应易于维修和保养。

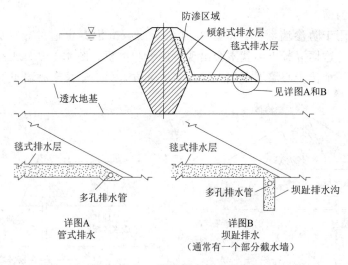

图 4.1-14　下游排水铺盖示意图

3）坝趾排水层。坝趾排水层是一个进入地基的沟槽并填充自由排水材料，可以由一个穿孔管道来收集坝基渗流（见图 4.1-14）。渗漏随后通过泄水设施排放到下游区域。

4）减压井。减压井的设计目的是通过汇集渗流，控制可能导致管涌或不稳定的静水压力，并在不损害大坝的情况下在下游提供安全、可控的排水。

此外，减压井可以帮助控制坝下的渗流方向和渗流量。减压井可以与其他渗流管一起使用。图 4.1-15 展示了一条用于安全拦截和排出坝基渗流的减压井线。

若有几个井，它们将被送入一个由明渠或管道系统组成的集水系统。该系统用于从减压井收集排出的水，并将这些水输送到大坝下游的一个点。通常，这些水被排回到河

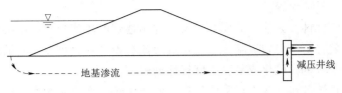

图 4.1-15　减压井示意图

道中。

（4）灌浆。对土石坝进行坝基灌浆是为了使以下问题最小化：

1）大坝下方或周围渗流。

2）大坝下游的静水压力。

3）土石材料进入坝基发生管涌的可能性。

4）由于坝基渗流进入坝体，土石材料发生管涌的可能性。

5）岩石节理和接缝处的土壤管涌，阻止溶洞的形成。

6）土—基岩交界的管涌。

土石坝堆石区通常具有较强的透水性和排水自由性。若该区域含有粗颗粒物质，一般不考虑侵蚀和管涌问题。但是，细粒岩心材料必须通过使用滤层、基岩灌浆和表面处理来防止地下渗流和穿透渗流产生位移。

核心基础区域内及邻近地区常用的灌浆有两种方式，分别为固结灌浆和帷幕灌浆。

当基岩紧密连接或断裂时，在开挖的基础上进行大面积的固结灌浆。这种方法用于密封上部 3～9m 的岩石，以尽量减少细颗粒从岩心通过管道进入岩石裂缝的可能性，并密封近地表岩石，以防止在高压帷幕灌浆过程中出现浆液流失。

帷幕灌浆是为了减少通过坝基和坝肩的深层渗流。图 4.1-16 展示了灌浆如何填充坝基中的空隙，以及帷幕灌浆是如何设计用来固化和加固地基的。

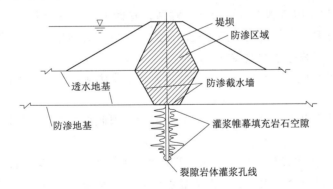

图 4.1-16　帷幕灌浆示意图

注：灌浆帷幕上的孔按需要间隔开，以填补空隙。图中显示的是单排帷幕，也可以是双排或三排。

3. 加强坝基和坝肩材料的处理

有时有必要对土壤和岩石进行处理，使其更坚固，并能承受大坝对其施加的应力。处理类型取决于要处理的材料和要建造的大坝类型。最常见的处理方法包括：清除不良材料、稳定性护岸、固结土壤。

（1）清除不良材料。去除不需要的材料，并用选定的压实材料或在某些情况下用混凝土替换。这有助于防止不均匀沉降、不稳定或渗流。不良材料可以是松散或软弱的土壤或有机材料，或高度断裂、风化或易受土壤侵蚀的岩石。

对坝肩边坡的悬岩和突变进行平滑处理，使边坡角度变化不太大。这种平滑也有助于防止不均匀沉降。平整后，若有需要，表面可通过灌浆进行加固。

（2）稳定性护岸。稳定性护岸可以用来弥补坝基和坝肩的不足。稳定性护岸的设计目的可能是保护脆弱的坝肩免受库水位突然下降所造成的渗流力的影响。一般来说，这些可能不稳定的坝肩由土壤或岩石组成，这些岩石要么严重断裂，要么有以不稳定的角度向水库倾斜的接缝系统。

（3）固结土壤。地基可以用各种方法加固。黏土可通过预压或分段施工进行加固，而松散的砂粒和淤泥可通过强夯、振冲或其他方法进行密实。

4.1.5　重力坝基础

岩石可以经过处理以控制渗漏，并提高其支撑大坝的能力。处理方法可能会有所不同，这取决于处理的岩石类型和要建造的大坝类型。以下将提供对这些岩石处理的基本描述，说明如何处理来控制渗透和加固岩石地基。与土石坝一样，即使将要检查的混凝土坝的坝基和坝肩区域可能已经被处理，但这并不意味着这些地区一定不会有渗漏、沉降或不稳定问题。各种处理可能会受到时间、所用材料、设计或施工过程中产生的错误的影响。

（1）防渗处理。控制通过坝基和坝肩的渗流是非常重要的。渗流会导致管涌、溶蚀和过度的扬压力，从而导致不稳定。混凝土坝坝基和坝肩的防渗方法有以下几种：灌浆、坝基和坝肩排水设施。

1）灌浆。在坝踵附近建造一道深灌浆帷幕，有助于控制渗流和扬压力。这种类型的灌浆基本上与土石坝的灌浆相同。灌浆孔的间距、长度、方向以及灌浆过程中应遵循的步骤取决于结构的高度和地基的地质特征。

控制重力坝和支墩坝下的渗透压力非常重要，这类大坝的扬压力可能导致大坝滑动或倾覆。

此外，由于渗流水头必须在很短的距离内消散，因此需要为薄拱坝或支墩坝建造一个合适的灌浆帷幕。

2）坝基和坝肩排水设施。坝基排水管设计用于拦截将渗透到灌浆帷幕周围的水排出。若不去除，这些水可能会在大坝底部形成静水压力。排水通常通过在灌浆帷幕下游钻一个或多个孔来完成。

图 4.1-17 展示了典型混凝土坝下方的灌浆帷幕和坝基排水管的位置，同时也显示廊道的位置。

间距、深度和方向都受地基条件的影响。通常，孔间隔 3m，深度取决于灌浆帷幕和水库的深度。孔的深度可以是水库深度的 20%～40%，也可以是深层帷幕灌浆深度的 35%～75%。

（2）加强坝基和坝肩材料的处理。有时，有必要对岩石进行处理，以使其能够更好地支撑大坝。处理类型取决于待处理的材料和要建造的大坝类型。最常见的三种处理类型是：平整坝肩区域、开挖和回填、岩石加固。

1）平整坝肩区域。移除悬岩，消除坝基与坝肩之间的斜坡上的尖锐裂缝，有助于缓解施工后可能导致大坝开裂的应力集中。这些区域将被平整，必要时还会用灌浆加固。

2）开挖和回填。将覆盖层、风化或严重破碎的岩石挖除到固结岩层，并采用混凝回填，以使区域平滑并提供更稳定的基础。

3）岩石加固。岩石加固，如锚杆、锚碇和锚索，可以稳定边坡以及增加坝肩和邻近区域的整体强度。锚杆、锚碇和锚索是通过不稳定的岩石或甚至结构插入的钢棒或钢索，以加固和固定不稳定的成分成为稳定岩体。图 4.1-18 展示了如何将不稳定的岩石锚固在一起。

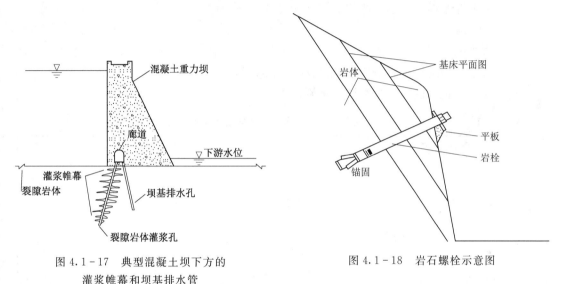

图 4.1-17　典型混凝土坝下方的
灌浆帷幕和坝基排水管

图 4.1-18　岩石螺栓示意图

4.1.6　库岸地质

库岸是水库的边界，包括水面上下沿河谷两侧的所有区域。在进行大坝安全检查时，要包括对库岸的检查，因为它可能有缺陷，会影响大坝的安全和正常运行。特别值得关注的是可能发生滑坡和渗漏的地区，尤其要关注近坝库岸的检查。

1. 库岸处理

靠近大坝或输泄水建筑物的岸坡稳定性是至关重要的，若发生滑动可能损坏结构或阻塞进水口，必要时需采取措施处理。否则，必须评估库岸稳定性，以防产生可能漫顶损坏大坝或溃坝的涌浪。

防止滑坡产生的主要工程措施有：

（1）排水。防止滑动面浸透或增加水压可以提高库岸稳定性。地表径流下渗是造成滑坡体滑动的主要诱因，可通过设置坡面排水装置减少地表径流下渗，减小滑动力。

（2）岩石锚杆支护。包括钢筋在内的锚杆支护可用于将不稳定岩石固定在其地层上。

（3）削坡减载。在滑动区域顶部移除一部分坡体有时可以稳定滑动。但若滑动区域面积较大，除非要移除的坡体可利用在其他地方，可用于结构填充，否则这种措施代价较大。

（4）稳定护岸。若滑坡太大，无法经济地清除不稳定体，则可在滑出端下部设置稳定护堤或阻滑桩以提高阻滑力。

（5）堵塞旧矿井和坑洞。旧矿井或自然洞穴是潜在塌陷的诱因，也是渗漏的入口。堵塞这些入口有助于稳定该区域，并防止库水进入。

4.2　坝基巡视检查方法

4.2.1　地质检查准备工作

本节主要介绍检查坝基、坝肩和库岸所需的准备工作。

1. 资料收集

每座大坝的工程特性都不一样，可用数据的种类和数量也有较大差异。通过收集和分析大坝各阶段工程地质勘察资料以及设计与施工方面的资料是做好地质检查的首要工作。大坝安全文件中包含的主要地质资料类别见表4.2-1。

表 4.2-1　　　　　　　　大坝安全文件中包含的主要地质资料类别

资 料 类 别	可能包含的典型内容
地质概况	区域地质
	库区地质
	地震活动
坝基及坝肩资料	概况
	设计报告
	基础处理措施
	施工记录、变更和修改
	监测资料
	存在的主要问题
报告	以往检测和试验报告
	专题研究报告
	监测资料整编分析报告
图纸	主要结构和建筑物的设计、竣工和改建图纸
	地形图
照片	航拍照片
	坝基和坝肩的施工照片

地质资料包括：局部和区域地质图、平面图和剖面图；地质调查报告；地质文献；测井记录；现场及附近的航拍照片；地形图；竣工图纸；坝基处理记录；材料试验记录（土壤和岩石）；必要时调查走访附近居民。除了查看地质资料外，还应查看以往的检查报告。这些报告有可能记录有跟踪情况和潜在问题，以了解它们如何随着时间的推移而发生变化

以及变化程度。历史资料会提示特别关注的薄弱环节，这些应该检查并记录。

2. 与大坝管理人员交谈

大坝管理人员是获取关于大坝潜在缺陷的极有价值的信息来源。一直在大坝上工作的巡查管护人员比只去了一次现场的技术人员有更多机会在各种天气和荷载条件下观察大坝，他们可能提供现场检查无法获得的信息。例如，若在检查时库水位很低，则可能无法观察到库水位高时发生的问题。若天气炎热，可能会忽略温度下降时容易出现的问题。因此，应该与现场工作人员座谈交流获取他们的经验和检查结论，以确保在进行检查时了解需关注的重点。所以现场检查时有熟悉工程情况的管理人员参与非常重要。

3. 工具和设备

表4.2-2列出了可以用来检查坝基、坝肩和库岸的工具和设备。

表4.2-2 检查工具和设备

工具/设备	用途
双筒望远镜或长焦镜头	从坝顶、一端坝肩、大坝下游或从船只或飞机上检查无法到达的地区
照相机	记录情况及存在问题
卷尺	测量特征或异常的尺寸；测量裂缝宽度和深度
探测仪（杆）	探测裂缝、凹陷或下沉的深度并识别软土区域
小刀	刮蹭岩石，探测等
岩石锤或凿子	检查岩石的坚固性或探测接缝填充物或软接缝
铲子	清理排水沟和被覆盖的部件
已知体积的桶和秒表	测量渗漏和其他流量
手电筒	检查输水洞等
水样容器	取水样进行水质试验
广口瓶、罐、麻袋	采集土壤和岩石样本

4. 一般要求

进行检查时，需牢记以下几点：

（1）检查的目的是收集事实。在进行检查时要有创造性，提出问题，调查原因直到得到满意的答案为止。

（2）不要停留于确定单个隐患或缺陷，要寻找隐患或缺陷之间的连续性或关系。

（3）彻底检查靠近大坝或输泄水建筑物的坝基、坝肩和库岸的所有区域。在大多数情况下，没有必要检查整个库岸。不要走捷径，要留出足够的时间进行检查。应特别关注监测表明正在发生变化的区域或过去已发现问题的区域。

（4）当有特定的问题或疑问时，需要咨询经验丰富的工程师、地质专家或其他专家。

（5）认真做好记录，随身携带一套工程图纸，对图纸进行检查观察。使用草图、照片和测量补充描述性注释。

5. 制定检查清单

若要检查的水库大坝有检查清单，可以通过以下方式完善该清单：

（1）审阅大坝基础资料中的地质数据，并注意易发生渗流、管涌、滑动或其他缺陷的区域。

（2）查阅过去的检查报告，列出所遇到的任何缺陷或问题，以便特别注意这些方面。注意是否提出了建议或采取了行动来弥补这些不足。

（3）列出任何须检查的仪器或结构，作为检查坝基及坝肩的一部分。

4.2.2　坝基和坝肩检查步骤

大多数情况下，坝基和坝肩是无法直接检查的，因为这些区域已经在大坝或库水下面。通过检查与坝基和坝肩相邻的区域，以找出坝基和坝肩可能发生的问题的线索显得尤为重要。也有一些大坝有坝基廊道和岸坡平硐，允许实际检查坝基和坝肩。其他区域，例如下游采料区、河岸边坡、开挖边坡或路堑，也可以从中发现坝基和坝肩区域的地质情况。通常，绕坝渗漏可能出现在下游一定范围内。应该在下游足够远的地方进行检查，以确保能发现所有影响大坝安全的问题。

1. 检查邻近区域

可采用的检查方法包括：①邻近区域巡查。②从坝顶或相对面的坝肩观察相邻区域。③从下游查看邻近区域。④水下检查。

（1）邻近区域巡查。检查坝基和坝肩的一种方法是在相邻区域巡查。若坡度不是太陡，巡查将提供更彻底和近距离的检查。应该根据需要多次巡查，以便清楚地看到整个表面区域。只要覆盖范围完整，就可以使用之字形、平行形或其他系统模式来穿过相邻区域。检查坝肩附近的区域时，若坡度太大，最好从坝顶或下游观察该区域，进行近距离检查则需要使用特殊设备。应穿戴与保护人身安全的衣物，例如：应穿戴保护性强且适合户外使用的鞋类；在检查深水区域时，需要穿戴救生衣；在检查落石区域时应戴安全帽。

（2）从坝顶或相对面的坝肩观察相邻区域。当坝肩斜坡太陡而无法安全爬升，或者需要其他视角时，应使用其他检查方法。一种方法是从坝顶或从对岸的坝肩观察这些区域。查看相邻区域时：①可使用双筒望远镜或长焦镜头系统地观察坝基或坝肩。②使用参考点或位置标记来记录特定的关注区域，这样可以继续检查而不会遗漏任何区域。

可能需要特殊设备例如攀爬设备或机械升降机以便更密切地检查位于陡峭坝肩上的相关区域。应注意以下情况：

1）检查之前，需确认危险区域。大坝资料中的地质信息、施工信息或过去的检查报告可以查找到陡峭危险的区域。

2）事先安排好需要的特殊设备。某些类型的设备，如机械升降机或其他类型的平台，可能现场没有，需要大坝管理单位提前安排，以确保这些设备可用于检查。

3）避免用爬坡设备爬上或爬下斜坡。最好从坝顶或下游观察该区域，而不是冒着坠落的危险。

（3）从下游查看邻近区域。使用双筒望远镜或长焦镜头从下游观察坝基和坝肩区域，能够从另一个角度观察这些区域，而且不容易从坝顶（例如，堤坝区域）看到的区域也可以观察到。用双筒望远镜或镜头系统地拍摄应该能彻底地检查这个区域。

（4）水下检查。通常有三种检查水下区域的方法：

1）在水位下降期间进行检查。若觉得有必要检查那些平时在水下的结构，在水位降落时安排检查。要做到这一点，需要跟大坝业主或管理人员了解放水计划，或者一年中的什么时候库水位处于最低点。

2）安排专业潜水员进行水下检查。若不能在较低的库水位进行检查，并且水下有一个特别需要关注的区域，则可以请熟悉水工结构并有水下检查经验的专业潜水员进行检查。例如，潜水员需要检查泄水设施结构附近的可疑坝肩不稳定区域。缺乏经验的潜水员可能会迷失方向，或者可能不会报告有重要项目。透视图有助于帮助潜水员定向，可以在检查前与潜水员一起审阅这些图。

3）使用专业设备来查看和记录水下条件。水下高清摄像机和高分辨率彩色静物摄影机可用于记录坝肩附近被水覆盖的邻接区域的缺陷。用于测量裂缝大小或其他待测参数的测量装置必须足够大，以便在拍摄照片时能够清楚地看到。若摄像机设备由潜水员操作，检查期间潜水员的叙述可以通过录音设备完成。

2. 检查重点设施

某些设施如堰、水槽、排水沟和减压井，可提供有关渗漏和管涌的信息，这些设施的检查应包括在对坝基和坝肩区域的检查中。

（1）堰、水槽和其他流量测量设备。安装堰和水槽以测量渗漏，尤其是从坝基或坝肩的任意位置流出的渗漏。经过适当校准并且清除淤泥和植被，堰和水槽可准确测量渗漏。淤塞的堰和水槽可能表明：坝基或坝肩的材料出现了管涌，或来自周围地表径流侵蚀的沉积物聚集在其中。若堰和水槽变成淤塞，应该仔细评估情况，以确定淤积的原因。检查堰和水槽时，需清除可能阻塞流动的任何淤泥、碎屑或植被的装置；读取水位标尺，并使用相应的转换表，将读数转换为流量并记录测量值。

（2）减压井。减压井的设计目的是收集坝基渗流并将其安全排放到下游，以控制可能导致管涌或不稳定性的渗流压力。减压井应定期监测和维护。在检查装有减压井的大坝前，应该查看现场平面图，确定井的位置；查看以往关于库水位和井流量的数据。井流量数据必须与库水位数据结合起来进行研究。了解水库水位如何影响井流量可以帮助确定是否存在问题。若观察到在某个库水位上有不寻常的井流，可能需要进行更多的调查。

检查减压井时，应当确定每个井的位置，目测确定井中是否有水流。若没有水流动，则根据之前的读数和当前库水位，判断是否应该有水流；若有水流动则需测量流速。流量既可以在井中流速，也可以截渗集中测量。可以使用堰、水槽或桶和秒表来测量流速。

1）根据以前的读数，将测量到的井流量与当前库水位的预期流量进行比较。①若井流量低于预期，那么井的筛网或过滤器可能会堵塞。堵塞的井可以引起坝趾处的沙沸或隆起。若怀疑减压井因堵塞而无法正常工作，则应建议进行清洁。此外，对探测井深与安装深度进行比较，深度变浅可能意味着管涌材料在井底堆积。②若井的流量大于预期，可能出现了过度渗流。确保准确地记录了流量和库水位。还应该注意到，与之前观察到的井流趋势相比，已经发生了变化。

2）检查水的清澈度。若水是浑浊的或者若有沉积物的积累，这表明物质正在涌出。记下这一点，并咨询有经验的工程师或地质专家。

（3）排水管。排水管的作用是控制渗流或通过坝基和坝肩的水，应进行检查以确保它们通畅，并按计划正常工作。应检查排水管中先前的流量或流量的变化。另外，记录检查水流的清澈度。

1）坝趾排水管。许多趾部排水管均有集水管，可以排出坝体渗流，在某些情况下，还可以排出坝基渗流。在检查有坝趾排水管的坝基之前，应该：①查看现场平面图，确定趾部排水管和排水口的位置。②查看以往有关库水位和排水管流量的数据。有关排水管流量的数据必须与库水位的数据结合起来加以分析。了解库水位如何影响排水管流量可以帮助确定是否存在问题。若观察到在给定的库水位下不寻常的排水情况，可能需要进行更多的调查。

在进行坝趾排水管检查时，应该：①找出每个坝趾排水管出口并测量流量。测量坝趾排水管出口流量的一种简单方法是将水引入一个已知容积的容器中，并且计算需要多长时间充满容器。流速单位通常是 cm/s。②根据以前的读数，将当前库水位的流量与预期的流量进行比较。③检查水流的浑浊度或排水沟的泥沙堆积情况，这些情况是管涌发生的标志。

2）排水管堵塞。一个完全没有水流的排水管可能仅仅意味着由该排水管对应的大坝区域没有渗流。然而，渗流的缺失也可能表明存在问题。

若排水管：①从未起过作用，这可能意味着排水管的设计或安装不正确。②曾经有水流动过，但现在已经没有了，可能已经被堵塞。

堵塞的排水管可能是一个严重的问题，因为渗流可能开始从下坡处排出，或者可能导致内部压力增加和不稳定。如有可能，应清理堵塞的排水沟，以便恢复可控的渗流释放。随着时间的推移，在同一水库水位下，排水管的流量减少可能表明排水管被堵塞，或者泥沙淤积使水库的透水性降低。

（4）平洞、廊道和隧道。若大坝配备有无衬砌排水管或隧道，应该检查这些，观察坝基和坝肩材料是否有软弱或渗漏的迹象。若注意到平洞、廊道或隧道有渗漏，应该：

1）将所看到的情况与之前报告的类似库水位下的渗漏情况进行比较。

2）拍摄并记录新的或流量增加的渗漏位置。

3）检查流速，检查是否有浑浊迹象。

4）若水看起来浑浊，建议由专业技术人员检查渗漏区域。

染色和沉淀物可能表明溶解，这些区域应加以注意，并采集水样。

还应注意到落石，因为它们表明不稳定，可能威胁到大坝的安全以及在这些地区工作的人员的安全。落石的原因应由专业技术人员进行进一步检查。

4.2.3 库岸检查步骤

库岸最常见的问题是滑坡会阻塞或损坏附属结构，渗流造成的管涌或溶蚀可能导致库水渗漏，可能与溃坝本身一样具有破坏性。

1. 检查之前

在检查库岸之前，检查现场的地质数据，以确定岸坡地质类型。还要注意在设计阶段是否确定潜在滑坡区域，并在地图、航空照片或其他照片上或检查表上记下这些区域，然后找到为控制渗漏或稳定滑动区域所做的处理。

2. 检查方法

检查库岸的方法有很多种。使用的方法将取决于正在开展的检查类型、水库的大小以及进行检查的可用资源。常用检查方法为：①乘船检查库岸。②从相邻区域查看库岸。③从空中检查库岸。④徒步检查库岸（如果水库较小）。

（1）乘船检查库岸。乘船检查是最实用的检查库岸方法，尤其是当水库很大时。船可以慢慢地绕过水库，停在相关区域，能够用双筒望远镜目视检查该区域，或者从船上下来步行检查该区域。

（2）从相邻区域查看库岸。若无法乘船检查库岸，可以从大坝顶部或边缘附近区域查看库岸。可以使用双筒望远镜或长焦镜头系统地查看该区域，直到确信已完全覆盖。如果注意到某些需要仔细检查的缺陷，在航拍照片、地图或笔记本上标记问题区域，然后安排参观该区域进行徒步检查。某些缺陷（如膨胀）可能更容易从远处发现，而不是近距离观察。

（3）从空中检查库岸。可以利用无人机来检查库岸。高空观测通常有助于发现在近距离内可能难以看到的问题。

（4）徒步检查库岸。若水库库面面积很小，可以步行巡查库岸周围情况，以便进行更仔细地检查。

3. 注意事项

除了运用简单的常识外，还应该始终遵守一些基本的安全规则，即在船上进行检查时，务必穿救生衣；不要试图攀登高陡的地方，除非有经验，并有相应设备（绳索、合脚的登山鞋等）。

4.3 坝基隐患检查

4.3.1 坝基和坝肩的检查

坝基和坝肩支撑着整个大坝，对大坝的稳定和安全起着重要作用。坝基和坝肩缺陷若不加以解决，可能会导致严重的问题，甚至溃坝。需要关注的问题包括：渗流（管涌、流土、接触渗漏）；不稳定性如裂缝、滑移、不均匀变形。本节主要讲述检查土石坝或混凝土坝坝基和坝肩的一般流程，以及这些区域常见的缺陷类型。

1. 渗流问题

必须在渗流压力和渗漏量两方面对渗流加以控制，若控制不当则会逐渐形成渗透破坏。若任其发展，可能会导致溃坝。渗流压力也可能导致土体材料强度降低，并由此带来塌陷或大规模滑坡。检查渗漏时，应该注意这些方面：①渗水。②浊度。③沙沸。④表面染色和沉积。⑤积水。⑥茂盛或亲水的植被。

（1）渗水。土石坝允许可控的渗水。在大多数情况下，可控的渗水是无害的。主要因为它们可以通过排水系统（如坝趾排水、坝基排水和减压井）和地面排水进行控制。但是，必须认真评估非受控的渗水量，因为它表明大坝安全可能存在风险。在检查过程中遇到渗水时可做如下几方面的工作：

1）记录观测时的库水位。渗漏量通常与库水位有关。一般情况下，随着库水位的升高，渗漏量增大。渗漏量的任何变化，只要偏离过去的历史值，都值得关注。

2）拍摄和记录渗水位置。

3）顺着渗水逆流而上，尽可能找到渗水的入口。

4）测量并记录渗漏量，单位一般用 L/s 表示。可以使用多种方法来测量渗漏量：①用秒表或手表上的秒针，记录装满一个已知体积水桶所需的时间。②便携式或永久性渗漏量测量装置，如堰、水槽或孔板，可用于测量流量。③在没有更精确的测量装置的情况下，将一片草、树叶或其他碎片在某个特定的点放入水中，并定时观察在规定距离内行进需要多长时间。这样可以得到近似的流速，然后估计出水流的横截面积，将这些值相乘得到流量。

5）装满一个玻璃容器，检查水的清澈度。①若水清澈，流速缓慢，可能只需注意渗漏的位置，并加强日常的巡视检查。②若水是浑浊的，它可能表明发生了渗透破坏，需要由有经验的专家进行评估。

（2）浊度。浑浊渗流表明土壤颗粒悬浮在水中，通过坝基或坝肩的水携带着土壤，可能形成管涌。当渗流通过沙或无黏性土时，水流的作用力会带走出口处的土颗粒，并导致渐进侵蚀，称为管涌。管涌一旦发生后果很严重，因为它可以快速发展，最终导致大坝溃决。管涌可能伴随着浑浊的水、塌陷或沙沸，并且发展到后期会在渗流入口点处的水库中出现涡流或漩涡。

检测浊度变化的方法是收集水样进行检测，检测步骤见表 4.3-1。

表 4.3-1　　　　　　　　　　　　　浊　度　检　测　步　骤

步骤	描　　　述
1	把水样收集到容器中，标注日期和清澈度。把罐子放在安全的地方
2	每次测量渗流时重复步骤 1，直到收集到数个样品
3	每次采集样本时，摇动每个容器，并将新样本与之前采集的样本进行目视比较。查看样品的浑浊度变化。还要注意当悬浮物质沉淀出来时，容器底部堆积的沉积物量

若渗流是清澈的，但怀疑它含有来自坝基的溶解物质（例如，渗漏是新发现的或渗漏量有所增加），则可能需要进行水质测试以确定渗流中溶解固体的类型和数量。检查浊度时，若遇到一片流动的浑水，则应该按照以下步骤进行记录：①拍摄并记录发现问题的确切位置。可以在图纸或该地区的航拍照片上标出具体位置。②使用校准过的测量设备记录流速。③若之前的检查记录上有该渗浑水处，将流速和浊度与过去的记录进行比较。若流量增加或浊度增加，建议经验丰富专家立即重点检查该区域。

（3）沙沸。沙沸是管涌的一种表现形式，表明渗透压力高。详见图 1.3-4。

若观察到沙沸，应该：

1）拍摄并记录沉积锥的大小。

2）条件允许情况下监测流速，但因为沙沸通常在水下，流速可能难以确定。

3）所有沙沸均应由经验丰富专家进行评估，以便采取适当的处置措施。

在沙沸周围放置沙袋，以增加出口水头，这样可以防止沙沸进一步扩展。这种方法称为反压，但通常只是短期解决方法。在该区域上方设置有效反滤措施（一层或多层尺寸逐渐变小的透水材料），允许渗漏流出同时能防止土颗粒进一步移动，通常是最好的处理方法。

（4）表面染色和沉积。地下水在孔隙或岩石裂缝中流动时，通常含有矿物质。当化学或物理条件改变时，这些矿物就会从溶液中析出。最常见的是铁（红色）和锰（棕色或黑色）。石灰岩地区常见的一种沉积物是白色或黄色方解石。

若在坝基或坝肩区域观察到岩石露头上的污渍或沉积物：①拍摄并记录污渍位置和沉积物类型。②从渗漏区和水库中分别取样，以确定水质是否发生变化。

（5）积水。积水或者水注可能会掩盖渗漏的位置和性质或其他问题，如裂缝、侵蚀和凹陷，应予以消除。但这样做会增加水头（水库和尾水高度之间的差异），并可能加剧渗漏情况。

若在检查期间遇到积水，应当：①拍摄并记录积水的位置。②记录近期降水的发生情况，可能因此产生积水或影响渗漏状态。③记录淹没或积水情况，标明位置、尺寸、高程和可能的原因。

（6）茂盛的植被。若茂盛的植被出现在一般不茂盛的地区，可能意味着：①渗流。②地面排水不良引起的积水。③地下渗水。这种类型的植被可能会影响巡视检查，或阻挡排水出口。

若注意到在坝基或坝肩区域生长亲水植物，应当：①拍摄并记录植被区域。②安排清理该区域，以便对它进行正确的评估。③调查植物的水源，并记录水源的位置。④估算流量并检查水的清澈度。

2. 不稳定性问题

除了渗流问题外，大坝坝基和坝肩的不稳定也会导致溃坝。不稳定的迹象包括：①裂缝。②滑坡。③隆起。④凹陷和塌陷。

（1）裂缝。应检查坝基和坝肩区域的所有裂缝。裂缝可能与受力有关，也可能由坍落、沉降或不均匀沉降引起。坝基出现的裂缝可能是地基变形引起的。裂缝深度较大或有陡坎，表明坝肩和相邻区域不稳定。若发现裂缝：

1）拍照并记录。

2）记录裂缝的位置、深度、宽度、长度、形状和方向。

3）评估在以往的检查中发现的裂缝变化情况。

4）建议由经验丰富的地质专家参与检查裂缝。

（2）滑坡。滑坡是一种常见的安全隐患，在滑面顶部表现为陡坡或裸露的滑移面。近坝两岸的滑坡可能阻塞溢洪道、泄水设施或其他重要结构的进水或排水结构，从而影响大坝的稳定性。此外，在极少数情况下，严重的滑坡会产生滑坡涌浪导致大坝漫顶。对于土石坝来说，漫顶尤其严重，因为它能迅速侵蚀土石坝体材料。滑坡是坝基和坝肩区域不稳定的结果。滑坡可分为浅层滑坡和深层滑坡两大类。首先，介绍这两类滑坡及其对应的检查措施，然后简要介绍通常用于防止滑动的岩石和边坡加固方法。

1）浅层滑坡。坝肩地区的浅层滑移有时称为坡面滑移。坡面浅层滑坡体一般结构非常松散，而且经常是饱和的。早期的浅层滑移一般可以从以下方面进行识别：

a. 倾斜或生长有树木。生长在缓慢下滑区域的树木将在树干上形成一条曲线，类似于"L"型（见图 4.3 - 1）。这种形状的形成是由于植物向阳性垂直生长的自然趋势。若滑动是近期的，那么这棵树可能以一定角度生长。

b. 陡坡。陡坡是指滑动顶部的外露滑动面（见图 4.3 - 2）。坡脚较陡表明滑坡较浅。

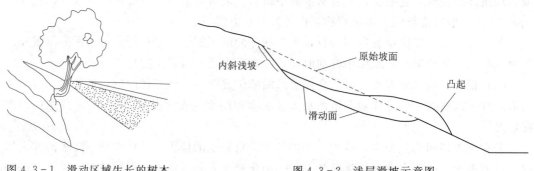

图 4.3 - 1　滑动区域生长的树木　　　　　图 4.3 - 2　浅层滑坡示意图

c. 裂缝。垂直于斜坡的弧形裂缝表明可存在浅在滑坡，弧形裂缝可在滑坡顶部形成陡坎。

d. 潮湿和松软区域。渗透和潮湿条件极易引发滑坡，尤其是在细粒未压实的区域。此外，若渗透存在于该区域且不受控制，岩层中透水材料的接缝可能会导致滑动。若观察到浅层滑坡，应该：拍摄并记录滑坡的位置；测量并记录滑动的范围和位移量；查找周围的裂缝，尤其是在滑坡体的上部；探测整个滑坡区域以确定表面土体的状况；检查滑坡附近是否有渗流异常区域；加强该区域的监测，以确定情况是否恶化。

2）深层滑坡。深部或大型滑坡对大坝安全构成严重威胁。若滑坡位于上游坝肩上，可能堵塞或损坏输泄水建筑物。若滑坡体量大，可能导致涌浪从而导致漫顶。若滑坡位于下游坝肩附近，可能会损坏或堵塞排水设施。

识别深层滑坡，需要注意：①清晰的斜坡。深部滑坡的坡度很高，后面很陡。②坝趾隆起。大的坝趾隆起是由斜坡材料的旋转或水平运动产生的。③裂缝。与浅层滑坡一样，深层滑坡顶部也可能出现弧形裂缝或与边坡垂直的裂缝。

图 4.3 - 3 为陡坎和坝趾隆起的深层滑坡示意图。

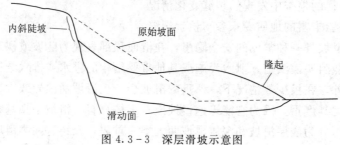

图 4.3 - 3　深层滑坡示意图

若看到深部或大面积滑坡的迹象，并且对原因不确定，则应向经验丰富的专家寻求建议。此外，还应当：①尽可能确定滑坡的原因。②确定对大坝的不利影响。③建议采取补救措施。④拍摄并记录滑坡的位置。⑤测量并记录滑动的范围和位移量。⑥查看周围是否有裂缝，尤其是滑坡体上部。⑦探测整个区域以确定表面土体材料的状况。⑧检查滑面附近是否有渗流区域。

3）边坡加固。锚杆、锚碇、锚索和支护结构可用于加固斜坡或岩壁，提高其稳定性。应检查这些阻滑措施，以确保它们能正常工作。检查岩石或边坡加固时，应关注以下两点①松散或掉落的土壤或岩石。②建筑物的位移量。

若怀疑加固措施已经失效，应建议新增阻滑设施。

（3）隆起。当土料沿斜坡滑下时，形成隆起。通常，通过表层很难确定隆起的原因。图 4.3-4 展示了一个深层滑坡引起的隆起。

若看到隆起，应当：①在地图、照片或笔记本上记录隆起的位置。②检查该区域是否有裂缝和陡坡。③探查隆起部分，以确定土体材料是否过于潮湿或柔软。

（4）凹陷和塌陷。凹陷是指没有天然地表排水出口的地面凹陷区域。在大坝的建设过程中，开挖可能造成了一个塌陷。塌陷也可能是由以下原因造成的：埋藏的有机物的腐烂，冻结物料的解冻，坝基的固结或沉降，地下侵蚀或管涌。坝基坝脚区域的凹陷可能会积水，使坝脚模糊不清，并可能掩盖渗水。积水也可能使地基土饱和，从而导致进一步的不稳定。塌陷可以是轻微的，也可能是非常严重的。区分轻微凹陷和塌陷的一个简单方法是查看它们的剖面（见图 4.3-4）：①轻微的凹陷。凹陷的坡度平缓，侧面呈碗状态。②塌陷。塌陷坑通常有陡峭的、类似水桶一样的侧边，这是由于土体在塌陷到地下空洞时受到剪切作用的结果。

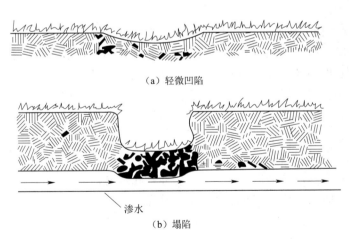

（a）轻微凹陷

（b）塌陷

图 4.3-4 凹陷与塌陷的区别

虽然在大多数情况下，轻微的凹陷不会对大坝构成直接的威胁，但它们可能是更严重问题的早期迹象。若观察到凹陷，应当：①拍摄并记录凹陷的位置、大小和深度。②探测凹陷的底部，以确定是否有潜在的空洞。空洞是塌陷的标志。③建议经常观察凹陷，以确定它是否处于持续发展状况发展。

若观察到塌陷，应当：①为了检查人员的人身安全，必须小心探测塌陷。②拍摄和记录塌陷的位置、大小和深度。

3. 日常维护

坝基和坝肩需要经常性维护的缺陷包括：①地表径流侵蚀。②动物洞穴。③不适当的植被生长。④泥沙淤积。⑤陡坡或排水不良。

（1）地表径流侵蚀。坝肩和坝基表面的侵蚀可导致防浪墙及其附属结构的支撑不足，并且还可导致泥泞和滑动。侵蚀还可能导致大坝的淘蚀和沟壑。若淘蚀严重，可能会导致稳定性问题，并缩小通过坝肩区域的渗流路径。

检查坝面排水沟，确保其正常运行。排水沟周围或下方的基础被侵蚀或破坏，可能表示设计或施工存在缺陷，或缺乏维护。地表径流侵蚀检查时，应当：①确保地面排水沟可以排水，从而避免侵蚀坝基和坝肩材料。②查找沟壑或其他地表径流侵蚀迹象。确保检查到上游和下游坝肩及坝脚，因为地表径流可能在这些区域汇集。

若观察到地表径流侵蚀，应当：①记录结果并拍摄该区域的照片。②确定损害的严重程度。③确定侵蚀造成的沉积物的数量和位置（若有）。④清除因侵蚀而形成的地表水和沟渠沉积物（如可能）。⑤采取措施修复地表径流破坏的区域，防止问题进一步发展。

（2）动物洞穴。穴居动物在土石坝坝体、坝肩等区域筑巢可能会导致地表径流侵蚀，破坏大坝结构的完整性，严重的会形成渗流通道，甚至导致溃坝。

如果有明显的穴居动物，应当：①拍摄该地区并记录。②尽早扑杀或挖出动物，以防破坏进一步发展。

（3）不适当的植被生长。一些生长在坝肩和坝脚的植被有助于控制水土流失。然而，不适当的植被生长也是不容忽视的问题。不适当的植被生长一般可分为两类：①植被过度生长。②深根植物。

1）植被过度生长。坝肩和坝基上的过度植被会造成破坏主要有以下几方面的危害：①遮挡坝基和坝肩，妨碍外观检查。威胁大坝完整性的问题，若被植被遮挡就无法暴露出来，可能会持续发展并且一直未被发现。②阻挡进入坝区及周边的通道。植被过度生长会阻碍检查或管理人员进入坝区，特别是在紧急情况下通道至关重要。③为啮齿动物和穴居动物提供栖息地。穴居动物通过在大坝坝坡与岸坡结合区域挖洞，洞穴逐步扩大会形成渗流通道，从而对该区域造成威胁。

2）深根植物。虽然草皮或其他较小类型的植被覆盖作为护坡是理想的，但是深根植被（例如大灌木和乔木）的生长是不利的。例如，在风暴期间，大树可能会被吹倒并被连根拔起。根系留下的洞会缩短渗流路径并引发管涌。

深根植被的根系发育并能穿透到大坝的坝体中。当植被死亡时，腐烂的根系会提供渗流的通道并导致渗透破坏发生。

控制乔木和灌木的最佳方法是在它们生长到相当大的尺寸之前进行砍伐。若砍伐了大树，但没有移除根系，则应在根部开始腐烂时，仔细监视剩余树桩周围的区域是否有渗流迹象。在检查期间，应当：①寻找坝基和坝肩上生长过度的和深根植物。②检查下游坝坡或坝脚区域的树桩或腐烂根部周围是否有渗漏迹象。

若观察到不适当的植被，应当：①拍摄该区域并记录。②记录不适当植被的大小和范围。③建议采取适当的补救措施，以消除不适当的植被，并采取措施防止植被增长。

（4）泥沙淤积。土壤颗粒的沉积或淤积发生在蓄水池、溢洪道进口段或泄水建筑物的入口、消力池等部位。

若在泄水建筑物的出口看到淤积物，应当：①拍摄并记录观察结果。②清理该区域的沉积物，使水流畅通。③确定沉积物的来源。④若怀疑泥沙沉积是内部侵蚀的结果，建议有经验的专家检查情况。

（5）坡度或排水不良。若看到坝脚处有积水，应当：①拍摄并记录观察结果。②试着确定积水的原因。

如果怀疑积水是由于排水条件不足，建议设置适当的排水系统。若怀疑积水是由于坡度不良，建议有经验专家进一步检查该地区。

4.3.2　库岸隐患检查

本节介绍了检查库岸的重要性常见缺陷的类型以及这些缺陷的影响，并针对每个缺陷提出检查方法和建议。沿库岸发现的隐患本质上与在坝基和坝肩上发现的隐患相同。库岸常见隐患有：①滑坡。②渗流。③漩涡。④枯枝树木。⑤侵蚀。

1. 滑坡

沿着库岸的滑坡表现与坝肩区域基本相同，库区滑坡对大坝安全的影响有多种方式，包括：①减少水库库容。②向水库倾倒的树木、灌木和其他植被，可能堵塞甚至损坏输水建筑物。③导致涌浪漫坝（罕见，在大的滑坡和狭窄受限的峡谷条件下发生）。

在检查库岸前，查阅过去的检查报告等材料，可以确定是否标记了滑坡或潜在滑坡的区域。①检查这些区域，查看自上次检查以来是否有任何变化。②寻找滑坡的其他证据，例如裂缝、陡坡、隆起、滑动区域生长的树或者存在非常松散、相对细粒材料的饱和区域。③在照片、地图、草图或记事本上记录滑坡区域的位置。④检查活动滑动区域是否有可能阻塞水流的碎屑。

若注意到开始下滑，应当：①拍摄并记录。②制定应急处置措施，清理因滑坡而入库的任何杂物。③若初判可能发生严重的滑坡，建议有经验的专家检查该区域，并采取适当的措施来防止滑坡或减轻滑坡的影响。

2. 渗流

从大坝安全角度来看，渗流通过水库的库岸、坝基和坝体可能导致管涌、溶蚀等渗透破坏，甚至是大坝决口。

3. 漩涡

漩涡可能是严重管涌或大溶蚀通道的表现。漩涡表明管涌或溶蚀作用已经发展到水库大流量渗漏的程度。随着渗漏的继续，通道的尺寸可能会迅速增大，并可能在短时间内影响到大坝主体结构。特别需要注意的是，若漩涡是由管涌穿过土体引起的，问题会很快发展恶化。若漩涡是通过溶质岩石流动的结果，则漩涡口尺寸的增加可能非常缓慢。若观察到漩涡，特别是在大坝附近，应立即通知相关人员，并采取应急处置措施。

4. 枯枝树木

树木、灌木、灌木丛和其他植被若通过滑坡或风浪作用沉积到水库中，可能对大坝造成威胁。枯枝树木可能堵塞出口或溢洪道的进水口，导致行洪受阻和漫顶损失。

在检查库岸时，需要关注：①漂浮在水库中的枯枝树木。②有植被的潜在滑坡区。

若注意到这些问题，应当：

1）拍照并记录。

2）建议制定应急处置措施以应对清除枯枝树木时发生的滑坡。

3）建议安装拦污栅或采取其他旨在防止枯枝树木堵塞行洪通道的措施。

5. 侵蚀

库岸的侵蚀通常是由地表径流、波浪作用和水流造成的，并可能导致局部坍塌或下切。若库岸位于坝肩附近时会影响大坝安全。侵蚀形成的沉积物会堵塞入水通道口、泄水建筑物和下游排水渠，影响大坝的正常功能发挥。

若在检查过程中发现侵蚀区域，应当：

1）拍照并记录侵蚀的位置和程度，沉积的数量和位置，引起侵蚀的可能水源。

2）评估问题的严重性。

3）若确定问题严重，应采取措施来处置。

4.4 小结

（1）阐释了大坝的坝址的地形和地质条件的重要性，并讨论了受大坝和库水影响的工程地质特性。

（2）介绍了适用于不同坝型的坝基和坝肩材料（见表4.4-1），以及这些材料的基本特性。同时，还强调了检查库岸以查找潜在的地质条件缺陷的重要性，并描述了库岸区域用于提高大坝稳定性和减轻滑坡影响的几种处理方法。

表 4.4-1　　　　　　　　　　坝 基 和 坝 肩 材 料

基 础 类 型	坝 型	特征/处理方法
岩石	所有坝型	经常断裂和风化。清除风化破碎的岩石；通过灌浆和表面处理填补裂缝和断裂
砾石	土坝 堆石坝 低混凝土重力坝	砾石松散且透水性强。固结灌浆提高承载力，帷幕灌浆提高防渗能力
淤泥或细沙	低混凝土重力坝 土坝	可能发生液化、不均匀沉降和管涌。需要清除松散的材料或采取措施提高基础承载力，并采取渗控措施
黏土	土坝	可能发生沉降和不稳定。需要清除松散的材料，并进行特殊的处理，以加固和提高基础承载力以及避免沉降
深厚覆盖层（混合材料）	所有坝型	通过勘探和设计进行对应处理

（3）描述了检查混凝土坝或土石坝坝基和坝肩的方法。检查程序包括：①巡查靠近坝基和坝肩的地方。②从坝顶或对岸的坝肩查看邻近地区。③从下游查看邻近地区。④水下检查。

（4）讨论了如何通过减压井、排水设施等判断坝基和坝肩的隐患。例如，它们可以显示：①渗流的增加或减少。②渗流水样中的沉淀物可能表明坝基和坝肩材料正在发生管涌。③坝基或坝肩的内部水压力正在增加。

检查土石坝和混凝土坝的坝基和坝肩时通常发现的缺陷类型见表 4.4 - 2，同时包括了检查该缺陷时需要注意的方面。

表 4.4 - 2　　　　　　　　坝基和坝肩区域常见的缺陷

缺陷的种类	需要注意的事项
渗流	与溢洪道、排水系统、山体地下水或地表排水系统的控制流量无关的流动水
	可能表明有管涌的混浊渗水
	沙沸，表明高渗透压力和管涌
	岩石表面的染色和沉积，可能表明坝基和坝肩发生溶解和功能削弱
	可能由渗流引起的积水
	繁茂的喜水植物，可能是由渗水滋养的
	坝基区域的凹陷，尤其塌陷
不稳定性	深度开裂
	坝肩区域的滑移，可能阻塞或损坏输水设施的入口或出口，或造成溢水漫坝
	由于土体滑动或沿着斜坡向下移动而形成的隆起
维护养护问题	可能侵蚀坝肩边坡从而导致不稳定的地表径流侵蚀
	可以堵塞水流的枯枝树木（树木、灌木、其他植被）
	可以提供坝基或坝肩渗流通道的动物穴居
	植被生长不当，导致无法对植被生长区域进行目视检查，或深根植被，提供渗流通道
	泥沙沉积在溢洪道和输水建筑物的入口、出口、消力池等部位，导致这些部位堵塞，可能表明发生管涌
	可能导致坝脚积水的注地或排水不良

（5）本章还讨论了检查库岸的程序、库岸常见的缺陷类型，以及这些缺陷如何影响大坝的安全。表 4.4 - 3 提供了检查这些缺陷时需要注意的事项。

表 4.4 - 3　　　　　　　　库 岸 常 见 缺 陷

缺陷的种类	需要注意的事项
滑坡	裂缝
	陡坡
	隆起
	滑动区域生长的树
	由非常松散、相对细粒的材料组成的饱和区

续表

缺陷的种类	需要注意的事项
渗流	漩涡
碎屑	树木、灌木、矮树丛或其他可能堵塞泄水结构或溢洪道的植被
侵蚀	滑塌
	下切破坏
	冲刷物沉积在进水渠段、泄水结构及排水渠
沉积物淤堵	沉积在近坝库岸的沉积物

第5章

金属结构和机电设备安全巡查

本章介绍不同类型水工闸门、阀门等金属结构和机电设备的基本工作原理、现场检查方法及所需检查的区域和潜在缺陷，在此基础上介绍了金属结构和机电设备的检测方法。

5.1　金属结构和机电设备分类

本节简要介绍金属结构和机电设备在水工建筑物中的作用、类型、水工建筑物上典型金属结构和机电设备，以及全面、定期检查的重要性。

5.1.1　金属结构和机电设备的作用

将金属结构和机电设备作为大坝整体中的一部分，能够更好地理解金属结构和机电设备在大坝安全运行中的作用。与金属结构和机电设备相关大坝输泄水建筑物（见图 5.1-1 与图 5.1-2）描述如下：

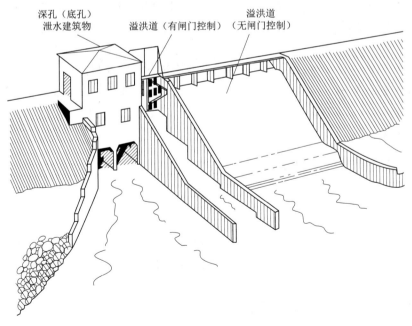

图 5.1-1　大中型水库大坝输泄水建筑物

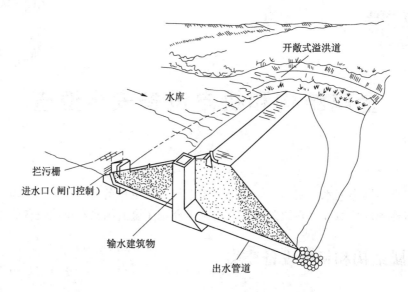

图 5.1 - 2　小型水库大坝输泄水建筑物

（1）溢洪道用于排洪或泄流。通过闸门控制过流的为非开敞式溢洪道，通过溢洪道堰顶自由泄流的为开敞式溢洪道。

（2）输水建筑物是用于水库正常输水的结构。由于输水建筑物的泄流底孔也用于排空水库，泄流底孔一般设置于大坝底部满足水库通过泄流底孔排空水库的需要。

（3）泄流量控制设施是控制输水建筑物、溢洪道出水的闸门及阀门的总称。

大坝的输泄水建筑物主要有 3 个用途：①防洪泄流（控制不同水位工况的泄流量）。②正常输泄水（如灌溉、运行调度、供水、发电、生态流量等）。③紧急情况水库放空。

金属结构和机电设备可以用来控制不同类型建筑物的输水与泄洪，包括：①在不同使用工况下按照运行要求，封闭水工建筑物的孔口，起挡水作用。②必要时可将库水位降低到足够的安全水位，以降低可能威胁大坝安全的风险。③放空水库。④放行船只、木排、竹筏，以及排除沉沙、冰块和漂浮物等。

5.1.2　金属结构和机电设备的种类

5.1.2.1　闸门

1. 闸门的组成

广义的闸门由门叶结构、固埋部件和启闭设备 3 个主要部分组成。

（1）门叶结构。门叶结构是可以开关的挡水体。除闸门门板外，门叶结构按功能还包含以下各部分：

1）承重结构。承重结构是具有足够强度和刚度的结构物，用以封闭孔口并能安全承受水压力。

2）行走移动部分。其一方面将承重结构传来的力传给埋设部件，另一方面保证承重结构物在移动时灵活可靠。

3）止水密封部分。其功能是用以堵塞活动部分和埋设件之间的缝隙，使闸门在封闭孔道时无漏水现象，或使漏水量减少到允许的范围。

4）与启闭设备相连接的部件。

（2）固埋部件。固埋部件是埋置在闸孔周围结构中的构件，包括行走支承轨道、止水埋件、门槽护角埋件、底坎埋件，以及闸阀阀壳等。

（3）启闭设备。启闭设备是控制门叶或阀体在闸孔移动的操纵机构，一般由下列各部分组成：

1）动力装置。

2）传动装置。

3）制动装置。

4）连接装置。

5）行走移动装置。

以平面闸门为例，闸门的 3 个部分如图 5.1-3 所示。

2．闸门的分类

闸门的种类和型式很多，其特征参数也很多，如闸门的工作性质、重要性、水头大小、孔口位置、制造材料和方法、构造特征和操作方式等。以下按一些主要特性进行分类，并作简要说明。

（1）按闸门的工作性质分类。

1）工作闸门。承担控制流量并能在动水中启闭或部分开启泄流的闸门。但也有例外，如通航用的工作闸门，需在静水条件下操作。

2）事故闸门。闸门的下游（或上游）发生事故时，能在动水中关闭的闸门。当需要快速关闭时，也称为快速闸门。这种闸门在静水中开启。

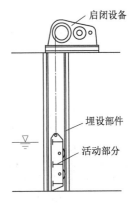

图 5.1-3　闸门的组成

3）检修闸门。水工建筑物及设备进行检修时用以挡水的闸门。这种闸门在静水中启闭。

（2）按闸门设置的部位分类。

1）露顶式闸门。其设置在开敞式泄水孔道，当闸门关闭挡水时，门叶顶部高于挡水水位，并仅设置两侧和底缘三边止水。

2）潜孔式闸门。其设置在潜没式泄水孔口，当闸门关闭挡水时，门叶顶部低于挡水水位，并需设置顶部、两侧和底缘四边止水。

（3）按制造闸门的材料和方法分类。按制造闸门的材料和方法分类，闸门可分为钢闸门（焊接闸门、铸造闸门、铆接闸门、混合连接闸门）、铸铁闸门、木闸门、钢筋混凝土闸门（普通钢筋混凝土闸门、预应力钢筋混凝土闸门、钢丝网水泥混凝土闸门）和其他材料闸门等。

（4）按闸门的构造特征分类。按构造特征分类的闸门见表 5.1-1 和图 5.1-4。

表 5.1-1   闸门按构造特征分类表

挡水面特征	运 行 方 法		闸（阀）门名称	说　明
平 面 形	直 升 式		滑动闸门 定轮闸门 链轮闸门 串轮闸门 反钩闸门	
	横 拉 式		横拉闸门	
	转动式	横 轴	舌瓣闸门 翻板闸门 盖板闸门（拍门）	上翻板、下翻板两种
		竖 轴	人字闸门 一字闸门	
	浮 沉 式		浮箱闸门	
	直升—转动—平移		升卧式闸门	上游升卧、下游升卧两种
	横 叠 式		叠梁闸门	普通叠梁、浮式叠梁等
	竖 排 式		排针闸门	
弧 形	转动式	横 轴	弧形闸门 反向弧形闸门 下沉式弧形闸门	铰轴在底坎以上一定高度
		竖 轴	立轴式弧形闸门	包括三角门
扇 形	横轴转动式		扇形闸门	铰轴位于下游底坎上
			鼓形闸门	铰轴位于上游底坎上
屋 顶 形	横轴转动式		屋顶闸门	又称浮体闸
立式圆管形	部分圆	直 升 式	拱形闸门	分压拱、拉拱闸门等
	整圆		圆筒闸门	
圆 辊 形	横向滚动式		圆辊闸门	
球 形	滚 动 式		球形闸门	
壳形（阀门）	移 动 式		针形阀	
			管形阀	
			空注阀	
			锥形阀	外套式、内套式两种
			闸 阀	
	转 动 式		蝴蝶阀	卧轴式、立轴式两种
			球 阀	单面、双面密封

5.1.2.2　阀门

　　装置在封闭管道内、门叶、外壳、启闭机械组成一体的闸门，通常称为阀门。阀门主要用来封堵泄水或引水管道，以调节流量或切断水流，闭门时一般承受较高的水压强度。

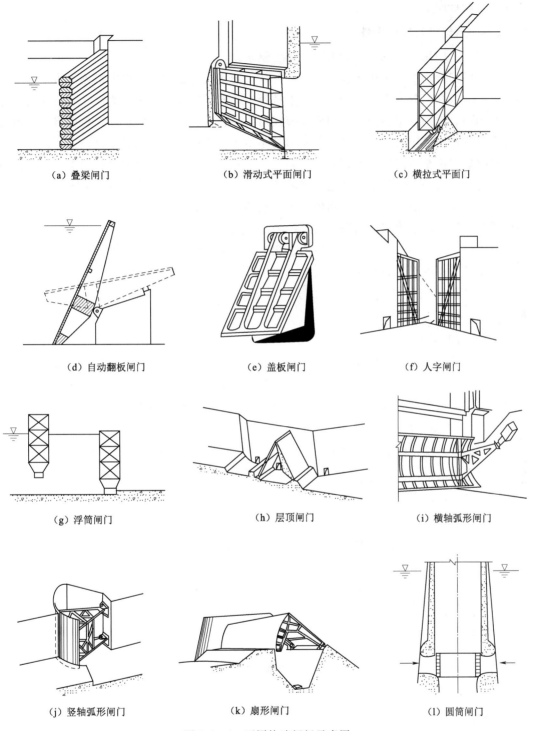

（a）叠梁闸门　　　　（b）滑动式平面闸门　　　　（c）横拉式平面门

（d）自动翻板闸门　　　　（e）盖板闸门　　　　（f）人字闸门

（g）浮筒闸门　　　　（h）层顶闸门　　　　（i）横轴弧形闸门

（j）竖轴弧形闸门　　　　（k）扇形闸门　　　　（l）圆筒闸门

图 5.1-4　不同构造闸门示意图

一般由工厂整体制造。阀门的型式很多，根据其运行方式可分为移动式和转动式两类。移动式阀门包括平面滑动阀门、针形阀、管形阀、锥形阀、空注阀、闸阀等，转动式阀门包括蝴蝶阀和球阀。

5.1.2.3　启闭机及操作设备

启闭机专门用于将闸门提升或下降到流道里。

水工闸门常用的启闭机有卷扬式、螺杆式、液压式、链式等。启闭机型式可根据闸门型式、尺寸、孔口数量及运行条件等因素选择。靠自重或加重关闭和要求在短时间内全部开启的闸门宜选用固定卷扬式启闭机或液压启闭机；需要短时间内全部开启或有下压力要求的闸门宜选用液压启闭机；需要下压力的小型闸门宜选用螺杆式启闭机。

根据启闭机是否能够移动，又分为固定式及移动式。移动式启闭机多用于孔数多且不需要同时局部均匀开启的平面闸门。启闭机台数应根据开启闸门的时间要求确定，并考虑有适当的备用量。对要求在短时间内全部开启或需施加闭门力的闸门，一般要一门一机。操作设备指的是用于确定闸门和阀门开度的定位系统。

启闭机的额定容量应与计算的启闭力相匹配，选用启闭机的启闭力不应小于计算启闭力。启闭机扬程可根据运行条件决定，并应满足以下要求：①溢流闸门可提到水面以上 1～2m。②快速闸门可提到孔口以上 0.5～1.0m。③闸门检修更换可提到检修平台以上 0.5～1.0m。

5.1.2.4　动力系统

启闭机动力系统设计时应考虑启闭机操作闸门运行时的水力学特点及开始运行闸门和结束运行闸门时荷载变化的特性。在水利水电工程中，除少数小型设备手动操作外，绝大多数启闭设备均为电动操作。除此之外还包括液压驱动或气动操作。

5.1.2.5　备用动力系统

备用动力系统是在主动力系统出故障时（比如停电）使用的，常见的备用动力系统有：手动应急设备，应急发电机，气动系统和便携式辅助设备。

5.1.2.6　其他设备

还有一些其他类型的机电设备如下：

（1）抽水泵，用于清除大坝坝体排水管内积水。

（2）通气孔，是钢管（或预制混凝土管道），允许外界空气进入闸门和阀门下游，用于防止高速水流产生高负压或正压，从而对闸阀和下游管道造成空蚀损坏。

（3）水库水位计，是用来测量水库水位的仪器。

（4）拦污栅，是位于进水口的金属栅格，用于防止漂浮物或水下异物进入流道。

5.1.3　检测金属结构和机电设备的重要性

大坝在紧急情况下能否安全运行，关键性条件之一是其输泄水结构，闸门，启闭设备能否正常运行。

启闭设备（除船闸及部分泄洪闸之外）平时一般很少操作，但它的重要性要求其工作绝对可靠。大部分设备处在露天环境中，日晒雨淋，只有通过定期的检查和检测才可以发现问题。

5.2　金属结构和机电设备安全巡视检查方法

5.2.1　前期准备

1. 检查时间选择

应当在计划检查日期前至少两到三个月开始工作安排，通常提前一年以选择合适的水库大坝检查工作环境，建议在以下情况下安排现场检查：

（1）检查日库水位。

（2）确定检测内容、检验仪器设备。

（3）组建检查组（由运管人员、工程师、专业领域专家等组成）进行检查和检测。

（4）检查工作与水库调度工作相协调，不违反水库调度要求。

应按具体的运行管理要求，提前向水库运管单位报送检查工作计划安排。

2. 查看档案

对于需要检查的大坝，应收集各类资料，从而了解大坝金属结构和机电设备的历史检修信息。这些信息包括：

（1）竣工验收资料。工作开始前，需查看大坝及附属结构的设计图样，用以确定设备类型和布设位置。设备照片和制造厂家提供的结构图样也能给检查工作提供有用信息。

（2）设计及操作资料。如有大坝及附属结构的操作说明书，检查人员应当获得并阅读。通过阅读这些文件，可以了解设备的规定操作方法；并且在检查中，能够核实大坝管理人员实际操作程序是否与操作说明书所描述的操作程序相符。

（3）历史记录。应当结合历史观测记录，检查设备特殊部位的运行状况和老化情况及变化趋势。历史观测记录的"总结"部分记录了结论和建议，可作为现场检测时的参考。

如有其他相关文件能够获得，如相关信函档案、厂家规格或验收报告等，都应当在检查前阅读。

5.2.2　一般检查准则

在开始检查大坝的金属结构和机电设备之前，应当了解如下基本信息。

1. 工具和设备

在检查过程中可能需要的一些工具和设备：

2. 检测技术

金属结构和机电设备的定期现场检查和检测是保证设备平稳、安全运行的最可行方法，进行全面检查最基本的两种方法是：

（1）建立清单，包括进行检查的顺序和流程，以及对各类设备的特定问题、所属区域及要进行的检查操作方法。

（2）记录异常，或预期会出现影响安全、维护或操作问题的异常现象，并在检查报告中记录问题和所属区域。

建议在检查清单空白处留出足够的空间，以便检查时，记录备注、观察结果以及要重新检查的特别部位或项目。

3. 人员安全

在检查中，要注意安全问题。每个大坝都有不同的危险状况需要评估，在进行检查前，必须确定要采取的预防措施。检查人员身体况状能承受工作环境的严苛条件。

检查人员必须正确穿戴劳保和安全防护用品。应使用安全帽、安全鞋、安全手套、恶劣环境保护装备、护目镜、安全带等。应当带急救箱。乘船进行检查时，船上人员应穿戴救生衣。此外，在检查过程中，如果有滑落入水的可能性，应穿戴救生衣（如在消力池附近工作）。

应当确保在检查开展前，任何可能坠落或移动的大坝结构或设备都被固定或有其他安全措施防护，以防意外发生。使用时，应使用"红色标签"和锁定装置，以防止发生因疏忽而造成使用设备可能危害到人员和仪器安全的情况。检查工作开始前应和有授权的人员一起检查"红色标签"和锁定装置，保证没有闸门、阀门或是电气电路被随意移动或打开。如果检查"红色标签"不明显的部位，可以使用锁和链条限制设备的使用。

在进入管道、井或其他密封区域前，必须提供适当的通风，使用气体检测仪来验证该区域是否有足够的空气。此外，应该意识到行走在潮湿和湿滑地面上的危险，要注意防滑，如用前脚掌着地而不是用后脚掌蹬地。爬梯和走斜面时需要准备防摔倒、掉落的设备，如安全绳、自我保护装置等。

在进入管道检查前，应该告知大坝相关工作人员计划完成检查和退出管道的时间。如果在设定时刻未完成工程并退出，确保会有人进行搜寻。现场检查作业应设监护人，在检查人员出现滑倒、受伤或吸入有毒气体等意外时，确保能够及时得到救护。

在旋转设备（如电动机、泵、齿轮等）旁工作时，切勿穿宽松服装，并注意手脚的位置。

不得自行操作大坝设备，需经过授权和培训的大坝管理人员才能操作大坝设备。检查电气设备时，切勿随意打开控制面板按钮或开关。

4. 检查频率

定期检查工作时间间隔取决于设备的类型、投入使用年限、国家或部门的规定。在特殊情况如洪水、地震、大坝遭到破坏等发生后，需组织进行特别检查。

5.2.3　检查内容

到达大坝后的第一步是与管理单位运管人员或设备操作人员会面，说明检查和检测的结构和设备具体内容。如事先已发送给管理人员工作安排，这一步骤可简化。同时，需和管理单位和运管人员沟通前次检查发现的问题。

1. 现场检查

进行现场检查时，首先应检查水面以上的部分，并与其水下部分的状况进行对比，以便深入了解其运行情况。现场检查应包括下列主要内容：

（1）闸门泄水时的水流流态。

（2）闸门关闭时的漏水状况。

（3）门槽及附近区域混凝土的空蚀、冲刷、淘空等。

（4）闸墩、胸墙、牛腿等部位的裂缝、剥蚀、老化等。

（5）通气孔坍塌、堵塞或排气不畅等。

（6）启闭机室的裂缝、漏水、漏雨等。

（7）寒冷地区闸门防冻设施的运行状况。

（8）闸门和启闭机的运行状况。

2. 监测仪器及仪表检查

应该检查大坝所有监测仪器和设备仪表的工作情况。如：水位计，闸门开度仪表，液压缸压力仪表等。

3. 操作规程查验

在大坝上检查各种结构和设备时，应确保所有结构和设备都具有操作说明，并检查设备上所有控制标识是否一致，例如表盘、指示灯、开关等。

4. 空蚀和电化学腐蚀检查

闸阀表面两种最常见的问题是空蚀和电化学腐蚀。当流速、水压力和水中气体压力达到临界状态时，就会发生空蚀破坏。高速水流遇到端部或是不规则的部分会产生湍流。湍流形成负压，在水中产生气泡和空腔。气泡在形成处下游受到压力作用破碎，气泡破碎产生冲击波，会造成坑或小洞，即空蚀。

电化学腐蚀是两种异种金属材料之间发生电或化学反应造成的。在有涂层的表面的电化学腐蚀表现为涂层被破坏，底下的金属呈碎片状且有锈迹。铁锈通常是棕色的并且有粗糙片状的纹理。涂层表面有针孔的地方，底层金属会出现凹陷。没有涂层的结构表面，其表面锈蚀情况更为均匀；有涂层的结构上，除非腐蚀将涂层锈蚀完，腐蚀在金属表面的差异非常明显。

检测闸阀的时候，需要着重关注空蚀和电化学腐蚀的状况。腐蚀量检测应遵循下列原则：

（1）检测断面应位于构件腐蚀相对较重部位。

（2）每个构件（杆件）的检测断面应不少于3个。

（3）闸门面板应根据板厚及腐蚀状况划分为若干个测量单元，每个测量单元的测点应不少于5个。

（4）对于构件（杆件）的隐蔽部位，宜增加检测断面和测点数量。

（5）对于严重腐蚀的局部区域，宜增加检测断面和测点数量。

（6）检测时宜除去构件表面涂层；如果带涂层测量，应扣除相应的涂层厚度。

5. 闸门门叶检查

闸门门叶检查必须检查以下项目：止水破坏、裂缝和结构构件损坏。

（1）止水破坏。闸门使用的止水装置可以是柔性的（例如氯丁橡胶和橡胶）或是刚性的（例如金属）。在日常维护操作闸门时，闸门在干燥环境中运行，当杂物碎片卡在止水和门框之间时，或在止水装置与止水座之间摩擦时，相对柔软的材料和相对坚硬的碎石粒相互摩擦，可能导致柔性止水装置发生破坏。刚性止水损坏通常是由接合面之间的外来异物引起的。

止水破坏最主要的影响是闸门门叶漏水。如果漏水发生在冬天，闸门下游会结冰，一段时间后，冰层厚度增加，阻挡闸门运行后的水流，或是冰层掉落破坏闸门下游的设备。止水装置上结冰，也会增大摩擦力，使得启闭机无法正常工作。

如果在高水头作用下，渗水通过闸门止水部位时，渗流速度非常大。如果渗流中存在着一些微粒，就会流向下游门叶附近的流道，导致叶片和下游流道逐步被腐蚀。

（2）裂缝。裂缝产生的原因可能是老化、过载和应力腐蚀。如果裂缝发展到临界长度，则门叶的对应部件就会失效，最终导致门叶整体或是部分失效，以至于闸门无法按照设计要求发挥功能。

（3）损坏的闸门梁格构件。梁格构件常因为门叶的过载而发生破坏。一方面门叶可能承载过大的压力而导致构件破坏；另一方面可能由于门槽卡阻力增加而致其破坏。

当闸门门板被小污物碎片击中时，也有可能发生破坏。梁格构件的损坏会导致闸门门叶完整性的下降，最终可能造成闸门失效。

同时还要对闸门门体、闸门支承及行走装置、闸门止水装置进行外观检测。

1）闸门门体外观检测应包括下列内容：①门体的变形、扭曲等。②主梁、支臂、纵梁、边梁、小横梁、面板等构件的损伤、变形等。③主要受力焊缝的表面缺陷。④连接螺栓的损伤、变形、缺件及紧固状况等。⑤门体主要构件及连接螺栓的腐蚀状况。

2）闸门支承及行走装置外观检测应包括下列内容：①闸门主轮（滑道）、侧向支承、反向支承的转动、润滑、磨损、表面裂纹、损伤、缺件及腐蚀状况等。②闸门支铰的传动、润滑状况，支铰的变形、损伤及腐蚀状况。③人字闸门顶枢、底枢的转动、润滑及腐蚀状况。

3）闸门止水装置外观检测应包括下列内容：①柔性止水的磨损、老化、龟裂、破损、脱落等。②刚性止水的腐蚀、变形等。③止水压板、垫板、挡板的损伤、变形、缺件及腐蚀状况等。④螺栓的损伤、变形、缺件、紧固状况及腐蚀状况等。

6. 门框检查

闸门门框发生损坏会导致闸门漏水，并导致闸门操作困难或完全无法正常运行。以下几个缺陷可能影响门框的性能。

（1）弯曲的闸门导板和支座。当闸门在开启时，携带了细碎杂物，在关闭闸门时，闸门框架会发生破坏，会造成闸门导轨和支座的弯曲。

（2）弯曲和错位。结构中覆盖闸门的不均匀沉降也会损毁闸门框架。这类沉降也会造成支座或导板的弯曲。

（3）当检查闸门框架时，注意观察是否存在漏水现象。若存在问题（例如导板或支座发生弯曲），则漏水现象是明显的表现。

7. 闸门其他部位检查

（1）闸门吊杆、吊耳外观检测应包括下列内容：

1）吊杆的损伤和变形，吊杆之间的连接状况；

2）吊耳的损伤和变形，吊耳与闸门的连接状况；

3）吊杆与吊耳的连接状况；

4）吊杆、吊耳的腐蚀状况。

（2）闸门埋件外观检测应包括下列内容：

1）主轨、侧轨、反轨、止水座板、闸槽护角的磨损、脱落、错位等；铰座的表面缺陷、损伤等；

2）底槛的变形、损伤、错位等；

3）门楣、钢胸墙的变形、磨损、错位等；

4）埋件的腐蚀状况。

（3）闸门平压设备（充水阀或旁通阀）外观检测应包括下列内容：

1）设备的完整性及操作方便性；

2）吊杆和阀体的变形、损伤及腐蚀状况等。

（4）闸门锁定装置外观检测应包括下列内容：

1）锁定装置的操作方便性和灵活性；

2）锁定装置的变形、损伤、缺件及腐蚀状况等。

8.启闭装置检查

闸门启闭装置的操作可能因腐蚀和升降杆或导轨损坏而受影响。

（1）腐蚀。连接轴的腐蚀损坏最终会破坏升降杆和闸门之间的连接。特别是在闸门长期不开或缺少按时的润滑保养情况下，升降杆和导轨常出现腐蚀破坏。检查启闭装置时，应观察连接轴、升降杆、导轨是否存在腐蚀现象，以及检查装置是否得到按时的润滑保养。

（2）弯曲的升降杆和导轨。碎片、冰或其他大型物体撞上启闭设备时易导致升降杆弯曲或断裂、变形或导轨错位，或导轨移动。当杂物被卡在闸门开口处或当闸门被"冻结"时，强行启门，对升降杆和导轨也会产生同样的破坏作用。检查启闭设备时，应找出升降杆变形和导轨错位、损坏或缺失丢失的情况。升降杆弯曲变形也可能是由于限位开关的操作或设置不当造成的。

（3）启闭机运行状况检测应在完成启闭机现状检测工作后进行。启闭机运行状况检测应包括下列内容：

1）启闭机的运行噪声；

2）制动器的制动性能；

3）滑轮组的转动灵活性；

4）双吊点启闭机的同步偏差；

5）移动式启闭机的行走状况；

6）荷载限制装置、行程控制装置、开度指示装置的精度及运行可靠性；

7）移动式启闭机缓冲器、风速仪、夹轨器、锚定装置的运行可靠性；

8）电动机的电流、电压、温升、转速；

9）现地控制设备或集中监控设备的运行可靠性。

9.通气孔检查

通气孔是用以确保通往闸门或阀门下游的区域有足够的空气，堵塞的通气孔或尺寸不合适的通气孔，都会导致进入的空气量不足，造成非常严重的危害。

如果通气孔与闸门一起工作，则必须检查其是否堵塞及尺寸是否合适。

（1）堵塞：被细碎杂物或腐蚀堵塞的通气孔不能发挥其设计功能。

（2）尺寸不足：如果通气孔太小，不能让足够的空气进入管道，它就不能正常工作。应在检查前查阅设计标准，并根据现场情况复核。通气孔尺寸的评判须由经验丰富、具有专业资质的工程师进行。

对于事故闸门和阀门，如果有没有足够的通气量，闸门（或阀门）突然关闭，将导致下游闸门（或阀）产生负压。此时，如果管道没有足够的加强支撑结构，这种负压可造成闸门（或阀）内部塌陷。

在操作或检修闸门时，需要通气，这样闸门运行时不会发生空蚀。

当管道充水时，通气孔可以实现排气。若管道中的空气无法排出，管道内就会产生负压并出现气泡，出现液柱分离现象。如果出现液柱分离，下次放水时，管道内可能会产生破坏性压力波。

10. 阀门检查

检查工作中遇到的阀门从设计和安装均各不相同，检查方法也无法涵盖阀门所有类型，常规阀门检查识别的缺陷问题介绍如下：

（1）表面损伤。由于阀门表面易受电化学腐蚀和空蚀损坏，通常使用油漆或其他保护涂层对阀门的外露表面进行涂装保护。这些涂层会被腐蚀和空蚀损坏，也可能因碎片撞击阀门表面而受到破坏。

（2）止水和支座破坏。阀门止水和支座会随着时间的推移而老化，并被外物损坏。止水或支座的损坏会导致阀门漏水、振动和空蚀损坏。

（3）构件受损。阀门运行时产生的振动常损坏阀门的结构部件。如果受损构件未能及时修复，此类损坏将继续恶化，最终导致阀门无法工作。

11. 违规或不当设置闸门和阀门的检查

为了增加库容以便充分利用水库高水头优势，闸门和阀门有时布设不合理。虽然此类水闸和阀门外观未出现异常，但此举会降低泄流能力，或使管道等受压超过规定范围。具体实例包括：

（1）溢洪道顶部设置挡水结构，以增加水库库容，这可能会影响到大坝在洪水情况下的正常运行。

（2）在无压管道（隧洞）的出口安装阀门，会引起管道（隧洞）内水压力升高，导致内水外渗，并渗透到坝体内部引起渗透破坏。

（3）超高设置弧形闸门。在检查前查阅相关文件，有助于发现现场违规或不当设置闸门和阀门的情况。应检查所有已建闸门或阀门的相关竣工图纸。

12. 备用供电系统电源检查

大坝的所有备用供电系统须进行现场检查，并定期进行检测，以确保在紧急情况下能正常运行。

13. 启闭机和操作人员检查

检查所有的启闭机和操作人员配置情况，检查操作控制设备。

14.复核计算

复核计算应包括检测工况、设计（校核）工况下闸门和启闭机结构强度、刚度、稳定性复核计算；必要时应进行设计工况下启闭机主要零部件复核计算。复核计算方法应符合SL 74和SL 41的要求。

复核计算的荷载应按原设计文件的规定和要求执行。如果闸门和启闭机的运行工况已经发生变化，则应结合工程实际重新确定计算荷载。重新确定的计算荷载应得到运行主管部门的书面确认。

主要受力构件的材料明确无误时，应按设计文件（图纸）标明的材料进行复核计算；与设计文件（图纸）不符的材料，应按检测确认后的材料型号进行复核计算。复核计算时，主要受力构件的厚度及断面尺寸应采用实测尺寸。

容许应力除执行SL 74和SL 41的规定外，还应考虑运行时间的影响。时间系数应按下列方法确定：

（1）运行时间不足10年的闸门和启闭机，时间系数应为1.00。

（2）中型工程的闸门和启闭机运行10~20年、大型工程的闸门和启闭机运行10~30年，时间系数应为1.00~0.95。

（3）中型工程的闸门和启闭机运行20年以上、大型工程的闸门和启闭机运行30年以上，时间系数应为0.95~0.90。

15.安全评价

大坝安全分析评价是一个复杂的过程。违规或私自操作大坝的泄流设施和机电设备将严重影响大坝的安全运行。某些大坝在安全管理中，只需确保在操作闸门和阀门时锁定装置；另外一些大坝，则需要一个复杂的安全操作管理制度，包括所有控制开关的锁定、报警装置、护栏和安全管理人员配置等措施。

检查大坝安全运行管理体系是否完善，需了解各种潜在的影响大坝安全的违规或私自操作行为的严重后果。例如，溢洪道闸门可能失效，造成大坝在强降雨及水位超限后漫顶，需要准备详细的大坝安全应急管理预案以应对这种情况。某些大坝为开敞式溢洪道，能够自由泄流，其闸门只用于控制输水建筑物，具有过流量较小且用于灌溉等特点，此类工程则无需过多冗繁的安全管理措施。对此类大坝泄流设施和机电设备的违规操作，将主要影响管理单位对水库的调度运行管理，对大坝安全产生的危害较小。

大多数需要复杂大坝安全运行管理体系的工程都有安全管理计划。对于这些大坝的检查应包括对此类计划的审查，对计划是否完善的评估，并检查计划是否得到充分执行。如此类大坝没有安全管理计划，则应制定并确保全面落实安全管理计划。

对于安全性要求不高的大坝，检查应该包括检查已执行的安全管理计划，并明确其计划是否满足要求。如果不满足，则提出升级大坝安全运行管理体系的建议。检查控制开关、控制室是否上锁，并检查重要控制区域是否有门禁。

16.应对问题

如在现场检查时发现有问题，应采取以下措施：

（1）建议维修和处理已发现的问题，并采取措施改善日常维修和养护工作。

（2）如果有必要，寻求专业且有资质的工程师的指导。

（3）如实记录并反映发现的任何问题。

5.2.4　检测操作

理想情况下，检测操作包括在最高水头下，闸门或阀门从全关到全开再回到到全关的一个完整"循环"的检测过程。主要检测相关闸门或阀门能否正常工作。

在某些情况下，完全打开或关闭闸门或阀门难以实现，甚至是不可实现。在这种情况下，必须相应地调整检测操作流程。此外，运行中可能会遇到无法观察到的设备，例如嵌入混凝土中的闸门或阀门或者深孔闸阀。可以查阅大坝的日志以了解更多关于此类设备的历史运行情况。这些日志包括金属结构和机电设备发现的历史问题和数据，以及最近的闸门和阀门的开启日期。主要检查关注点应是相关闸门和阀门是否正常工作。

闸门和阀门可能存在的操作问题包括：运行不稳定、平滑、渗漏、振动、异常的噪声和摩擦等。所有的主电源和备用电源需进行检查。使用主电源对设备进行一个周期的检测，然后使用备用电源运行一个周期。如果同类型的设备不止一台，则使用一次或多次主、备电源进行检测。

在检测运行过程中，观察加压设备和控制设备的压力仪表读数，识别在运行周期中是否遇到异常压力。这种异常是潜在设备故障的一个表现。正常工作压力应在操作说明书中有规定。潜在问题的识别可以通过对比历史检测操作压力记录数据来实现。检查限位开关的操作，可以让操作设备通过一个完整的周期，并解除限位开关以关闭电源。

1. 检查条件

在允许情况下，检测应在对应管道或闸室溢洪道的最高水头和最大流量下进行。特别是事故闸门必须能够在动水条件下运行（即必须能够在闸门遇到最大流量和压力差下关闭），否则若主闸门出现故障，将导致泄流过程失控。有些闸门应该在"静水条件"下进行检测，这种工况下闸门的上游和下游两侧的压力相平衡（两边的水压相等）。

在无法保证闸门和阀门正确排气的情况下，不应进行事故闸门检测操作。应急检测操作是在动水条件下打开和关闭。应由专业且有资质的工程师验证排气是否充足。

2. 应对问题

如果发现闸门或阀门不工作或运行不顺畅，应该：

（1）记录存在问题的闸门或阀门位置。

（2）注意固定螺栓是否松动。

（3）检查淤积物和细碎杂物。

（4）记录库水位和下游水位，以协助专业且有资质的工程师对异常情况进行分析评价。

（5）检查止水配件和支座是否有摩擦或损坏。

（6）检查定位零件的定位准确性。

（7）检查设备的润滑情况。

（8）完整地记录所有可能的问题。

如果在检查这些项目后没有发现引起异常问题的原因，应向专业维护负责人和专业且有资质的工程师寻求帮助。

5.2.5 文件

正确记录检查结果便于水库大坝管理单位和人员的后序工作。

编写后续跟踪报告，包括观察结果和对大坝的建议，可为下次检查人员提供宝贵的信息来源。

检查报告中应该避免存在疑义。在提交报告前，确保与水库大坝管理单位和人员充分交流意见，让水库大坝管理单位和人员了解检查的初步结论和建议。

5.3 金属结构和机电设备隐患检查

本节提供具体类型的金属结构和机电设备的详细说明以方便检查，在说明中将解析每一种结构和设备的功能与常见问题。具体的检查任务也在这些说明中。本节对可能遇到的每种类型的设备都有涉及，包括闸门、阀门、动力系统、应急动力系统、启闭机和操作部件，以及其他设备及相关问题。

5.3.1 闸门及启闭机安全隐患检查

1. 平板直升闸门

平板直升闸门（见图 5.3-1）是应用十分广泛的门型，因为它能满足各种类型泄水

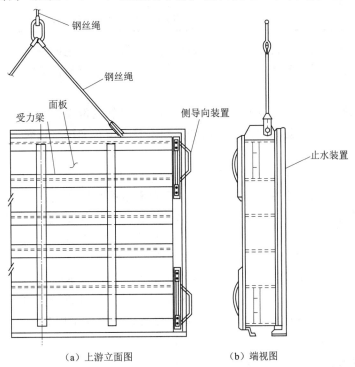

（a）上游立面图　　　　　（b）端视图

图 5.3-1 平板直升闸门示意图

孔道的需要。木制和铸铁、铸钢闸门仅适用于孔口尺寸较小的情况，钢筋混凝土闸门主要用于低水头中小型水利工程，钢质焊接闸门目前使用最为普遍。反钩闸门改善了平板直升闸门所特有的门槽水力学条件，可用于检修闸门的布置。

（1）优点。

1）可以封闭相当大面积的孔口。

2）所占顺水流方向的空间尺寸较小。

3）闸门结构比较简单，制造、安装和运输相对比较简单。

4）门叶可移出孔口，便于检修维护。

5）门叶可在孔口之间互换，故在孔数较多时，可兼做其他孔的事故闸门或检修闸门。

6）门叶可沿高度分成数段，便于在工地组装。叠梁闸门即为独立的各段叠合而成的平面挡水结构，启门力小。

（2）缺陷部位。隔板常见的缺陷有：平板被导轨卡住，平板槽中堆积垃圾和泥沙，注水阀故障。

（3）现场检查。平板直升闸门现场检查主要内容见表 5.3-1。

表 5.3-1　　　　　　　　　　平板直升闸门现场检查主要内容表

项目	检 查 内 容
平板闸门存放	确保平板闸门的储存方式：不会使它弯曲，不会使密封损坏，在任何气候条件下用起重机或其他起重设备都可以到达（注意：平板闸门不能存放在洪泛平原）
吊梁	如果使用吊梁来安装平板闸门，请检查其是否存放在可接近的地方并处于工作状态
注水阀	如果平板闸门上有一个平压阀，使用其操作机构打开阀门，检查其功能是否正常

（4）检测操作。通常情况下，检查平板闸门的安装并观察它的密封性是不现实的，因为在平衡压力条件下设置平板闸门，并检查平板闸门的下游侧所需的时间长且成本高。

2. 滑动闸门

典型的滑动闸门由门叶或支承滑块组成，通过在导轨内滑动实现开启或关闭操作，通常各部位金属结构之间通过密封连接。滑动闸门安装在流道和尾水口靠上游位置，可垂直安装或倾斜安装（见图 5.3-2）。

滑动闸门一般需要一定水压才能使闸门关闭和密封，可采用楔形止水确保闸门的密封。门板在闸门两侧的支座导轨中移动，通过升降杆和操作装置进行升降。升降杆由支座每隔一定距离进行支撑，以防止弯曲。对于较小的闸门，操作装置通常是转轮。较大的闸门需要电力驱动操作装置。滑动闸门可用于以下情况：①作为工作闸门调节下泄流量。②作为检修/事故闸门，对下游工作闸门进行维修和检查。

（1）存在的问题。在安装和检查滑动闸门时，必须考虑以下问题：

1）如果用于调节流量，流道必须在闸板的下游进行排空，并允许下游流道注水。

2）可调导轨、楔块和锁止装置需要精确的设置，以确保牢固和防渗。这些装置部件会随着闸门的使用变得松动，导致过多的渗漏。

（2）缺陷区域。气蚀破坏通常在下游流道的转弯处发生，且通常发生在较低角落处。

（3）现场检查。当闸门在水面以下时，应该检查下游的渗漏情况。

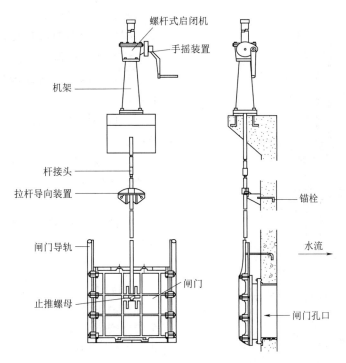

图 5.3-2 滑动闸门及螺杆式启闭机示意图

当闸门提到水面上，或潜水员正在检查时，应该确保门架牢固固定在进水流道侧壁，并且将所有的螺母紧固到位。

（4）检测操作。要检测闸门，需在平衡、无水流的条件下操作，并确保门叶平稳启闭，不受束缚。

在确保门叶下游有足够的通气后，尽可能在设计最高水头下，全程操作闸门，并且确保门叶启闭平稳。

3. 深孔闸门

深孔闸门本质上是一个滑动闸门，门叶为矩形或正方形的闸门或焊接钢闸门。闸体的顶部连接到胸墙上，上面安装了操作装置。图 5.3-3 为深孔闸门及液压式启闭机示意图。

深孔闸门用于土石坝中心附近的隧道、输水洞或输水管，或在输水洞或输水管的下游端。

平板深孔闸门的经济跨度约为高度的一半，其构造和表孔闸门相同，因承受的水压力较大，故闸门常做成多主梁结构（实腹式），以承受较大的剪力，并减小闸门的厚度。开启时流速很高，容易引起闸门振动和空蚀，减少空蚀和振动的措施有：选择适当的门槽形式、设计适当的闸门底缘，向门后充分通气以及避免在高水头时局部开启运用。

门叶在位于其两侧的支座导轨中移动。升降杆穿过闸门井连接到门叶顶部，上端连接液压启闭设备。

深孔闸门被用于：①作为隧道、输水洞或输水管的检修/事故闸门。②作为输水洞或输水管的调节门。③上游闸门作为事故闸门，下游闸门作为工作闸门。

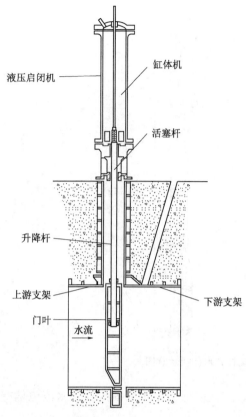

液压启闭机

缸体机

活塞杆

升降杆

上游支架

下游支架

门叶

水流

图 5.3 - 3　深孔闸门及液压式启闭机示意图

（1）设计局限性。如果闸门是用来调节流量，闸门下游的输水洞或输水管必须放空，并且允许对下游的流道进行注水。

（2）缺陷部位。气蚀破坏通常在下游流道的转弯处发生，且发生在较低部位。

（3）现场检查。深孔闸门现场检查主要内容见表 5.3 - 2。

（4）检测操作。要检测闸门，需在平衡、无流动的条件下操作，并确保门叶平稳启闭，不受束缚。

在确保束缚的下游一侧有足够的通气后，尽可能在设计最高水头下，全程操作闸门，并确保闸门启闭平衡。

4. 定轮闸门

带有钢轮的扁平结构钢门叶。定轮闸门用在压力管道、输水隧道和溢洪道结构的入口处。水压作用闸门的门叶表面，并通过滚轮传递到嵌入在闸门槽的钢轨上。这种闸门通常设计成靠自重下降，但在一些工程中，也可以通过加压闭门。在一些装置中，闸门止水是通过闸门关闭后由水压密封防水的。定轮闸门可用作事故闸门，或用于低水头下的溢洪道的工作闸门。图 5.3 - 4 为定轮闸门的示意图。

表 5.3 - 2　　　　　　　　　深孔闸门现场检查主要内容表

项目	检 查 内 容
闸门和闸门井	检查严重腐蚀的区域或被气蚀破坏的区域，特别是门槽下游侧壁，以及门框下游的底板。此外，确保没有损坏的支座、松动或丢失的支座螺栓或堵塞的通气孔
盖板	寻找盖板上的裂缝或法兰盘和闸门井交界处渗漏。检查活塞管套渗漏（即管套上层渗油和下层管套漏水）
门叶	检查严重腐蚀区域，门叶底部空化气蚀的区域，裂缝或断裂的支架，松脱的升降杆连接处，以及损坏或表面严重磨损的支座

（1）缺陷部位。定轮闸门最常见的缺陷是：

1）滚轮和轨道错位。

2）滚轮被腐蚀和细碎杂物卡阻。

3）密封止水部位水路堵塞。

4）门槽下游侧空蚀损坏。

（2）现场检查。定轮闸门现场检查主要内容见表 5.3 - 3。

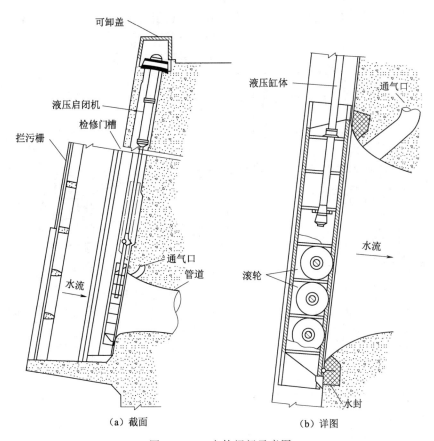

（a）截面 （b）详图

图 5.3-4 定轮闸门示意图

表 5.3-3 定轮闸门现场检查主要内容表

项目	检 查 内 容
密封条	确保密封条没有松动或丢失，并且没有被腐蚀的硬件
滚轮	检查滚轮是否润滑良好，能否自由转动。扁平的滚轮表明滚轮一直在滑动而不是滚动
止水	检查止水功能是否正常
轨道	检查变形、腐蚀、缺失或损坏的螺栓或夹件

（3）检测操作。要检测进水口闸门，请在平衡、无过流的条件下升降闸门，同时确保闸门平稳移动不受束缚。

事故闸门检测宜在设计最高水头动水工况下，检测其能否关闭。当闸门在槽中移动时，检查滚轮是否自由转动。

5. 链轮闸门

链轮闸门是几种闸门的统称，所有这些闸门由门板、横梁、纵梁组成的扁平结构钢门和滚动传动系统组成。这个系统支撑门叶上受到的水压力，并将力传到流道任何一侧嵌入混凝土的轨道。以下分别说明每种闸门的特点。

链轮闸门以前也被称为"过山车"门，它有一组或多组滚轮，这些滚轮由多组链条连接，并被固定在门叶两侧。闸门升高则水闸打开，降低则可以关闭水闸。闸门可以垂直安

133

装，也可以安装在斜坡上。图 5.3 - 5 为链轮闸门示意图。

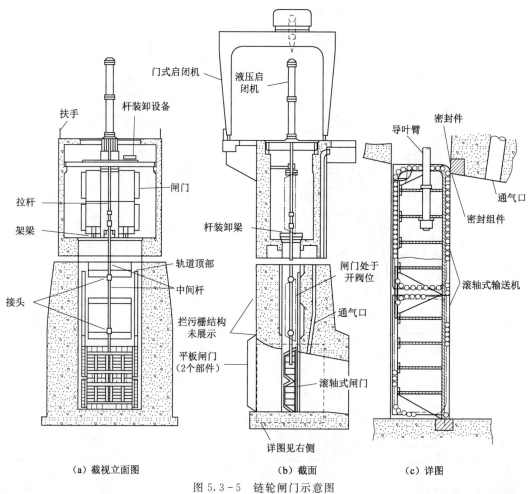

（a）截视立面图　　　　　（b）截面　　　　　（c）详图

图 5.3 - 5　链轮闸门示意图

提升式平板闸门类似链轮闸门，只是其传动部件不是连续链条。相反，其安装在闸门两侧的刚性竖杆之间，既不在闸门上，也不在支撑结构上。链轮将闸门受到的水荷载从门叶传递到轨道上，当闸门移动时，在两者之间垂直移动，链轮只承担闸门运动的一半距离。更大型的在溢洪道中安装的类似闸门，采用加强钢丝绳或链条式启闭机移动。

履带式闸门与安装在斜面上的链轮闸门或提升式平板闸门类似，只不过它是向下运动开启闸门，向上则闸门关闭。启闭机升降杆通过过流通道。

拖拉式闸门也类似链轮闸门，但它有更复杂的结构。当滚轮从闸门上移开时，水压直接通过门叶作用到支座上。

链轮闸门的两个主要应用是：①作为低水头下的溢洪闸门以进行水库调度。②布置在大坝上游面，在高水位下作为事故闸门。

（1）设计局限性。近年来较少设计和使用链轮闸门，因为其他类型闸门（径向或轮式闸门）更为实用。目前，链轮闸门的使用仅限于高水头下的事故闸门。

（2）缺陷部位。大部分链轮闸门都包含了复杂的小型移动部件，这些部件在腐蚀和细碎杂物造成的冲击下容易受到损坏，一旦滚轮被卡住，滚动摩擦变成滑动摩擦，摩擦增大数倍。如果一定数量的滚轮被卡住，启闭机将无法提升闸门，闸门自重也不足以使闸门落下。

近年设计的链轮闸门采用双层密封，压力来自上游水压。这些密封止水和过流通道需避免磨损和细碎杂物阻塞，从而当闸门关闭时，止水可以挤压和伸展完全密封。

安装在溢洪道中的履带式闸门的连接杆容易受到漂浮物和冰的破坏。

（3）现场检查。链轮闸门现场检查主要内容见表5.3-4。

表 5.3-4   链轮闸门现场检查主要内容表

项　目	检查内容
门叶、横梁和纵梁	检查腐蚀或气蚀区域，检查焊缝缺陷，检查构件变形、损坏，以及螺栓、铆钉等的缺失、损坏等
滚轮组件和支撑结构	检查滚筒、卡扣或链子的损坏、变形、缺失情况
轨道	检查轨道表面的变形、腐蚀、损坏情况，紧固件的缺失情况
门槽	寻找严重腐蚀的部件、损坏或丢失的螺栓和气蚀损坏，特别是在槽和地板的下游
止水槽	如果可能的话，检查严重腐蚀或凹陷的止水槽
止水	检查止水功能是否正常

（4）检测操作。要检测闸门，需在平衡、无过流的条件下（如果可能的话），并确保门叶移动平稳且不受阻塞。

在确保门叶的下游有效通气后，尽可能在设计最高水头下，全程操作闸门，并确保闸门启闭平衡。

6. 舌瓣闸门

舌瓣闸门是位于溢洪道顶部且底部铰接的闸门。舌瓣闸门采用液压操作，操作装置位于闸门末端闸墩内或位于坝顶下游侧。闸门处在较低的位置时，门与溢洪道顶面流线贴合。图5.3-6是舌瓣闸门示意图。舌瓣闸门被用于：①蓄水和泄洪。②调节下游水流。③增加水库库容。

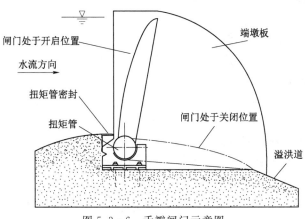

图 5.3-6　舌瓣闸门示意图

（1）设计局限性。舌瓣闸门的运行有时受到以下设计因素的限制：

1）当在闸板的末端有操作装置时，所需的扭矩较大，使得制造闸门成本较高。

2）位于溢洪道下游闸门两侧操作设备需要额外空间，并使坝顶施工复杂化。

（2）缺陷部位。舌瓣闸门常见的缺陷有：接水面腐蚀，闸门下游侧排气不充分，渗漏，操作时闸门振动，结冰阻塞移动等。

（3）现场检查。舌瓣闸门现场检查主要内容见表5.3-5。

表 5.3-5　　　　　　　　　　舌瓣闸门现场检查主要内容表

项　目	检　查　内　容
外板、横梁和纵梁	寻找严重腐蚀的区域、具有裂缝的焊缝、损坏的结构构件以及缺失或损坏的铆钉或螺栓
密封件	检查密封件、夹杆和螺栓是否损坏或丢失
挡墙和边墙	寻找止水摩擦处的破损表面，以及挡墙和边墙混凝土的缺失

（4）检测操作。闸门的检测操作程序取决于检查时的库水位。

如果可能，在有载及无载工况下，通过完整开合循环过程操作闸门，检查闸门的移动是否平稳，有无干扰或阻塞。

7. 翻板闸门

翻板闸门型式多种多样，由于它可以适应河水暴涨暴落的运行特点，特别适合用在洪水暴涨的山区河道。近年来，翻板闸门得到了很大发展，不仅在城市生态工程、市政工程上大量使用，而且在一些中、大型工程上也有应用。水力自动操作翻板闸门不宜用于重要的防洪排涝工程。

目前，翻板闸门的跨度从数十米到百米以上，启闭的动力也有水力驱动、气压驱动、液压及机械驱动等多种型式。

（1）优点。

1）可以利用水力自动操作，在山区小河上应用，比较经济，管理简便。

2）便于泄洪排沙。

3）跨度可以很大，可用于城市景观工程等。这种翻板闸门，一般采用液压及机械驱动方式，可以任意调节水位，对下游的冲刷也比较小，得到了广泛的应用。

（2）缺点。

1）采用水力自动操作，只能在一两种水位组合下动作，不能任意调节水位或流量。

2）采用水力自动操作，刚开门时，下游流量骤增，对河床有较严重的冲刷作用，特别是孔数较多时，容易在各孔开启不一的情况下形成集中泄流而加重冲刷。

3）泄水时门叶处于流水之中，容易发生磨损撞击和振动等不良现象。

4）运用水头较小，一般不超过10m。

翻板闸门的作用与常规闸门相同，但它们不能像常规闸门那样调节水流。翻板闸门若设计出现重大缺陷，维护更换的工程量较大，根据闸板的设计，闸门可能被冲到下游，则需要更换所有缺失的部分。由于重置和更换的困难和成本高，大坝操作人员要有意识地维护支撑装置，如此在紧急情况下闸板才不会出现故障。闸板故障可能导致水库水位高于设计要求水位，导致大坝漫顶或附属结构的破坏。

（3）设计局限性。翻板闸门的使用有时受到以下设计因素的限制：

1）在出现高水位工况时，由于人员无法靠近，其很难手动移闸。

2) 故障后，重新安装到位异常困难且耗时。

3) 在正常情况下，会出现大量渗漏。

4) 溢洪道闸墩间距离较短，导致浮物垃圾聚积，降低了溢洪道泄洪能力。

（4）缺陷部位。翻板闸门常见的缺陷有：木板和面板的腐蚀，金属板腐蚀，板面被阻挡。

（5）现场检查。翻板闸门现场检查主要内容见表 5.3-6。

表 5.3-6　　　　　　　　　　　　翻板闸门现场检查主要内容表

项目	检查内容
定位器	检查可能违规安装的过大或额外增加的支柱、柱子或剪切销，以防止在小洪水期间可能出现的闸板故障。根据已批准的竣工图样检查现有设备，以确认没有添加额外的支撑装置
	寻找腐蚀或其他材料缺陷，这些缺陷可能会导致水位低于或高于预期水库水位而发生故障

（6）检测操作。在洪水期间，通常不可能通过对闸门检测试验来评估可能的故障。一般在设计过程中对失效部位进行分析计算，并在试验模拟工况下对其进行验证。在检查期间，应检查闸门的最近一次泄洪工作情况，检查闸门是否在不同设计水位下可能发生故障。

如果没有翻板闸门故障记录，则说明闸板和支撑装置在历次泄洪工作条件下发生故障可能性较小，则可在下次泄洪期间进行可控的特别检测。如果确认翻板闸门存在故障，但无任何历史记录，则应在下次泄洪期间记录数据，以验证故障发生时的水位高程；故障所处工作环境，所记录的数据应包含水位高度和每个闸板失效的时间信息。

8. 盖板闸门

盖板闸门是沿着一个边缘（通常是顶部边缘）铰接固定的闸门，用来控制水流单向流动。图 5.3-7 为盖板闸门示意图。在堤防等输泄水管道末端，集水泵管末端和廊道排水管末端的部位，采用盖板闸门作为防护闸门。

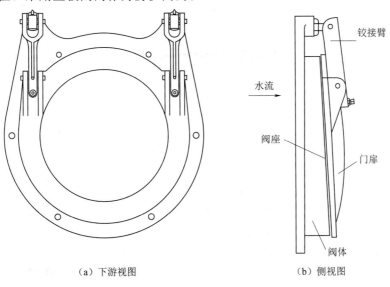

（a）下游视图　　　　　　　　　（b）侧视图

图 5.3-7　盖板闸门示意图

盖板闸门的工作原理很简单，由于门页的上游或下游没有水，门页将处于关闭状态。当上游侧的水压足以克服闸门的反作用力时，闸门就会打开而放水。门架结构使得下游水压无法打开闸门。

（1）缺陷部位。盖板闸门常见的缺陷有：

1）链条锁死，使闸门无法操作。

2）泥沙淤积。

3）铰链接合处的腐蚀和磨损。

（2）现场检查。盖板闸门现场检查主要内容见表5.3-7。

表5.3-7 盖板闸门现场检查主要内容表

项目	检查内容
门框	检查流道内壁和寻找严重腐蚀区或被气蚀破坏的区域。检查流道内在淤泥堆积
门叶	寻找支座裂纹
连接装置	严重腐蚀的区域或受到气蚀破坏的区域，以及铰销的破裂或损坏

（3）检测操作。为了检测闸门，在平衡、无过流条件下进行检测（如果可能的话采取手动）。

9. 浮箱闸门

浮箱闸门是一种可以放置在工作闸门上游的箱体（见图5.3-8），为工作闸门提供一种排水维护检查的方法。箱壁横跨闸门开口，与闸墩连接，并沿闸门下方与工作桥连接。

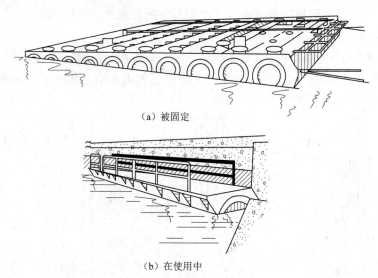

（a）被固定

（b）在使用中

图5.3-8 浮箱闸门及使用

浮箱闸门通常放置在大坝上游水域附近，并由船运至闸门开口处。需由专业的操作人员操作使用。当浮箱闸门竖直放置时，箱体和下游工作闸门间的水被排出。当箱体和下游工作闸门间的水排出后，水荷载作用在浮箱闸门的上游侧。

（1）设计局限性。浮动舱速度慢，结构复杂，安装困难，停靠和维护也很困难。

（2）检测操作。检查人员通常不参与舱的设置。如果注意到已安装的舱壁密封件周围有漏水，需要潜水员检查支撑基座是否有垃圾浮物或其他障碍物。

10. 叠梁闸门

叠梁闸门由大型格挡、木材、钢梁或焊接结构组成，它们彼此水平放置，用以在闸门上游的进水口挡水。叠梁闸门末端滑入位于进水口两侧闸墩上的导轨中，并被放置到所需高度（使用吊索或提升梁），形成一个挡水屏障（见图5.3-9）。钢梁通常采用氯丁橡胶密封，以减少渗漏。叠梁闸门用作临时关闭，以便其他闸门进行维修和检查。

（1）设计局限性。叠梁闸门的一个设计局限性是其只能在无过流条件下插入叠梁闸门槽。另一个局限性是，除非密封部位（对于钢或铝叠梁闸门）精心设计且准确制造，否则可能存在大量渗漏。

（2）缺陷部位。叠梁闸门常见的缺陷有：①叠梁闸门卡在导轨中。②叠梁闸门门槽中堆积的垃圾和污泥。

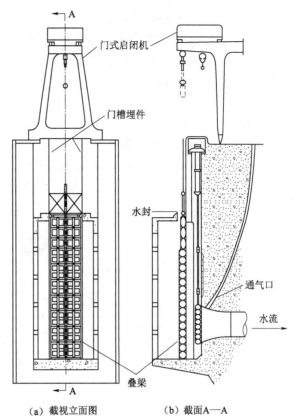

（a）截视立面图　　（b）截面A—A

图5.3-9　叠梁闸门示意图

（3）现场检查。叠梁闸门现场检查主要内容见表5.3-8。

表5.3-8　　　　　　　　　　叠梁闸门现场检查主要内容表

项目	检查内容
叠梁的数量	检查是否有足够的叠梁节数以满足最大的水位情况
叠梁的存放方式	确保叠梁的存放：确保不会弯曲变形，不会使密封材料损坏，在任何气候条件下用启闭机或其他起重设备都可以到达（注意：叠梁不能储放在洪泛平原）
吊梁	使用吊梁，检查其状态是否良好，运动部件是否良好润滑

（4）检测操作。通常情况下，由于放置叠梁闸门所需的时间，将叠梁闸门放置到位进行常规检查是不可行的。但是，应该确保工程管理人员知道放置设备的耗时，并确保设备处于良好的运行状态。此外，应确保工程管理人员知道安装叠梁闸门所需时间。

11. 弧形闸门

弧形闸门是应用十分广泛的门型，和平面闸门同是方案选择中优先考虑的门型，特别在高水头情况下，其优点更为显著。图5.3-10中，闸门以铰座为圆心旋转，通过闸门弧形面板挡水，并从闸门下释放水流。

（1）优点。

1）可以封闭相当大面积的孔口。

2）所需机架桥的高度和闸墩的厚度均相对较小。

3）一般不设置影响水流流态的门槽。

4）所需启闭力较小。

（2）限制因素。

1）需要较长的闸墩。

2）门叶所占据的空间位置（闸室）较大。

3）不能提出孔口以外进行检修维护，不能在孔口之间互换。

4）门叶承受的总水压力集中于支铰处，传递给土建闸墩结构时需作特殊处理。

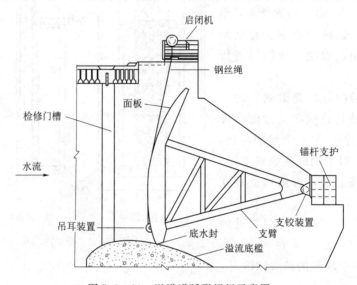

图 5.3 - 10　溢洪道弧形闸门示意图

（3）缺陷部位。溢洪道弧形闸门常见的缺陷有：

1）吊耳（连接闸门与启闭机钢丝绳的连接件）的腐蚀和磨损。

2）水位变动区域附近的腐蚀。

3）因吊装钢丝绳在闸门上摩擦而引起的腐蚀和磨损。

4）轴和轴承润滑不足。

5）闸门运行时的振动。

6）闸门边墙闸墩变形。

（4）现场检查。溢洪道弧形闸门现场检查主要内容见表 5.3 - 9。

表 5.3 - 9　　　　　　　　　溢洪道弧形闸门现场检查主要内容表

项　目	检 查 内 容
密封条	确保它们没有腐蚀的连接件，并且它们的紧固件没有松动或丢失
锁定装置	检查是否有证据表明已被使用，如果有，可能会对结构造成一定的损坏。锁定装置的使用可能意味着闸门控制器无法正常工作（注意：不是所有的闸门都有止锁）
吊耳	确保吊耳连接牢固

项 目	检 查 内 容
接缝	检查门板边缘与侧密封板和滚筒（如有）之间是否有最小间隙
启闭机连接结构	检查每个连接（如销钉或U形夹）结构是否完好，是否磨损
启闭机钢丝绳	检查钢丝绳断丝、磨损和接头，并确保钢丝绳润滑良好
启闭机链条	检查破裂、变形和严重腐蚀的链接。检查链条是否良好润滑
外板、横梁和纵梁	检查腐蚀或空化侵蚀的区域，有裂缝的管道，断裂的结构构件以及丢失或断裂的铆钉或螺栓。特别注意门叶的底部
挡墙和边墙	检查腐蚀情况

（5）检测操作。参见5.2.4节。

12. 鼓形闸门

鼓形闸门由浮力的鼓形容器及连接在内部支座上的面板构成。闸门在溢洪道结构顶部内凹的闸室内，通过上游支座铰接连接。门的横截面为三角形，外露侧面为曲面。

当闸室充满水时，闸门上升；当水从闸室排出时，闸门下降（见图5.3-11）。进出闸室的流量由阀门控制，可以手动设置，也可以根据预先设定的闸门位置自动控制。鼓形闸门的作用是：①水库挡水。②泄洪。③调节下游水流。

应注意的是，不应在鼓形闸门上使用插销来提高库水位或控制泄流能力，除非方案经过审查讨论并获得批准。

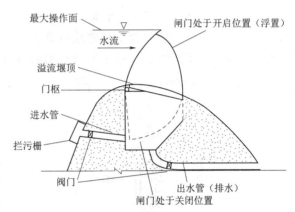

图5.3-11 鼓形闸门示意图

（1）缺陷部位。鼓形闸门常见的缺陷有：

1）破损的铰链。

2）接水面腐蚀。

3）闸门与结合部位挤压。

4）工作时闸门振动（可能需要后挡板）。

闸门为具有浮力的容器。闸门和排水管道的内部接缝已通过柔性密封条止水封闭。闸门外壳破损漏洞可造成闸门内充水并使闸门下沉到全开状态。如果出现内部密封接缝破裂，外水吸入闸门鼓筒内，也会导致闸门下沉，使闸门打开。

（2）现场检查。鼓形闸门现场检查主要内容见表5.3-10。

表5.3-10 鼓形闸门现场检查主要内容表

项 目	检 查 内 容
面板、横梁和纵梁	检查腐蚀或空化侵蚀的区域、有裂缝的焊缝、断裂的结构构件以及丢失或断裂的铆钉或螺栓。特别注意闸门的底部
密封条和密封件	确保密封条和密封件没有松动或丢失，并且没有被腐蚀的硬件

续表

项 目	检 查 内 容
铰链及铰链锚固	寻找损坏的部件或衬套。在早期的模型中，含有石墨的自润滑铰链衬套可能会在多年后失灵这将导致轴套断裂、铰链处的载荷分布不均匀。内部闸门结构将超载，导致闸门结构失效。寻找碎裂或碎裂的混凝土，它们意味着锚有移动。这可能需要在铰链的位置检查闸门外部以及闸室内部
排水软管和转动铰座	从闸室内部检查：检查排水软管是否堵塞、破裂、损坏或丢失。检查铰座是否"冻结"
进水管	如果可以，检查进水管的拦污栅是否有杂物
控制阀	检查操作是否正确
闸室内部	检查内部排水管周围是否淤积泥沙

（3）检测操作。如果闸门可以设置在中间位置，则检查闸门是否保持在这个位置。如果它"前后摆动"（在设定的位置上移动），应该检查控制装置。

13. 圆筒闸门

圆筒闸门活动部件类似于一个大的桶状圆柱体，没有顶部或底部，整体被加固以抵御外部水压力。圆筒闸门常布置于流道或具有端口的进水塔内。圆筒闸门既可用作事故闸门，也可用于调节下游流量。图 5.3-12 为圆筒闸门示意图。

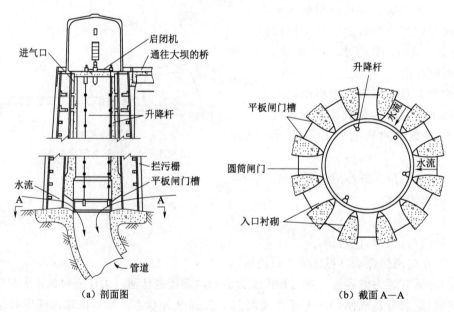

（a）剖面图 　　　　　　　　　　　（b）截面 A—A

图 5.3-12　圆筒闸门示意图

闸门由升降杆升降，升降杆与进水塔顶部的启闭机连接。当圆筒闸门抬升时，允许水通过进水塔入口进入。当闸门处于关闭位置时，在闸门的顶部和底部共有两个圆边以实现防水密封。

（1）设计局限性。闸门竖长升降杆需与闸门圆柱协调工作，整体有一定弹性，以适应闸门底部的剧烈水流作用力。

（2）缺陷部位。圆筒闸门常见的缺陷包括：

1）门边偏移。闸门底部的轮廓决定了向下作用力的大小。如果该部位与初始设计（例如，由于磨损对初始设计进行了变更）有偏差，闸门可能受到比设计更大的荷载。

2）闸门内部腐蚀。

3）上部和下部管壁和基座空蚀损伤。

4）无法避免上、下两个面与管壁的止水密封失效。

5）由于振动使升降杆连接器损坏。

6）除非所有的升降杆均同步同速运动，否则闸门会"翘起"，堵塞塔身的开口。

（3）现场检查。圆筒闸门现场检查主要内容见表 5.3-11。

表 5.3-11　　　　　　　　　　圆筒闸门现场检查主要内容表

项　　目	检　查　内　容
矩形管道衬里、喉管衬套和进水塔导向器	寻找损坏、严重磨损或丢失的部件。检查气蚀对喉管、基座（包括上部和下部）的破坏
升降杆和导轨	检查升降杆和导轨上的损坏、腐蚀或连接器松动

（4）检测操作。检测闸门时，应在平衡、无过流的条件下（如果可能的话）进行全行程操作。

从完全关闭，到完全打开，再回到完全关闭。

5.3.2　阀门隐患检查

1. 针形阀

针形阀是一个通用术语，指大坝中用于控制泄流建筑物泄流的一大类阀门。常见针形阀主体结构具有卵型断面。上游端主体结构支撑并包围在尖形状的固定圆筒上，并与下游端的可移动针形结构相配合。图 5.3-13 是针形阀示意图。

针形阀通过移动来调节流经阀门水流量，并实现阀门的关闭。通过改变气缸和阀内压力室中的水压来实现阀门的

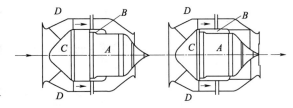

图 5.3-13　针形阀示意图

移动，或由电力带动控制装置驱动。针尖安装在固定支撑环的座环上，固定支撑环固定在混凝土上。大多数针形阀用于泄流管道下游端，在自由泄流条件下，以调节高速水流流量。

（1）设计局限性。与其他类型的阀门相比，针形阀的液压传动效率较低，有时限制了针形阀的移动。

（2）缺陷部位。针形阀常见的缺陷有：

1）附环控制装置的空蚀损坏，以及针尖和底座的气蚀损坏。

2）在阀体和控制阀中矿物钙化、淤泥和其他细碎杂物。

3）除非通气系统得到定期和适当的维护，否则阀门可能发生故障。故障可能导致阀门迅速关闭，从而产生动压，可能损坏阀门本身或导致上游管涌。

4）零件的装配误差，可能导致阀体内部渗漏，导致操作失误。

（3）现场检查。针形阀现场检查主要内容见表 5.3-12。

表 5.3-12 针形阀现场检查主要内容表

项目	检 查 内 容
阀门操作设备	检查是否有水从损坏或堵塞的供水管道和阀门渗漏。也要注意手轮、控制架和控制杆是否损坏
阀体和针尖外部	寻找裂纹、断裂或丢失的螺栓、附环操作设备、管道阀门、支架损坏或任何未经授权的修改
阀体和针尖内部	寻找气蚀损坏、振动、腐蚀、细碎杂物或任何其他缺陷造成的损坏，尤其是在喷嘴座和分隔支架
针	检查气蚀损坏，特别是在针尖，或其他损坏
通气孔	检查通气孔是否堵塞

（4）检测操作。参见 5.2.4 节。

2. 管形阀

管形阀是针形阀的改良版，旨在消除空蚀的损伤。流道与针形阀的本质是一样的，指针的下游端被略去，只留下指针的管道部分来调节或阻塞水流（见图 5.3-14）。阀门的管道部分由一个机械螺杆驱动，它由手动转轮或电动齿轮而不是液压驱动。

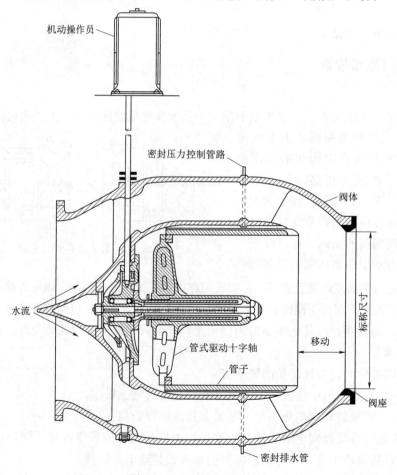

图 5.3-14 管形阀示意图

管形阀在泄流管道的下游使用，以调节高速水流。

（1）设计局限性。从一个管形阀中排出的自由射流在小于35％的开口中有相当大的不稳定性，这造成了喷射问题。此外，一些阀门在接近全开或接近关闭的位置有振动趋势。

（2）现场检查。管形阀的现场检查主要内容见表5.3-13。

表 5.3 - 13   管形阀现场检查主要内容表

项　目	检　查　内　容
阀门操作设备	检查手动和机动操作设备上的损坏或故障部件
阀体和管外部	检查破裂、破损、丢失或严重腐蚀的部件、漏水的垫圈或填料，以及齿轮油箱油中是否有水
阀体和管内部	检查流道表面和管座的气蚀损坏
管	检查支座和其他部件表面是否损坏

（3）检测操作。参见5.2.4节。如果阀门在喷射中放电，检查是否有排气口，排气口是否正常运行。

3. 锥形阀

锥形阀由圆筒形的固定阀体及活动的钢阀套筒、止水环和操作机械等组成（见图5.3-15），直接装于管道出口处，适用于泄水道尾部，以便控制水流。阀体内一般用4～6个肋片将一个90°的角锥体固定在前端，用螺杆机构操纵阀外套筒沿阀体移动，即可启闭环形孔口。锥形阀的优点是在各级开度下，水力条件较好，构造简单，启闭力小，操作方便，水流条件好；缺点是：①阀体呈悬臂状伸出，全阀重量及荷载均由根部法兰盘上锚定螺栓承担，对结构不利。②泄流时水流环形扩散射出，雾化严重。③适用的孔口尺寸较小。

锥形阀可以安装在泄流管道的下游或消能结构中。一个可移动的圆柱形套筒安装在阀体上，并沿轴向移动，使其与固定的锥体相对。套筒的长度足以完全堵塞锥体与圆柱形部分的端部之间的开口。套筒轴向移动，由安装在闸阀外部的操作设备调节流量。锥形阀的操作设备主要有三种：①螺旋式装置，通过轴系和齿轮从顶置电动马达驱动装置或液压驱动马达驱动双螺杆。②一种连接式装置，位于阀体的两侧，从位于阀顶的手动操作控制台中驱动。③一种装置，在机体两侧各有两个液压缸，由电动动力装置驱动。

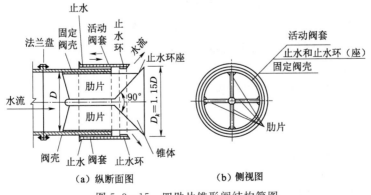

图 5.3 - 15　四肋片锥形阀结构简图

从阀门排出的水有趋于锥形膨胀的趋势，导致大量的喷雾。当喷雾过多影响使用时，在阀上安装罩壳或排放导流器，以限制排放并将其重新定向为可接受的射流。

锥形阀是优良的调节阀、曝气装置和消能设备。它们的作用是调节从管道出口自由排放到空气中的水流流量。然而，锥形阀也在较小程度上用于潜水排水操作。

（1）设计局限性。锥形阀的运行有时受到以下设计因素的限制：

1）在没有罩壳的情况下，阀门被限制在能够承受来自喷射射流产生大量水雾的应用场合。

2）当自由排放时，阀门需要大量的空气供应，在防护罩限制喷射时由管道提供。

3）该阀的主要设计缺陷是需要控制从喷嘴喷出的射流。使用防护罩或排气导管可将问题降低到可接受的水平，但会增加安装成本。

4）控制射流的装置，无论是防护罩还是导向装置，都容易因振动和气蚀而损坏。为了控制振动，在导轨周围浇注混凝土套筒，往往会增加导轨的质量，从而提高成本。

5）由于流经阀门的振动引起的疲劳，较大阀体内的内肋（有时称为分流器）会开裂。这个问题后来已通过加厚内肋得到解决。

（2）现场检查。锥形阀现场检查主要内容见表 5.3-14。

表 5.3-14　　　　　　　　　　锥形阀现场检查主要内容表

项　目	检　查　内　容
阀门操作设备	在手动和电动操作设备上寻找损坏或破损的部件。在油压系统上，寻找密封件、管道、泵、阀门和仪表是否漏油
阀体和套管外部	当阀门关闭并处于全压状态时，检查有无裂纹、断裂、严重腐蚀或缺失的部件以及渗漏
阀体和套管内部	检查由于腐蚀或气蚀对流道表面造成的损坏。此外，检查内肋是否存在振动造成的疲劳
套管	检查支座表面和填料所承受的成品表面是否有损坏

（3）检测操作。参见 5.2.4 节。

4. 闸阀

闸阀是安装在管道上，并且具有横向移动、控制或停止流量的关闭部件。闸阀既可用作调节阀，也可用作检修或事故阀。图 5.3-16 为闸阀示意图。

用于调节流量的闸阀位于管道的下游端；用作检修或事故阀的闸阀位于流量调节阀的上游。封闭件为楔形，并在关闭时密封在锥形座中。当阀门打开时，封闭件在轨道的引导下横向移动，进入闸门井中。连接到控制设备上的门杆是用于打开和关闭阀门的装置。在不同类型的闸阀中，一部分适用于单向的流动，另一部分适用于多向的流动。

（1）设计局限性。阀门用于控制流量，需安装在下游侧。

（2）缺陷部位。闸阀常见的缺陷有：

1）难以实现升降杆填料的适当绝热。

2）支座和轨道磨损或损坏。

3）空化腐蚀。

4）阀门运行过程中的振动。

5）开关阀门存在困难。

（3）现场检查。闸阀现场检查主要内容见表 5.3-15。

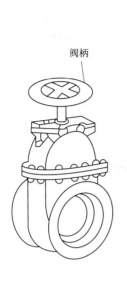

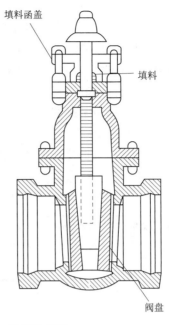

图 5.3－16　闸阀示意图

表 5.3－15　　　　　　　　　　　　**闸阀现场检查主要内容表**

项　目	检　查　内　容
升降杆	检查升降杆是否损坏，确保升降杆连接正确
填料和填料压盖	检查超出允许范围的渗漏
支座	检查损坏或磨损
封闭构件	检查损坏或磨损
定位器	检查磨损

（4）检测操作。在满负荷状况下运行闸门。在检测操作过程中，检查以下潜在的缺陷部位：

1）打开阀门有困难。

2）阀门漏水。

5. 蝴蝶阀

蝴蝶阀位于导管中，由能够通过够旋转以控制或截断流动的关闭构件组成。门叶（或圆盘）由升降杆和控制设备旋转。在关闭位置，关闭构件垂直于水流旋转，使其靠在支座上。在全开位置，闭合件旋转，使其与流体平行。图 5.3－17为蝴蝶阀示意图。

广泛使用在水电站的水轮机上游侧，用作事故时的断流设备，也可用作水库泄水道和船闸输

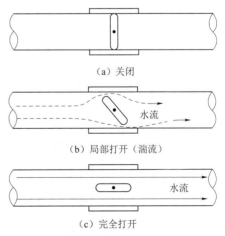

图 5.3－17　蝴蝶阀示意图

水道的控制设备。

（1）设计局限性。蝴蝶阀的运行有时受到以下设计因素的限制：

1）应用必须与预期用途一致。如果用于调节，某些阀门进出口会导致湍流和空蚀。

2）如果阀门用于流量调节，则需要在阀门的下游安装一个排气口。

3）由于关闭结构在打开阀门时仍留在流道区域，因此过流会产生水头损失。

（2）缺陷部位。蝴蝶阀最常见的缺陷是在关闭部件的耳轴和门叶边缘之间的接口处发生渗漏。

（3）现场检查。蝴蝶阀现场检查主要内容见表5.3-16。

表5.3-16 蝴蝶阀现场检查主要内容表

项目	检查内容
外部	检查法兰盘和密封调整螺钉周围是否漏水
润滑	如果适用，确保阀门和操作设备良好润滑
门叶	检查是否有气蚀损坏，尤其是门叶的下游面，还应检查密封件是否损坏

（4）检测操作。要检测闸门，应在全水头下操作。检查是否有颤动、振动和卡滞现象。

6. 球形阀

球形阀包含一个内部可移动球体或球体的一部分，在打开和关闭位置之间旋转90°。当阀门处于打开位置时，流体通道通畅；在关闭位置时，流体通道堵塞。图5.3-18为球形阀示意图。

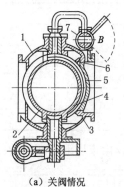

（a）关阀情况　　　（b）开阀情况

图5.3-18 球形阀示意图

1—球形壳板；2—旋转部分；3—止水环；
4—空腔；5—球面圆板；6—止水环；7—阀门

球形阀通常由机械操作机构驱动，但通常使用液压缸来操作较大的阀门。这些类型的阀门用作供水管道中的保护阀，位于高水头排水管的上游。它们非常适合安装在距离涡轮和安全阀非常接近的地方，因为它们作为二级装置，在一级关闭装置不可操作的情况下可截断水流。

（1）设计局限性。球形阀的运行有时受到以下设计因素的限制：

1）球形阀是一种笨重的阀门，制造成本高，比其他一些阀门需要更多的空间。

2）阀门必须完全开启或完全关闭。

（2）缺陷部位。球形阀和旋塞阀常见的缺陷有：

1）如果阀门没有完全打开或关闭，则会产生气穴和湍流。

2）渗漏。

3）淤积在阀门密封和内部的细碎杂物、泥沙和矿物沉积物。

4）阀门和升降杆的腐蚀。

（3）现场检查。球形阀现场检查主要内容见表5.3-17。

表 5.3-17　　　　　　　　　　　球形阀现场检查主要内容表

项目	检 查 内 容
外表	寻找有裂纹、断裂、松动、严重腐蚀或丢失的部件，以及法兰盘连接或阀门部件上的渗漏
内部	检查腐蚀或气蚀对流道表面造成的损坏
球/旋塞	检查密封面是否有气蚀损坏、腐蚀和损坏。检查密封件的状况

（4）检测操作。当阀门关闭并处于满水头状态时，检查是否有渗漏。

5.3.3　动力系统隐患检查

1. 电力系统

典型的电力系统电源来自主供电路板，将电力传送至各个闸门和阀门控制面板，最后驱动电动机和所有设备部件。该系统的目的是为操作闸门和阀门提供电力驱动。

（1）缺陷部位。电力系统最常见的缺陷有：发电机过热；电线损坏；由于暴露在恶劣环境条件下，电气元件发生故障；外壳和电机的腐蚀；控制开关物理损坏；电机轴承磨损；无意中的电机过载造成跳闸。

（2）现场检查。在开始检查之前，与有操作权限的人员一起检查电气和机械"红色标签"和锁定程序，在未遵守安全程序的情况下，不得移动或打开任何闸门、阀门或电路。电力系统现场检查主要内容见表5.3-18。

表 5.3-18　　　　　　　　　　　电力系统现场检查主要内容表

项　　目	检 查 内 容
电机过载	检查过载是否跳闸
电机过热	触摸电机外壳和控制面板外壳以进行发热检查
电气控制	检查电线绝缘是否因过热、变质或啮齿动物咬啮而损坏；检查控制器是否有物理损坏；检查电气室是否有潮气、灰尘、蜘蛛网或其他杂物
接地故障探测器（如适用）	在主控制板上，应该检查一下是否有接地故障系统。通常由一个标签上的三个指示灯组成，上面写着接地故障检测器。如果所有灯都亮着，系统就是完好的。如果有一盏灯不亮，则系统有问题

（3）检测操作。检测电机和电力系统需要在最大负载条件下进行。对电力系统的检测操作应包括以下步骤：

1）试验运行前，检测所有的供电线路和电机设备的接地电阻，以识别导线和电机电气绝缘性能。

2）在操作前和操作过程中读取电压读数，以检查是否有过大的电压变化。

3）当闸门或阀门被打开及被关闭时，测量电流读数，检查电机是否超载。

在检测操作的过程中，请注意以下可能揭示电力系统存在问题的现象：①电机起动器发出噪声或振动。②断路器跳闸或熔断器熔断。③电机运行时电机轴承发出噪声。

2. 液压系统

液压系统由阀门、液体管道、液压泵、液压缸、蓄能器、液压马达、电动机和其他控制元件组成，这些控制元件用于将电能转化为液压能，再转化为机械运动（通常为液压缸内的活塞运动）。

在大多数液压系统中，电动机带动液压泵，从油箱中吸入液压油并向液压油加压。液压油通过阀门和控制装置流向液压缸的各端，以使活塞杆能够伸展、收缩或根据操作者的要求静止在任何位置。

活塞杆固定在闸门或阀门的杆端。液压缸端通常固定在支承结构上。其余部件可位于临近的区域，液压管路将动力装置连接至运动机构。

在一些应用实例中，汽油或柴油发动机代替了电动机。此外，液压马达可以代替气缸产生扭矩输出。

（1）缺陷部位。液压系统最常见的问题有：

1）内部渗漏导致活塞杆偏移，除非安装了机械锁定装置以保持闸门或阀门处于适当位置。

2）液体渗漏。

3）开关和安全阀设置错误。

4）开关不灵敏。

5）液体污染。

（2）现场检查。液压系统现场检查主要内容见表 5.3 - 19。

表 5.3 - 19　　　　　　　　　　　液压系统现场检查主要内容表

项　目	检　查　内　容
液压动力装置、管路和执行器储液罐	检查有无渗漏
油箱	检查油箱中的水和沉积物，在机组运行前松开油箱底部的排水阀，并将所有水和沉积物排出。记录下数量并确定是否是正常的冷凝。确保油箱中有适量的油
电气控制（如适用）	检查电线绝缘是否因过热、变质或动物咬啮而损坏；检查控制器是否有物理损坏；检查电气室是否有潮气、灰尘蜘蛛网或其他杂物
活塞杆	检查活塞杆上的残留物、沉积物或损坏情况。在杆上聚集的外来物质会对填料和密封件造成损坏

（3）检测操作。要检测液压系统是否正常工作，应观察其在正常情况下的运行情况，同时将闸门和阀门从全开到关闭。在检测运行过程中，要注意以下问题：

1）液压装置是否有异常噪声。

2）高于正常或不稳定的工作压力。

3）阀和控制器不灵敏。

4）渗漏。

5.3.4　应急动力系统隐患检查

1. 手动应急设备

手动应急设备是指在紧急情况下主电力系统失效时，通过人工手动打开闸门或阀门的操作方法。通常，启用手动应急设备会同时断开主电力系统，这样主电力系统就不会突然重新启用，从而导致对操作人员的伤害。一旦手动应急设备启动，旋转转轮或曲柄将直接控制闸门或阀门。液压系统可能首先需要手动操作阀门，以开启手动应急设备。

（1）设计局限性。使用手动辅助系统操作闸门或阀门比使用主电源系统控制更慢。

（2）现场检查。对手动辅助系统现场检查主要内容见表5.3-20。

表5.3-20 对手动辅助系统现场检查主要内容表

项目	检查内容
手轮、曲柄	检查这些组件是否仍健全
操作设备	确定装置上没有损坏的部件，还要检查是否有良好的润滑

（3）检测操作。在阀门和闸门处于最大水头的条件下，通过手动辅助系统转动转轮，直到观察到闸门或阀门的运动。确保人工操作工作运行平稳，并且操作系统不需要过大的力。如有可能，应运行一个完整的周期。

2. 应急发电机

应急发电机是一种由柴油、天然气、丙烷或汽油燃烧驱动的发电机组，用于提供应急电力。

发电机的设计目的是在主电源发生故障时，在紧急情况下提供足够的电源，用来操作闸门或阀门。辅助电源的类型和大小取决于实际设置的需要。应急发电机可以是固定的，也可以是便携式的。

（1）缺陷部位。应急发电机组最常见的问题有：

1）大型动力发电机，需要用手摇曲柄来启动发动机，操作较难也不稳定。

2）发电机不稳定时，可靠性急剧下降，特别是在寒冷天气。因此，发电机或油泵通常优先使用充满电的交流蓄电池供电启动（在寒冷天气下，油和冷却液的加热可提高可靠性）。

3）汽油驱动的发电装置经常出现积碳问题，因为汽油留在化油器或油箱中的时间过长会导致沉积。当预计发电机将空转一段时间时，化油器应在每次发电机运行结束时空转一会儿。油箱中的汽油应定期更换，油箱与化油器之间应装设过滤器，并定期更换。

4）柴油箱中的柴油应定期更新，柴油过滤器和油水分离器应安装在柴油箱和发电机之间，并定期更换。

5）不合理的使用会降低设备可靠性。

6）发电机的出力可能不满足功率要求。

（2）现场检查。应急发电机现场检查主要内容见表5.3-21。

表5.3-21 应急发电机现场检查主要内容表

项目	检查内容
发动机	寻找损坏的、破损的或丢失的部件、漏水的或空的散热器、脏的或受污染的油或汽油供应、电池没电或丢失等
发电机或泵	检查发电机或泵是否有损坏、破损或丢失的部件，以及泵和连接管道周围是否有过多的漏油

续表

项　目	检　查　内　容
电器元件	检查损坏或腐蚀的部件或接点、磨损的电线、连接松动或腐蚀等
启动程序	寻找启动程序，或要求运行维护人员提供启动和从主电源切换到辅助电源的书面程序。找出负载限制（即可同时运行多少闸门、风机、泵等）
通气	检查排气系统是否正常工作

（3）检测操作。启动辅助动力装置，并用它操控至少一个闸门或阀门。设备启动时，无需过大工作量或时长，设备运行应无困难。

5.3.5　启闭机和操作部件隐患检查

1. 手动启闭设备

人工操作手动启闭设备，通常使用转轮或曲柄来控制连接到闸门或阀门上的螺杆。螺杆置于外界环境中或部分螺杆置于润滑良好的套管中。手动转动转轮或曲柄打开或关闭闸门或阀门。图 5.3-19 为手动启闭设备的示意图。

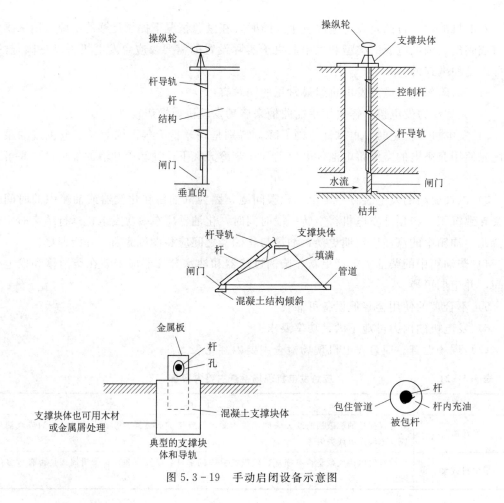

图 5.3-19　手动启闭设备示意图

（1）缺陷部位。手动操作常见的问题有：

1）手动操作的传动机构必须在所有磨损表面上保持持续良好的润滑。

2）需保持套管充满润滑油。如果忽略这一点，密封套管会进水，损坏上部或下部密封。

3）接口部位所有露出的金属部分表面都易受腐蚀。

（2）现场检查。手动启闭机现场检查主要内容见表5.3-22。

表 5.3-22   手动启闭机现场检查主要内容表

项　目	检　查　内　容
底座	检查混凝土是否老化或开裂。确保没有发生沉降。混凝土块倾斜偏离位置则表示发生沉降
螺杆导轨	确保螺杆导轨已正确对齐并固定。检查是否有腐蚀或其他损坏。此外，确保设备润滑良好
螺杆	检查腐蚀和螺纹是否损坏，并确保螺杆没有弯曲
螺杆套管	检查腐蚀和损坏的密封件。检查油位，寻找漏油现象
手轮或曲柄	检查手轮或曲柄是否健全，功能是否正常

（3）检测操作。为了检测手动启闭设备，在最大水压力下检测闸门或阀门整个开合循环过程。在检测操作过程中，寻找以下潜在的缺陷部位：

1）开启或关闭闸门或阀门所需力量过大。

2）螺杆的挠度。

3）操作不平稳。

4）在闸门或阀门的全开全闭状态下，在螺杆上可见磨损或划伤痕迹。

2. 门式启闭机

门式启闭机（门式起重机）是一种在大坝或其他建筑结构顶部固定轨道上移动的设备。启闭机配备移动式起重小车，在桥架结构上部的短轨上移动（见图5.3-20）。门式

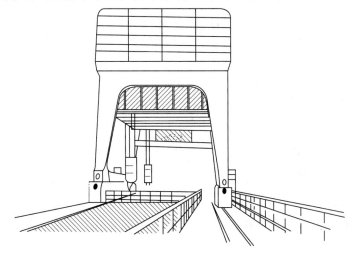

图 5.3-20　门式启闭机示意图

启闭机安装在跨越大坝或闸室轨道上，启闭机吊机可配备钢丝绳或链条，用于升降闸门、闸阀和污物及其他移动设备（由于闸门类型不同，处理闸门需要不同的升降装置）。大多数启闭机运行都由电动机驱动。

（1）设计局限性。与此类启闭系统相关的主要限制是将启闭机移动到位并完成闸门操作任务所需的时间。另一个限制是门式启闭机至少需要两个人，一个在驾驶室操作，另一个在坝顶上装卸。

（2）现场检查。门式启闭机由多种机械元件和电气元件组成。为了保证启闭机的安全运行，必须对每个部件进行检查和维护。门式启闭机现场检查主要内容见表 5.3 - 23。

表 5.3 - 23　　　　　　　　　门式启闭机现场检查的主要内容表

项　　目	检　查　内　容
启闭机链条	检查链条是否润滑良好。检查链条是否有腐蚀、磨损和锈斑
启闭机钢丝绳	仔细检查是否有良好的润滑、断丝、磨损和直径的局部减小
推杆制动器	检查磨损情况以及能否有效制动
齿轮减速机	检查集油槽中是否有冷凝水，并排出所有发现的水。现场检查减速器是否存在密封泄漏和表面状况
齿轮和小齿轮	检查不均匀或过度磨损。检查所有支撑轴承的密封泄漏和磨损
轴、联轴器和防护装置	检查是否有松动的螺栓和损坏的部件
钢丝绳卷筒和滑轮	检查槽的磨损和配合。检查轴承的磨损和润滑情况
电机及连接	确保设备及电线状况良好。检查电线绝缘是否损坏
车轮和轨道	检查磨损和错位
操作设备的刹车	检查刹车设置及其功能状况
操作设备的控制器	检查控制器配置是否齐全，功能是否有效

（3）检测操作。使用启闭机吊车升降闸门，检查各部件功能正常，运转平稳，下降过程中对负荷的控制准确无误，并注意运行—启动、制动等性能。检查内容见表 5.3 - 24。

表 5.3 - 24　　　　　　　　　　　检　查　内　容　表

项　　目	检　查　内　容
启闭机机械负载制动器	确认制动器在提升过程中是否松开，并在停止时抱紧。除了最高速度外，在下降时也应该使用刹车
齿轮减速机	仔细听异常噪声，判断减速机运行是否正常
轴和联轴器	注意轴和联轴器的对中性
钢丝绳卷筒和滑轮	确保启闭机运行时不会出现振动或异常噪声
电动机	检查电动机轴承噪声

3. 移动式启闭机

移动式启闭机是一种安装在轨道上的启闭机，它可以在工作桥上纵向移动，一次提升一个闸门。

当需要启闭某扇闸门时，该装置就会移动到闸门门槽上方。操作人员将闸门的链条或钢索系在提升装置两端的吊耳上。启闭机的作用是将闸门提升到所需的高度,用锁止装置将闸门锁紧在该高度处。然后控制启闭机下落,松开吊耳上的链条或钢丝绳,使启闭机装置能够移动到下一扇闸门。

(1)设计局限性。移动式启闭机的运行有时受到以下设计因素的限制:

1)启闭机一次只能提起一个闸门。

2)在每个提升站必须缠绕和解开多余的启闭机链条或钢丝绳。

(2)缺陷部位。移动启闭机常见的问题有:部件的腐蚀和损坏。

(3)现场检查。移动式启闭机现场检查主要内容见表5.3-25。

表 5.3-25 移动式启闭机现场检查主要内容表

项　目	检　查　内　容
总体	检查表面是否有腐蚀或其他劣化现象;确保电机和控制器处于良好状态;检查硬件是否松动或丢失;检查漏油情况,特别是油封;检查链鼓、轴承、齿轮和小齿轮、制动衬片是否有良好的润滑或过度磨损
启闭机钢丝绳	确保钢丝绳正确地缠绕在卷筒上
滚轮和轨道	检查磨损和错位
集油槽	检查集油槽中是否有冷凝水,并排出所有发现的水
锁定装置	检查润滑、磨损以及功能状况

(4)检测操作。应该检查启闭机的运行情况,当开启闸门时,注意是否有异常的噪声,并注意定位装置是否有约束、错位和错误操作。

4. 固定式启闭机

固定式启闭机是一种永久安装在某特定闸门上使用的启闭机。启闭机由一个或两个卷筒、减速器、传动轴和驱动机构组成。将钢丝绳或链条缠绕在卷筒上以提升闸门,并通过反向旋转卷筒来使闸门下降,固定闸门启闭机通常由电动机驱动,但在某些情况下使用液压、空气或直接机械装置,如微型操作曲柄。

(1)缺陷部位。固定式启闭机常见的问题有:组件的腐蚀;连接部位的松动;错位部件间的挤压;钢丝绳的散股和断丝;链条断链;齿轮啮合不良;异物卡阻。

(2)现场检查。固定式启闭机现场检查主要内容见表5.3-26。

表 5.3-26 固定式启闭机现场检查主要内容表

项　目	检　查　内　容
表面和涂层	确保所有表面和涂层没有裂纹、腐蚀和其他损伤
结构构件	检查结构构件是否腐蚀、不对齐、松动或损坏
底座支架	确保安装螺母和螺栓紧固无松动
联轴器	检查螺母和螺栓是否紧固、滑动部件是否有效润滑
减速齿轮	确保齿轮有防护罩壳,齿轮有良好润滑
卷筒	检查卷筒腐蚀状况及表面状况
启闭机钢丝绳	检查断丝、接头和是否有适当的润滑。检查钢丝绳是否正确缠绕在卷筒上,当闸门处于较低位置时,钢丝绳在滚筒上至少绕两圈

续表

项 目	检 查 内 容
启闭机链条	抽查破损、变形或者严重腐蚀的链条。检查链条是否润滑良好
减速器	打开排水管，检查是否有积水
集油槽	检查集油槽中是否有冷凝水，并排出所有发现的水
限位开关	确保开关已经设置好，以便闸门正常运行

（3）检测操作。应该观察启闭装置的运行情况，当装置提升闸门时，应注意启闭机异常声响，并注意是否有约束或错位现象。此外，还应检查闸门位置指示器的准确性和限位开关的正确操作。

5.3.6 其他设备隐患检查

1. 抽水泵

抽水泵是一种用于对积水区域进行排水的泵，用水进入积水池，在到达设定水位时，抽水泵供电启动抽水。抽水泵的重要作用是：①清除多余的积水，以便管理人员进入积水区域。②帮助排除基础渗漏水，降低水压力。

（1）缺陷部位。常见的问题有：抽水泵和线路的腐蚀；泥沙和垃圾堵塞抽水泵的进气口，限制抽水泵抽水；泵机电马达规格不合适；漏水；单向阀工作异常；积油槽浮控开关不工作或设置不当。

（2）现场检查。抽水泵现场检查主要内容见表5.3-27。

表 5.3-27 抽水泵现场检查主要内容表

项 目	检 查 内 容
阀门	确保所有阀门都是可操作的
表面及涂层状况	确保表面和涂层没有裂纹、腐蚀或其他损伤
润滑	检查泵注油器是否工作（如果需要）
抽水泵滤网	确保抽水泵滤网没有垃圾
积油槽	检查积油槽是否干净
进水管	检查进气管是否阻塞

（3）检测操作。要检查液位控制装置，以确定他们是否在没有约束的情况下运行，并在适当的水位上启动和停止。此外，确认泵能够到达最大容量，所有报警电话和控制开关都正常运行。在检测操作过程中，检查以下潜在的缺陷部位：

1）管道外露和阀门漏水。

2）泵和电动机的轴承噪声。

2. 通气孔

通气孔位于事故闸门和工作闸门的下游侧，通气孔通常为钢结构或混凝土构成。通气孔可以联通外界空气，也可设置排气阀（或隔离阀与排气阀串联使用）。图5.3-21为通气孔示意图。

在事故闸门或同时布置事故闸门和调节闸门的输泄水建筑物出口都布置有通气孔。该系统唯一可动部分是真空排气阀，位于通气孔的入口。通气孔通入空气，以防止出现高负压或正压导致气蚀破坏、下游管道崩塌或水柱分离现象。通气孔还用于管道充水时，排出管内的空气。在这种工况下，缺少通气可能导致破坏性的水压力和下游管道结构损坏。

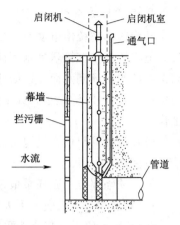

图 5.3-21 通气孔示意图

（1）缺陷部位。通气孔常见的问题有：

1）进口或出口处通气孔堵塞。

2）水线处腐蚀。

3）通气孔口过小或堵塞导致通气不足，引发管道破裂或塌陷。

4）真空排气阀维护工作增加。

5）管道锚固件脱落。

6）通气孔大小不适当。尺寸应由具有专业资质的工程师检查。

（2）现场检查。通气孔现场检查主要内容见表5.3-28。

表 5.3-28　　　　　　　　　　　通气孔现场检查主要内容表

项 目	检 查 内 容
金属管道	检查管道或接头是否腐蚀。检查螺栓或法兰盘是否丢失
锚固件	确保锚固件没有被腐蚀或破坏；确保锚固件的尺寸合适
进气口	检查进气口是否畅通
排气	检查安全显示屏，确保排气处于安全位置

（3）检测操作。在关闭闸门或阀门的操作过程中检查通气孔，并注意进气口处空气的流通。在操作期间，注意以下潜在的问题：

1）确保真空排气阀正常工作。

2）从进气口听有无异常噪声。

3.加热元件

加热元件连接到闸门或阀门上，或嵌入相邻的金属结构。加热元件依靠提供给系统的电流工作，用于避免设备因温度低于冰点而无法操作。

（1）设计局限性。加热元件的操作有时会受以下设计因素限制：

1）难以将系统直接连接到闸门或阀门上。

2）加热元件维修、更换不便。

（2）现场检查。加热元件现场检查主要内容见表5.3-29。

表 5.3-29　　　　　　　　　　　加热元件现场检查主要内容表

项 目	检 查 内 容
加热元件	检查连接是否烧坏或断开；确保没有元件丢失

（3）检测操作。在接近闸门或阀门位置进行检测操作。检查热量是否通过接触受热表面传到闸门或阀门。

4. 气泡防冻系统

气泡防冻系统由电动空气压缩机组成，通常布置于大坝顶部靠近闸门的设备房内，通过管道将压缩空气输送到水下防结冰部位。管道出口部分为喷嘴。从喷嘴上升的气泡将较高温度的水循环到水面，以防止水库冰冻区域结冰。气泡防冻系统位于大坝上游，布置在受保护的设备下方，用于防止诸如闸门、阀门、拦污栅等设备在温度低于冰点时无法工作。

（1）设计局限性。气泡防冻系统的主要设计局限性是不能在喷嘴上方水位低于 3m 的情况下使用。

（2）缺陷部位。充气泵最常见的问题包括：

1）管道和集水头嵌入到大坝的混凝土块中，通常无法维修和更换。

2）喷嘴、管道和集水头可能被淤泥、铁锈和其他杂物堵塞。

3）空气压缩机和电气控制系统未能妥善维护保养，在需要时无法操作。

（3）现场检查。充气泵现场检查主要内容见表 5.3-30。

表 5.3-30　　　　　　　　　充气泵现场检查主要内容表

项　目	检　查　内　容
喷嘴和管道	确保它们没有堵塞。由于喷嘴和管道通常被淹没，可能需要潜水员
空气压缩机	检查电气设备和控制器上有无损坏或断裂的零件、腐蚀或脏污的触点、磨损的导线或断裂的部件

（4）检测操作。实际操作气泡防冻系统时，观察受防冰保护的设备附近的水面情况。观察水面波动，水面波动意味着系统没有被堵塞。

5.3.7　检测及记录

1. 基本信息记录

不同的大坝闸门和启闭机有不同的类型和结构电气参数，这些信息描述了闸门和启闭机的基本情况，是进行检查和检测的基础信息，记录完整的信息是检查过程中不可缺少的工作。

闸门主要技术参数可按表 5.3-31 填写。

表 5.3-31　　　　　　　　　闸门主要技术参数表

闸　门		启　闭　机	
型　式	深孔闸门	型　式	液压启闭机
孔口尺寸		容　量	
设计水头		行　程	
操作条件		起门速度	
闸门数量		吊点数	

启闭机主要技术参数可按表 5.3-32 填写。

表 5.3 - 32   **启闭机主要技术参数表**

启闭机型式		液 压 启 闭 机	
启闭力		液压缸工作行程	
活塞杆直径		最大扬程	
电动机	型号		
	额定功率	额定电压/额定电流	
	频率	转速	

2. 闸门外观及锈蚀检查和记录

闸门外观检测以目测为主，配合使用检测工具，对闸门的外观形态和锈蚀状况进行检查。

(1) 闸门外观检查。检查闸门整体及主要构件的折断、损伤和局部明显变形，闸门的吊耳、吊杆、导轮等零部件的损伤、变形、脱落以及转动和固定状况，闸门的止水装置是否完好等。

(2) 闸门锈蚀状况检查。闸门构件锈蚀后，构件断面面积减小，应力增大，从而容易导致结构强度和刚度下降，直接影响闸门的安全运行。闸门锈蚀状况检查是对闸门各构件的锈蚀分布、锈蚀面积及锈蚀部位等进行描述，在此基础上，对闸门主要构件的锈蚀量进行量化测量，可以判断闸门各构件的锈蚀程度。根据闸门主要构件的锈蚀程度和锈蚀部位，锈蚀量检测分别采用数字超声波测厚仪、改制的游标卡尺和涂层厚度测定仪等量测仪器和工具进行，并评定各构件的锈蚀程度。锈蚀程度一般按五个等级进行评定。

1) 轻微锈蚀。涂层基本完好，局部有少量锈斑或不明显的锈迹，构件表面无麻面现象或只有少量浅而分散的锈坑。

2) 一般锈蚀。涂层局部脱落，有明显的锈斑、锈坑，但锈坑深度较浅，或虽有较深的锈坑（坑深为 1.0~2.0mm），但少而分散，构件尚未明显削弱。

3) 较重锈蚀。涂层大片脱落，或涂层与金属分离且中间夹有锈皮，有密集成片的锈坑，或麻面现象较重且区域较大，局部有较深的点锈坑（坑深为 2.0~3.0mm），构件已有一定程度的削弱。

4) 严重锈蚀。锈坑较深且密布成片，构件局部有深锈坑（坑深在 3.0mm 以上），则该构件已严重削弱。

5) 锈损。深锈坑密布，构件截面积削弱达 1/4 以上，构件局部已锈损，出现孔洞。

(3) 记录格式。闸门外观检查按表 5.3 - 33 进行记录，并附对应部位附图。

闸门锈蚀状况检查按表 5.3 - 34 进行记录，并进行评定。

3. 闸门焊缝缺陷检测和记录

(1) 焊缝缺陷检测。闸门等水工金属结构在制造安装时对焊缝已进行过较严格的探伤。但是，经长期运行后，在荷载作用下，焊缝有可能产生新的缺陷，原有经检查在容许范围内的缺陷也有可能扩展，焊缝缺陷会降低焊缝的抗拉强度、延伸率、冲击韧性和疲劳强度，影响结构的安全运行。

焊缝的外观检查包括：裂纹、焊瘤、飞溅、电弧擦伤、未焊透、表面夹渣、咬边、表面气孔等现象，焊缝质量分类可按照《水利水电工程钢闸门制造、安装及验收规范》（GB/T 14173—2008）进行。

表 5.3 - 33　　　　　　　　　　　　闸 门 外 观 检 查 表

结　构	部　位	描述	备注
迎水面	分区	表面防腐情况，变形情况，具体部位锈蚀、损伤、锈皮脱落、焊缝等问题，记录锈坑深度。对锈蚀部位拍照	
背水面	面板		
	横梁系		
	纵梁系		
	边梁		
	加劲板		
吊耳			
止水	顶止水		
	侧止水		
固埋件	门槽		
	导轨		
	滑轮		
	支铰		
……	……	……	

表 5.3 - 34　　　　　　　　　　　　闸 门 锈 蚀 状 况 检 查 表

编号	锈蚀量 /mm	部 位 及 数 量						百分比 /%
		面板	横梁	纵梁	边梁	支臂	面板	……	
1 号	0.1		1			4		5.0
	0.2			2	3		6	11.0
	...							
2 号	0.1		1			4		5.0
	0.2			2	3		6	11.0
	...							

（2）记录格式。金属结构的焊缝无损探伤的常用方法有射线探伤、超声波探伤、磁粉探伤和渗透探伤，每一种探伤方法都有各自的适用范围，对缺陷的检测精度也不一样。水工金属结构的焊缝超声波探伤通常采用水平定位法和深度定位法，当板厚 $\delta > 20\text{mm}$ 时，一般采用深度法定位；当厚度 $\delta \leqslant 20\text{mm}$ 时，采用水平法定位。

焊缝无损检测统计可按表 5.3 - 35 记录。

表 5.3 - 35　　　　　　　　　　　　焊 缝 无 损 检 测 统 计 表

结构	部位	板厚/mm	缺陷类型	指示长度/mm	评级
横梁	横梁 1				
横梁	横梁 1				
横梁	横梁 2				
横梁	横梁 2				

4. 启闭机检测和记录

介绍了启闭机各机构机械部件的磨损、损伤、变形等情况的检查及设备功能和运行可靠性。

在此基础上，还需要对启闭机电气参数进行检测，主要包括启闭机电动机的绝缘电阻、电流、电压、转速、温升等信息。

（1）绝缘电阻。绝缘电阻是用于衡量电气设备绝缘程度大小的重要技术指标，测量电路中电线的绝缘电阻，通常使用摇表（兆欧表）来摇测。在常温、冷态和天气良好条件下进行测量，兆欧表"L"端接线路端，"E"端接地，同一电压的线路（包括电动机）可合并测量。电动机绝缘电阻检测记录见表5.3-36。

表 5.3-36　　　　　　　　　　电动机绝缘电阻检测记录表

启闭机编号	1		2	
电动机编号	A1	A2	A1	A2
定子总对地				

（2）电流。电流采用钳形电流表测量。将三相电流中任何一相电流与三相电流平均值之差与三相电流平均值相比，称为三相电流不平衡度，通常要求三相电流不平衡度不超过 $\pm 10\%$。电动机电流检测记录见表5.3-37。

表 5.3-37　　　　　　　　　　电动机电流检测记录表

启闭机编号	测次	定子电流/A				电流不平衡度/%
		I_A	I_B	I_C	$I_均$	
1	1-1					
	1-2					
2	2-1					
	2-2					

（3）电压。电压采用数字万用表测量。电源三相电压不平衡，会使电机额外发热、噪声增加、出力不够。参照有关规定，一般要求三相电源电压中任何一相电压与三相电压平均值之差不超过平均值的 5%。电动机电压检测记录见表5.3-38。

表 5.3-38　　　　　　　　　　电动机电压检测记录表

启闭机编号	测次	定子电压/V				电压不平衡度/%
		U_{AB}	U_{BC}	U_{CA}	$U_均$	
1	1-1					
	1-2					
2	2-1					
	2-2					

（4）转速和温升。启闭机的转速和温升应当在额定正常范围内。电动机温升检测记录见表5.3-39，转速检测记录见表5.3-40。

表 5.3-39 电动机温升检测记录表

启闭机编号	环境温度/℃	检测温度/℃	温升/℃
1			
2			

表 5.3-40 转 速 检 测 记 录 表

启闭机编号	1		2		3	
测次	1	2	1	2	1	2
转速/rpm						
转速均值/rpm						

5.4 小结

    本章介绍了大坝金属结构和机电设备,以及其在大坝运行中所起的作用。介绍了大坝金属结构和机电设备的检查准备、实施和跟踪工作。详细地描述了检查中常见的金属结构和机电设备,并为检查和检测这些结构和设备提供了具体的指导方针。

第6章

材料缺陷识别方法

本章介绍大坝和附属建筑中材料缺陷的识别方法，以及这些缺陷给大坝造成严重安全隐患的诱因。同时，本章还将介绍检测材料缺陷所需的技术和方法，以及发现材料缺陷时所应采取的对策措施。本章介绍的材料均常见于大坝及其附属建筑，包括：混凝土、砂浆、灌浆料、水泥土、碾压混凝土、喷射混凝土；金属及涂层；岩土材料；合成材料如土工合成材料、塑料管道。尽管木材及沥青等其他材料也可用于修建大坝及其附属建筑，但这些材料使用并不广泛，所以本章并不包含相关内容。

材料缺陷会危及大坝安全。在某些情况下，大坝病害要经过长期运行后才会显现出来。在一些情况下，大坝病险可能会迅速发展。例如，洪水引起的应力可能会使得某些大坝结构的材料产生缺陷进而诱发大坝破坏。本章将提供识别和了解材料缺陷的知识。为此，检查人员需要了解这些材料的基本信息，以及这些材料中常见的不同缺陷的相对危害。在本章中的术语"缺陷"一词并不一定指材料本身的固有缺陷。例如，质量合格的混凝土可能会因地基沉降而产生危险的裂缝，这些裂缝是大坝的安全隐患。因此，"缺陷"一词是指某些类型的材料中发现的可能危及大坝安全的现象。本章侧重介绍大坝运行期间可以检测到的缺陷，除非该信息能在大坝安全检查期间提供帮助。不详细深入地介绍各种材料的背景及其常见缺陷的成因机制，但总体路线应为：分析材料缺陷的成因，进而提出改良措施。

6.1 混凝土缺陷

6.1.1 概述

混凝土是用于建造大坝及其附属设施最常用的材料之一。大坝的混凝土结构主要有混凝土大坝、渠道、隧洞、涵洞、墙壁和其他混凝土结构。由于主要结构部件通常由混凝土构成，因此危及这些部件的混凝土缺陷也会危及大坝的安全。混凝土缺陷主要分为以下几大类：开裂、劣化、表面缺陷。混凝土的开裂和劣化均会影响大坝安全，而表面缺陷通常只意味着养护较差，影响外观。因此，本节中的大部分讨论将集中于混凝土开裂和劣化。

检查混凝土时，应考虑混凝土结构的性质和设计。例如，应重点评估拱坝中混凝土的强度、弹性性能和边界混凝土的状况，特别是在坝肩部分；重力坝中的混凝土需要特别注意裂缝、渗漏和深度渗透劣化；必须仔细检查输水结构中的混凝土是否有可能因空蚀而产生湍流的偏移或不规则，以及是否有由于应力过大引起的裂缝或剥落。

6.1.2 裂缝

1. 裂缝及特征

（1）裂缝。裂缝主要指分裂成一个或多个部分的现象，通常是混凝土损坏的最初表现。在检查混凝土结构时，有两类常见裂缝：

1）单条裂缝。混凝土构件可能有一个或有限数量的裂缝，这些裂缝应当在检查过程中单独测量和记录。

2）成片裂缝。在混凝土表面区域内可以看到的许多裂缝，或者可能会影响整个表面。成片裂缝往往会呈现出许多典型特征，均由特定原因产生。

在检查表面有成片裂缝的混凝土时，检查的重点是裂缝的性质和程度，而不是单条裂缝的尺寸。成片裂缝通常是混凝土劣化的标志。

（2）裂缝的危害。裂缝在混凝土形成孔洞，会导致其进一步劣化。根据设计，混凝土坝及其附属结构必须承受来自水库的静水压力。水压作用在坝体的裂缝上，可能对坝体构件产生危险的抬升力，可能导致裂缝的横向扩展，并最终导致坝体的一部分发生倾覆或滑动。

水在压力作用下，通过穿过堤坝混凝土管道中的裂缝，沿管道进入并侵蚀堤坝。混凝土溢洪道泄槽中的大裂缝可能会导致基础材料的侵蚀，导致支撑减弱和溢洪道的破坏。当受到来自大流量的压力时，严重开裂的管道壁可能会崩溃。

即使裂缝本身不构成严重危害，引起裂缝的诱因也可能对整体结构造成危险。混凝土中的裂缝是混凝土不能承受的应力或变形的明显表现。产生裂缝的根本原因可能会对大坝构成直接危害。

（3）单条裂缝特征。用来描述单条裂缝的外观特征的术语包括：纵向裂缝、横向裂缝、垂直裂缝、斜裂缝和随机裂缝等。其中纵向裂缝与用于堤坝裂缝的术语一致，混凝土坝裂缝的一些术语将平行坝轴线的裂缝（称为纵向裂缝）与结构表面上的裂缝（称为水平裂缝）区分开来。

（4）成片裂缝类型。成片裂缝可分为网状裂缝、D 型裂缝和细裂缝。

2. 识别危险的单条裂缝

在看到的混凝土裂缝中，必须学会识别那些可能影响大坝安全的裂缝。

（1）结构性裂缝。结构性裂缝损害混凝土构件的完整性，因此可能特别危险。

1）结构性裂缝从外观来看，结构性裂缝的特征一般表现为斜线裂缝或者方向随机突变的裂缝；缝宽较宽，且有宽度增加的趋势；毗邻明显变位的混凝土，有时很窄或成斜线状，表明剪切应力设计不充分。

2）结构性裂缝出现原因。结构性裂缝通常是由结构部分的变形或过应力引起的。外部应力可能由极端或差异载荷条件、地基沉降、地震活动等因素导致，结构性裂缝有时反映混凝土设计或施工中的错误或缺陷，比如结构设计中的缺陷可能导致混凝土承受的应力过大；强度或弹性性能不足的混凝土混合物可能在设计应力作用下开裂；施工技术差也可能导致开裂缺陷。

3）典型结构性裂缝位置。在应力集中区域查找结构性裂缝，例如开口边角区域；收缩缝；温度梯度大的区域，如寒冷天气中，空气和库水之间的温度变化会导致裂缝从结构顶部向下延伸到各面；坝基和坝肩材料坡度变化区；相对于结构截面的方向变化区。

（2）裂缝检查。裂缝检查是对混凝土结构的检查，目的是发现、记录和识别裂缝，并注意裂缝与其他损坏迹象的关系。设计图纸或检查图纸通常用于记录此类检查中裂缝的位置和范围。用油漆或粉笔在结构表面创建的网格系统进行标记可用作确定裂缝位置的辅助手段。裂缝检查应当查明：

1）裂缝的特征（长度、宽度、走向、趋势、深度、错位和位置）。

2）标记测量点，并用薄层透明环氧树脂保护裂缝的尖锐边缘。使用千分尺、直尺或手持照明显微镜测量宽度。

3）尝试在不同的荷载条件下重复测量，以测量可能的裂缝宽度或错位变化。

4）裂缝情况的描述。可能与裂缝相关的其他情况或缺陷的描述，例如渗漏、渗析或其他来源的沉积物、裂缝边缘剥落。

5）应将外部裂缝与内部裂缝联系起来。如果对混凝土进行了修复，则难以进行裂缝调查，且结果可能不可靠，因为修复后的裂缝可能表明在更深处存在缺陷。然而，要注意修复后的混凝土中是否出现了新的裂缝。这种裂缝可能表明结构性问题仍然存在。典型混凝土隧洞裂缝调查结果见图3.4-23。

存在潜在危险的裂缝通常都很宽，其宽度会因荷载的变化、温度的循环交替以及渗漏而发生变化。应将所观察到的与之前的裂缝调查图表进行比较，并且对那些新的裂缝和发展趋势异常的裂缝进行重点关注。

（3）用仪器监测裂缝。可以安装仪器来监测重点裂缝，监测数据能够提供危险裂缝产生的原因。渗漏监测和变形监测对于评估裂缝的发展趋势特别重要，这些裂缝也会影响结构渗漏和变形性态。

1）渗漏监测。渗漏是局部结构接触面承受巨大的静水压力，受化学方式侵蚀，混凝土冻融破坏，基础材料受腐蚀或者溶解等原因而导致的混凝土渗水现象。一般通过测量，将渗漏水的温度与地下水以及水库水体温度进行比较，可以识别渗漏源。另一种方法是染色渗漏检测，将染料放入上游水流、钻孔或者其他的一些可行的地方。染料出现在下游的位置和时间可以判断出渗漏源以及渗漏量。最普通的渗漏监测设备包括：容器和秒表、量水堰、水槽和流量表，容器和秒表通常用来测量裂缝的渗漏量。

2）变形监测仪器。变形监测仪器的名称及监测的变形类型见表6.1-1。

当监测仪器显示裂缝扩大或者有其他的变化时，应该尤其注意一下这些情况。此外，还应该检查其他仪器测量数据，以获得可能导致裂缝变化的情况证据。

3. 识别危险的成片裂缝

成片裂缝可能是混凝土恶化的危险信号。成片裂缝分类见图6.1-1。

表 6.1－1 　　　　　　　　　　　　变形监测仪器的名称及监测的变形类型

仪 器 名 称	监 测 的 变 形 类 型
测量装置	绝对变形
基础底板	坝下基础材料脱空（与总沉降量分离）
沉降感应器	沉降值，识别差异沉降和总沉降
测斜仪	坝肩、坝基或结构的横向变形
延伸仪	大坝内部变形重点监测部位是重力坝基础和拱坝坝肩
倾斜仪	大坝、坝段和岩体的垂直倾斜（旋转变形）
铅垂线	由于温度变化和水库压力作用导致的混凝土大坝变形
裂缝和接缝测量装置，包括 3 个一般类别：①测点；②校准裂缝监测器；③测缝计	裂缝或接缝两侧完整块体之间的相对变形，产生这种变形最常见的原因是循环温度变化和水库水位变化
应变计、应力计、接缝计和温度计	混凝土的应变、应力、接缝变形和内部温度

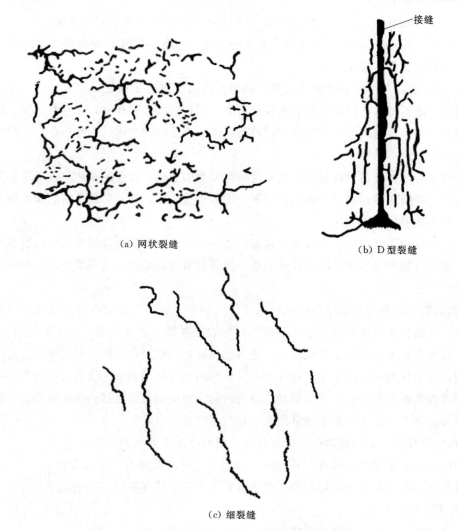

（a）网状裂缝

（b）D 型裂缝

（c）细裂缝

图 6.1－1　成片裂缝分类

（1）网状裂缝。网状裂缝是指混凝土表面以网状形式出现的裂缝，其是由于混凝土在表面附近收缩或表层以下混凝土体积增加而造成的。导致混凝土体积变化的几种原因及安全巡视检查中的主要内容如下：

1）温度应力。首先，大体积混凝土中的水泥水化释放大量热量，大体积混凝土内部温度由内而外逐渐降低，导致体积不均匀膨胀。其次是外表面的差异冷却和收缩，这是高温龟裂的主要原因。大体积混凝土内部的水化反应可能会持续几十年产生水化热。刚性地基以及早期混凝土约束同样也是影响因素。

对于混凝土大坝大体积混凝土单体的高温龟裂，需特别警惕。廊道里正交的、块状的"干泥坑"结构中的微裂缝是高温龟裂的标志，其通常伴随着相当大的渗漏量。高温龟裂示意图见图 6.1-2。

高温龟裂的另一个标志是纵向裂缝，由于混凝土冷却和地基附近的约束而不断出现在墙、天花板和横向通道的地板上。

如果对高温龟裂持有怀疑，可以安装温度计进行温度监测。

图 6.1-2 高温龟裂示意图

检查结构混凝土的配合比设计。在内部结构中没有使用低强度的混凝土，在外部结构中没有使用高强度的混凝土，可能会导致高温龟裂。

检查施工记录是否缺少这些措施，包括使用轻型升降装置控制混凝土浇筑温度，用粉煤灰代替水泥以及为了处理水化热而降低施工速度。

2）碱骨料反应。水泥中可溶性碱与骨料发生反应，会引起不正常的膨胀和开裂，这种现象可能会持续多年。

如果在干湿循环暴露的地区，如防浪墙、桥墩或大坝顶部观察到网状裂缝，其可能是由于碱骨料反应而造成的。

3）冻融循环作用。在北部和高海拔地区，冻融循环作用是造成网状裂缝和 D 型裂缝的常见原因。每次冻融循环中，裂缝会呈几何级数增长。当水进入混凝土的孔隙、裂缝和接缝时，冻融循环作用就开始了。当温度下降时，混凝土中的水会结冰和膨胀，从而导致混凝土开裂。然后水会进入新的裂缝，当温度再次下降时，水又会冻结并膨胀，使得裂缝变得更宽。

检查暴露在潮湿环境中由于冻融循环作用而受损的混凝土区域。暴露的水平表面，如混凝土板特别容易因不适当的表面处理而开裂。

（2）D 型裂缝。D 型裂缝是由紧密间隔的细小平行裂缝组成的，通常沿接缝或边缘分布。这种模式的裂缝是冻融循环作用造成破坏的早期迹象。低质量石灰石骨料通常是形成 D 型裂缝的主要原因。

（3）细裂缝。细裂缝包括混凝土表面出现的细小裂缝，这些裂缝没有任何变形的迹象，特别浅，呈间隔不规则的紧密排列，可能有几毫米长。细裂缝通常是随着干湿期交替由混凝土膨胀冷缩引起。新浇混凝土的快速干燥也会引起混凝土表面的细裂缝。

（4）裂缝分析及维护措施。表 6.1－2 列出了混凝土裂缝检查时需要的主要信息，这将有助于辨认有危险的裂缝，提出裂缝产生的可能原因以及可能的纠正措施。

表 6.1－2　　　　　　　　　　　混凝土裂缝检查时需要的主要信息

裂缝位置		类型/特征	可能的原因	可能的纠正措施
混凝土坝	坝顶	横向，从上游向下游延伸，30cm 或更深	大坝超载；地震；地基下沉	—
		横切面垂直或横向错位，缝宽大于 1mm，错位大于 2mm	地基的差异下沉；地震；坝体超载	降低水库水位，处理坝基
	坝面	垂直和对角，超过 1.5m 长、30cm 深	过度应力；约束区域内温度下降	用环氧胶浆密封裂缝，并恢复混凝土块的强度，如果发生渗漏，则可能用螺栓堵水式隔膜覆盖裂缝
	坑道	垂直裂缝连续穿过墙壁、天花板和地板，开口宽度超过 1mm，有些渗漏	大体积混凝土的冷缩及地基附近的约束	注入水泥或化学灌浆
		有明显渗漏的其他裂缝	水库和上游坑道的温度梯度	注入水泥或化学灌浆以封闭裂缝
	支墩坝的支墩、板	垂直，从地基向上延伸，即使在夏季也很明显，超过 3m 长	地基下沉；大体积混凝土支柱的温度变化；地震	在较冷的天气中用环氧树脂浇筑；用后张法加固和支撑支墩
溢洪道和隧洞与涵洞	隧洞与涵洞或消力池底板和墙	开口宽度大于 1mm，深度超过 15cm	温度变化；加固不充分	清洁干净，取出松散的混凝土，将环氧树脂注入裂缝中，修整表面，增加强化物
	隧洞与涵洞的入口和出口结构	引起大坝结构墙体裂缝渗漏的裂缝	不均匀沉降；地基下沉	用环氧、水泥浆密封裂缝改善地基支撑；地基处理
	终端部分	结构性裂缝	—	

利用经验与实践尽可能全面地查明为什么会产生裂缝。知道原因可以找出有效的维护措施，并提出防止进一步开裂的方法。建议维护措施应该由专业工程师评估。维护措施包括：

1）对于存在渗漏但不受高静水压力的裂缝，处理可通过注入弹性填料（如果裂缝变形可以预知的话）或刚性环氧砂浆充填裂缝。

2）对于渗漏且伴有高静水压力的裂缝，可能需要安装排水系统。

3）如果结构稳定性分析表明裂缝影响了结构的稳定性，那么结构构件之间或结构与基岩之间的局部受力可能是异常的。

使用的修补材料包括环氧乳液、聚丙烯酸酯乳液、聚合物混凝土或砂浆、纤维增强混凝土和极低水灰比混凝土。

（5）报告有危险的裂缝。如果发现新的、严重的成片裂缝或裂缝发生突然变化，应该进行测量，记录变化，并采取下面所建议的行动。

1）注意明显的裂缝、成片裂缝以及个别裂缝的变化趋势。可以缩短测量之间的间隔时间，或安装适当的监测仪器。

2）如果观察到新的成片裂缝，要考虑开始进行裂缝调查，以彻底记录结构中的所有裂缝及其特征。

3）若检查到一条大的新裂缝；或是自上次观察以来其特征发生显著变化的裂缝；可能对结构或设备运行有害的裂缝变形（例如，闸门不对齐，阻碍闸门的运行和泄水）；重大渗漏等时，应联系专业工程师。

4）如果发现过量的水或有排水系统无法处理的水流过裂缝，建议维修。与专家一起进行检查，以确定适当的维修方法。

5）根据自己的学习和经验，提出一些小的或临时的维修措施。

6.1.3　混凝土劣化

1. 混凝土劣化及特征

（1）定义。混凝土劣化是指混凝土表面或内部的任何不利变化，导致混凝土分离、断裂或失去强度的现象。

（2）混凝土劣化的危害。劣化会削弱混凝土构件的设计强度，导致混凝土构件失效，混凝土坝可能因混凝土强度降低而发生滑动或倾覆破坏。

混凝土劣化可能导致渗漏和相关压力增加。劣化还可能导致结构变形，造成诸如闸门等机械特性受到束缚，而闸门必须正常运行才能确保大坝的安全。

劣化有可能是结构中使用的所有混凝土都有严重缺陷所致。诸如静水压力或土压力等产生的应力超过结构强度时，大坝或附属结构可能会发生破坏。

（3）劣化的类型。混凝土劣化类型见表6.1-3。

表6.1-3　　　　　　　　　　混凝土劣化类型

类型	描　　述	后　　果
崩解	破碎或变质成小颗粒	混凝土构件可能失效；混凝土劣化最严重的形式之一
剥落	混凝土块从表面（通常是片状或楔形的）脱落，通常是在边缘，主要原因如下：①冲击或外部压力风化；②内部压力（例如，表面附近的腐蚀钢筋）；③混凝土内部膨胀；④建筑物上或建筑物周围的火灾	接缝止水附近渗水；漏筋；出现结构薄弱点
析出	混凝土内钙化物析出，在接缝、裂缝或混凝土表面沉积	由于钙的去除，可能导致开口扩大，导致渗漏增加和快速劣化
空鼓	如果混凝土表面下有空隙、分离或其他缺陷，用锤子、击骨器或其他钢制工具敲击时会发出空心的声音	混凝土强度降低以及更易进一步劣化
剥蚀坑	混凝土表面的局部由于内部压力而破裂（通常是由于湿化/冻结导致的有害粗骨料颗粒膨胀），留下一个浅的圆锥形凹陷	更易进一步劣化
孔洞	局部崩解引起混凝土表面有相对较小的孔洞	更易进一步劣化
剥离	混凝土或砂浆表面剥落	更易进一步劣化

干燥收缩、温度应力和冻融作用，是前述混凝土开裂的原因，也会导致混凝土劣化。混凝土劣化的其他原因见表6.1-4。

表 6.1-4 混凝土劣化的其他原因

原因	定义/因素	后果
不合格混凝土混合料	因素：①级配不当的骨料；②含水泥或含水量不当；③含气量不足或不适当；④不充分的混合、放置或固化程序或设备；⑤外加剂使用不当	强度降低；更易劣化
化学侵蚀		
硫酸盐侵蚀	定义：土壤或地下水中的硫酸盐（铝酸钙成分）和混凝土中铝酸钙的反应。 因素： 未考虑抗硫酸盐侵蚀的混凝土材料和配比，土壤或地下水富含硫酸盐	混凝土（通常颜色浅），用锤子敲击时容易脱落 其他迹象：①开裂；②剥落；③剥离；④污渍；⑤完全崩解
酸蚀	定义：酸和波特兰水泥、石灰岩或白云石骨料中的氢氧化钙反应。 因素：①污水；②煤矿排水；③煤渣堆；④附近工业排放的大气气体；⑤工业废物	酸性化合物的浸出：①彻底清除混凝土表面；②颜色变化。 钢筋腐蚀和弱化，导致相邻混凝土应力过大，可能开裂或剥落
碱骨料反应	定义：水泥中可溶性碱与骨料的反应。 因素：利用海洋沉积物作为骨料，或者利用含燧石河流砾石页岩	可能持续多年的异常膨胀开裂 早期指标：①网状开裂，通常在暴露于干湿循环的区域，如：防浪墙、桥墩、坝顶；②风化；③水垢；④骨料颗粒周围的白色环；⑤在孔隙、裂缝或开口处渗出的凝胶状物质（碱-硅反应）。 严重反应迹象：①起重管线处的断块；②闸门黏合；③严重开裂；④结构强度损失和极限破坏
金属腐蚀	定义：当水（尤其是盐水）接触到混凝土中的钢时，会形成氧化铁或铁锈。 水接触到嵌入混凝土或混凝土上的铝时铝的腐蚀	导致上覆混凝土开裂和剥落铁锈（主要影响薄结构）。 钢和混凝土之间的黏结断裂，破坏结构强度
金属腐蚀（续）	因素：桥面和类似结构上的除冰盐，可导致腐蚀而不会导致混凝土的初始劣化	迹象：①混凝土顺钢筋方向的裂缝；②表面有锈渍；③剥落；④钢筋外露；⑤靠近无保护铝鱼梯、液压泵、闸门和护栏的混凝土劣化
磨蚀	因素：含砂石、碎屑和冰等磨料的快速流动的水。 球磨：研磨表面，通常呈圆形，尤指在消力池中	软骨料或骨料周围基质材料的磨损。 磨蚀磨损，尤指在流道或拐角处的突然变化处。 混凝土表面损失，有时严重破坏混凝土
空蚀	定义：气泡的形成和随后的羽状突起，产生冲击波，当高速水流突然改变方向时，就会产生低压区。 因素：产生湍流的偏移或不规则性	表面凹凸不平。 跳跃式损伤模式。 常见位置：①闸门和阀门下游；②陡坡滑槽、隧道或导管。 溢洪道或泄洪口工程快速崩塌的危险，以及在大流量期间大坝潜在的后续破坏

2. 混凝土劣化检查

在检查过程中，一些劣化情况可能会立即或在不久的将来影响大坝的安全。

（1）状况调查。状况调查是混凝土状况的详细工程研究，包括工程数据审查、现场调查和实验室测试。如果对正在检查的大坝进行了状况调查，就可以给评估可能遇到的混凝土缺陷提供依据。

（2）表面测绘。表面测绘是以系统的方式记录混凝土缺陷。如本节所述，应包括所有类型的劣化。可以使用详细的图纸、照片或录像完成表面测绘。当使用照片时，应使用直尺或熟悉的物体来表示比例。网格有时用于覆盖绘图的一部分，以便可以轻松显示裂缝和其他缺陷的位置。混凝土劣化表面测绘示例见图 6.1-3。

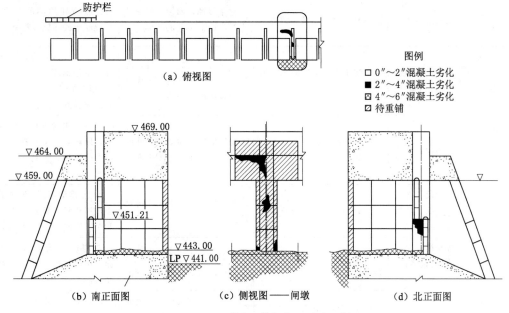

图 6.1-3 混凝土劣化表面测绘示例

（3）混凝土劣化分析。表 6.1-5 有助于在检查大坝混凝土时，识别危险混凝土劣化，寻找劣化的可能原因，并建议可能的解决措施。

表 6.1-5　　　　　　　　　　混凝土劣化检查时需要的主要信息

劣化位置		劣化类型	可能的原因	可能的解决措施
混凝土大坝	坝顶和坝面	裂缝不规则分布，沿着裂缝的易碎混凝土，常伴有渗出物； 支墩或结构其他部分的倾斜或变形	碱骨料反应；混凝土膨胀	用灌浆或其他密封剂填充裂缝，使外露表面形成防水罩； 在极端危险时；降低水库水位；限制运行；重建或拆除大坝
	坝面	直径超过 30cm 的几处剥落，支墩坝钢筋外露	冻融作用；接缝处的差异变形；应力集中	修补混凝土，采用新的混凝土面层或喷射混凝土以防止大面积损坏
	支墩坝：面板或拱形面板	露筋、锈蚀、混凝土开裂、膨胀、点蚀或剥落过多、渗漏明显	风化；硫酸盐侵蚀；碱-骨料反应；钢筋锈蚀	清除损坏的混凝土，清理钢筋，添加新钢筋，用环氧砂浆或新混凝土修补，部分重建面板或砌块
	支墩坝：支墩	裸露、钢筋锈蚀、开裂和膨胀的混凝土、大片剥落	风化；硫酸盐侵蚀；碱-骨料反应	清除损坏的混凝土，清理钢筋，添加新的钢筋，用环氧砂浆修补；部分重建或加固和支撑支墩

续表

劣化位置		劣化类型	可能的原因	可能的解决措施
输水工程建筑物	隧洞或涵洞：混凝土衬砌内表面	网状裂缝、点蚀、剥落	化学侵蚀、腐蚀、气蚀及土堤高载荷引起的变形	修复重建损坏的衬砌，用混凝土或环氧砂浆修补
溢洪道	进水段底板和侧墙	衬砌消失；冲刷破坏坝顶结构	初始混凝土施工不良；高侵蚀力；不平衡的压力作用于边坡衬砌；涡旋	用混凝土或环氧砂浆修补和重建损坏的衬砌；锚固边坡衬砌；提供排水；采用防涡流结构引导层流
	控制段：底板	破碎的底板；基础暴露	初期混凝土质量差，冲蚀力大，对板水压力不平衡	清除并更换损坏的混凝土，用环氧砂浆修补裂缝和腐蚀区域；锚衬；提供排水
	控制段：支墩和边墙，坝顶溢流段	开裂和剥落，钢筋外露	劣质混凝土；碱-骨料反应；空蚀	凿除或清除劣质混凝土，用环氧砂浆修补裂缝和腐蚀区域，增加通风口
	控制段：闸墩与底板或溢流堰	点蚀、冲刷、外露骨料和钢筋	空蚀；水中化学物质的侵蚀；冰的侵蚀或碎片的侵蚀	清理或凿除混凝土表面，用环氧砂浆修补并抛光表面
	泄槽	修补部位、混凝土缺失、露筋	由于不规则或粗糙表面或携带的碎片侵蚀而产生的气蚀	凿除损坏的混凝土，用混凝土或环氧砂浆修补、磨平
	挑坎（非淹没）	可见冲刷孔（直径超过30cm），破碎混凝土块，露筋	施工过程中未从消力池中清除废弃物	拆除受损混凝土，重新建造消力池混凝土至规定设计；防止受损物体进入消力池
	消力池和下沉式消力池	底板超过15cm深的冲刷孔；底板丢失；外露和损坏的钢筋；水池中的巨砾	水跃形成不足；砾石和漂石滚入消力池	调整闸门操作，改善底流；移除滚石，滚入消力池；增加尾水；用硅粉、纤维材料代替混凝土或使用修补水泥、钢衬里、成型衬里、具有耐磨骨料的高强混凝土
	消力墩或尾坝	破损，外露钢筋	气蚀；大岩石或其他坚硬的碎屑在消力池或消力池中	修复消力墩；改变消力墩形状；调整闸门操作，以便发生有效水跃；防止碎屑进入消力池；在维修中使用更高质量的骨料和混凝土

通过结合个人经验与实践，尽可能全面地了解劣化原因。了解原因可能会有助于发现解决方案，或有助于采取措施防止进一步损害。例如，如果看到接缝相邻部位的大面积剥落，特别是在溢洪道面板上，请检查接缝。接缝填料的损失用沙子或沉淀物替换会使接缝太硬而无法膨胀，从而导致剥落。清除接缝上的碎屑和使用新的接缝填料有助于防止进一步剥落。

混凝土质量差可能导致混凝土劣化，请检查施工记录以获取有关混凝土的信息。如果接缝处的差异变化或压力集中可能是造成损坏的原因，则应审查仪器数据以获取这些情况的证据，或建议安装额外的仪器以监测受影响区域。

注意修理是否有效。对混凝土劣化采取的纠正措施通常包括移除劣化混凝土，并用优质混凝土或其他修补材料替换。利用环氧材料进行浅层修补时，需注意可能会因气温大幅下降而使得修理存在缺陷，导致修补区域收缩和破坏等。

3. 报告危险的混凝土劣化情况

如果观察到混凝土的劣化可能影响大坝的安全，应该：

（1）测量并记录受损区域。

（2）将观察结果与状况调查（如果有），地表图或其他关于劣化现象的资料进行比较。

（3）警惕混凝土中可能与整体问题有关的其他类型的劣化。

6.1.4 表面缺陷

表面缺陷本质上可能不是渐进的。也就是说，它们并不一定随着时间的流逝而变得越来越广泛。这些情况可能包括：①混凝土表面的浅层缺陷。②不正确的施工技术导致的缺陷。③对混凝土表面的局部损坏。

1. 表面缺陷类型

混凝土表面缺陷类型见表 6.1-6。

表 6.1-6   混凝土表面缺陷类型

类型	原　因	描　述
蜂窝麻面	不良施工管理：由于浇筑不当或振动不足而导致脱离	粗骨料颗粒之间的空隙
分层	混凝土含水量过大或过度振动导致的分层或施工缝	分离成横向层，较小的物质集中在顶部附近。可能的结果包括强度不均匀，薄弱区域和浇筑层剥离
模具滑移	浇筑时移动或振动	轻微偏移的块、不均匀的接缝和表面
污渍	来自河流的沉积物，具有腐蚀性或污染性	褪色
冲击损伤	移动的卡车、船只、起重机或碎片造成的冲击	损坏或剥落的表面

2. 表面缺陷检查措施

表面缺陷与裂缝不同，裂缝可以很好地穿透混凝土，而表面缺陷通常很浅，不会对结构造成直接危害。然而，它们也许会使混凝土更容易发生严重劣化。若观察到混凝土表面存在缺陷，应记录其性质及位置，并注意需要迅速修复（如给混凝土浇水）以避免可能导致更大范围劣化的缺陷。

6.1.5 小结

混凝土缺陷信息汇总见表 6.1-7。

表 6.1 - 7　　　　　　　　　　　混凝土缺陷信息汇总

缺陷	类　型	注　意　事　项
裂缝	结构裂缝	任何新的、严重的或大面积的裂缝
	成片裂缝	仪器测量显示变形或应力过度。 沿裂缝的垂直和横向错位。 裂缝中的渗漏
劣化	崩解	混凝土异常膨胀。 浅色混凝土，撞击时容易剥落
	剥落	钢筋锈蚀迹象。 高速流动区域的损坏，可能是气蚀的原因。 任何新的、严重的或大面积的离析或剥落
	析出	大面积受影响
	空鼓	
	剥蚀坑	
	孔蚀	
	剥落	
表面缺陷	蜂窝状	可能导致近期混凝土严重劣化缺陷
	分层	
	跑模	
	污渍	
	冲击损坏	

6.2　其他水泥基材料缺陷

6.2.1　概述

除常规混凝土外，其他水泥基材料常用于大坝和附属结构。每种材料都有着明显不同的用途、特性和与之相关的缺陷。其他水泥基材料包括：砂浆、灌浆料、水泥土、碾压混凝土和喷射混凝土等。

6.2.2　砂浆

1. 砂浆的组成和使用

砂浆是由水泥、沙子和水混合成的一种塑性黏稠材料。砌石坝主要由石头、砖块、岩石或混凝土砌块与砂浆结合而成。因此，如果检查一个砌石坝，需要评估砂浆的状况。

2. 砂浆缺陷的危害

如果砂浆没有将砌石块黏结在一起会破坏整个结构。砂浆缺陷最常见的后果是产生裂缝和开口，这使得库水通过砌石块之间的间隙渗漏，导致砌块之间的剥离。侵蚀和冻融作用会破坏和移除大坝表面的砂浆。当砌石块不再接合时，水压力就会将大坝的块体抬起来，并将它们运向下游，从而冲破大坝。许多砌石坝的设计是允许洪水漫过坝顶。如果这些坝的砌块没有被砂浆黏合在一起，上部的砌块可能会在水漫过顶部时被冲走，大坝可能会被破坏。

3. 砂浆缺陷的类型

砂浆易劣化和开裂、抗压强度不足和黏结力不足。

（1）劣化和开裂。砂浆劣化和开裂的主要原因是水浸透砌块和砂浆，然后冻结。现代高抗压强度砂浆和加气砂浆可经受多次冻融循环，但大多数砌石坝都是用易受冻融破坏的砂浆建造的。

劣化的其他原因包括干-湿循环作用、浸出和溶蚀。石灰浆很容易受到水的溶蚀，在某些情况下还会浸出，特别是老化的石灰灰浆。

（2）抗压强度不足。没有足够抗压强度的砂浆不能承受砖块的重量，因此当砂浆被压缩时，结构就会变得不稳定。

（3）黏结力不足。建设年代较早的砌石坝，质量控制较差，因此混合物成分、含水量、温度和其他因素并不准确。砂浆可能没有与砌块黏合，造成砂浆与砌块之间有缝隙和裂缝。这些开口允许水在压力下进入砌块并可能抬高砌块。

4. 识别砂浆缺陷

以下情况可能存在砂浆缺陷。

（1）查找危险的砂浆缺陷。查看水库水位以上大坝坝面上下游的砂浆接缝，看是否有劣化迹象，这个位置是最有可能发生冻融破坏的地方。估计砂浆缺失或老化的程度。寻找靠近水线的砖石块或石头移动的迹象。

水可能通过砂浆的缝隙或裂缝从下游坝面的砌块之间渗出，甚至喷出。请参阅以前的检查报告，以确定漏洞是否是新的，漏水量是否增加了。

砂浆的普遍老化可以削弱砌块之间的黏结，使砌块移动位置并变得不稳定。在洪水期甚至在正常应力下，较高的水库负荷都可能导致倒塌。如果大坝中相当大部分的砂浆丢失或碎裂，大坝就有倒塌的危险，特别是大坝是由形状不规则的石头而不是成形的石块建造的情况。

（2）记录有危险的砂浆缺陷。如果观察到可能会影响大坝安全的砂浆缺陷，应该记录渗漏的位置和程度，以及可能危及大坝稳定性的严重老化砂浆。如果怀疑石块移动或转动是由于砂浆失效引起的，则应通知有经验和资质的工程师。

6.2.3 灌浆料

1. 灌浆料的组成和使用

传统的水泥灌浆料是由纯水泥或水泥和砂子与水混合成一定稠度的黏稠液体，这些液体被浇灌或注入接缝、裂缝、空洞或其他空间，以阻止或阻碍水流过这些空间。化学灌浆料是由环氧树脂、聚合物砂浆或聚丙烯酸酯乳液来代替水泥。

在大坝中进行灌浆的目的包括以下几方面：①加固岩体。②在称为"灌浆帷幕"的坝基中形成防渗屏障。③作为碾压混凝土黏结层。④在岩石和混凝土中固定螺栓、锚或其他装置。⑤修补混凝土裂缝或变质区。⑥填充衬砌隧洞和管道周围的环形空间。

2. 灌浆料缺陷的危害

灌浆不足可能会导致的问题：①通过岩石、混凝土或碾压混凝土大量渗水。②坝下过度渗水，造成高抬升压力或管道堵塞，导致溢洪道或出口工程闸门等设备无法使用。③岩石或混凝土紧固件或锚的破坏，可能导致滑动。

3. 灌浆料缺陷的类型

灌浆料容易劣化、开裂、收缩和黏结失效等问题：

（1）变质和开裂。冻融循环作用造成近地表灌浆料劣化和开裂。渗漏水可以逐渐溶解砂浆。嵌入式锚杆的膨胀和收缩或腐蚀会导致固结砂浆的开裂和剥落。

（2）收缩。用环氧树脂制成的浆液在气温大幅下降时会收缩。尤其是用于浅层修复时特别容易收缩和碎裂。

（3）不能黏合。灌浆施工时，混合成分、水含量或其他因素可能是不正确的，导致混凝土、岩石或其他材料不能黏合。灌浆位置的缝隙为劣化和渗漏提供了开口。

4. 查明危险的灌浆缺陷

在检查混凝土、碾压混凝土、金属或岩石等其他材料的同时，也应检查灌浆效果。灌浆中最严重的缺陷是造成渗漏（灌浆的目的是限制或防止渗漏），或因锚固失效而导致不稳定。

（1）查找灌浆料缺陷。除了很小的表面积外，大多数灌浆流入到裂缝和孔洞不能肉眼检查。以下情况表明灌浆不足：①灌浆的裂缝中存在渗漏现象。②灌浆帷幕增加坝基的渗流或扬压力。③裸露的灌浆收缩，出现尘土飞扬的外观。④开裂及劣化。⑤螺栓、锚或其他嵌入物品松动或腐蚀。

（2）报告危险的灌浆缺陷。如果观察到可能影响大坝安全的灌浆缺陷，应该：①记录灌浆区的渗漏的位置和速度，如果仪器数据或渗透率表明灌浆帷幕可能无法正常工作，通知专业技术人员。②采集渗流水样本用于实验室分析。③记录没有维修好的和破裂、劣化的灌浆位置。④注意松散或腐蚀的嵌入物。

6.2.4　水泥土

1. 水泥土的组成和使用

水泥土是由硅酸盐水泥、土壤和水混合而成的一种坚实、相当干燥的混合物。在筑坝工程中，它主要用作护坡抛石的替代物。

水泥土通常浇筑在 2.5～3m 宽、15～30cm 厚的水平层中。按正确宽度一层一层添加（在添加下一层之前，每一层都被压实），直至达到适当的深度。

出于护坡目的，将水泥土以梯级方式铺设在路堤或河道边坡的表面上。了解这种施工方法是识别水泥土缺陷的关键之一。水泥土护坡立面图见图 6.2-1。

2. 水泥土缺陷的危害

用于护坡的水泥土遭到破坏，使路堤材料或沟道边坡受到波浪作用、地表径流和高速水流的侵蚀。当堤坝上游坡面或溢洪道两侧或临近堤岸处防护失效时，大坝可能会受到侵蚀、决口甚至完全破坏。

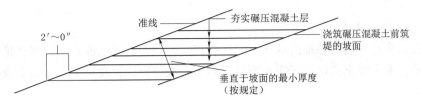

图 6.2 - 1 水泥土护坡立面图

3. 水泥土缺陷的类型

水泥土会发生断裂、浇筑层剥落、开裂和劣化。

（1）浇筑层的断裂和剥落。浇筑层的黏结是土壤水泥护坡中最薄弱的点。由于每个浇筑层被分开压实，所以浇筑层基本上是相互堆叠的板，每个板具有 $30 \sim 90cm$ 的暴露的偏移边缘。波浪作用产生一个上托力，易于分离混凝土板。

冻结温度也可能对外露面造成损害。当浇筑层之间结冰时，其便不会很好的黏结，水泥土可能会开裂。冻结的水也能渗透和扩大浇筑层现有的裂缝。

水泥土护坡典型破坏形态见图 6.2 - 2。

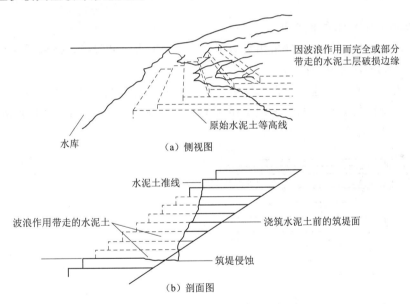

（a）侧视图

（b）剖面图

图 6.2 - 2 水泥土护坡典型破坏形态

（2）开裂。除了因冻融循环作用而开裂外，水泥土也可能因收缩、沉降、回填或地基问题而开裂。所有的水泥土都有裂缝，但不是所有的裂缝都很严重。但是，如果水渗透到水泥土中，使下垫层或路堤饱和，而水库下降过程中排水不足时，则可能会给水泥土产生过大的压力（如果堤坝排水不够快的话，突然下降的水库水不再平衡堤岸的压力）。不平衡的静水压力可能会突然增大，或迫使部分水泥土面层远离堤岸。

（3）劣化。水泥土的劣化是指由于水泥土成分的分离而引起的水泥土表面或内部的任何不利变化。劣化可能是由于混合物或混合不当、浇筑不良、压实不当或固化不足造成的。劣化的水泥土可能破碎或表面凹凸不平。浇筑层通常会随着劣化而发生开裂和剥离。

4. 识别水泥土缺陷

由于无法将每一层的外部边缘压实，所以用于护坡的水泥土通常外观都很粗糙。这种不均匀性不影响水泥土的性能，需要能够识别出有缺陷的、正在影响大坝安全或存在恶化趋势的水泥土。

（1）查找水泥土缺陷。当下层基础因水泥土的破坏而受到侵蚀时，作为护坡材料的水泥土遭到破坏会给大坝带来影响。除非在细粒无黏性土料和水泥土层之间设有反滤层，否则颗粒土可能穿过裂缝，在水泥土后产生空洞。对空心区域的水泥土进行探测，特别是在设计未提供反滤层的情况下。

（2）报告有危险的水泥土缺陷。若观察到可能会影响大坝安全的水泥土缺陷，应记下有裂缝和缺失的水泥土及裂缝的位置和尺寸以及恶化的程度，包括排水不足和侵蚀的迹象。如果观察到大面积失效的水泥土，其使得下层路堤容易受到波浪侵蚀，则应通知有经验且有资质的工程师。

6.2.5 碾压混凝土

1. 碾压混凝土的组成和使用

碾压混凝土（RCC）是一种采用类似于土方施工的方法和设备，采用低含水量混凝土分层密实施工的一种混凝土结构。

大坝可由碾压混凝土建造。在大坝中，碾压混凝土经常与传统混凝土面板混合使用。使用传统混凝土面板的碾压混凝土坝上游坝面施工情况见图 6.2-3。碾压混凝土溢洪道俯视图见图 6.2-4。

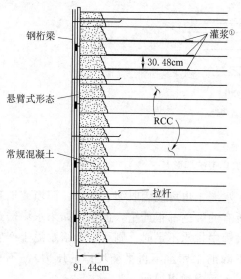

图 6.2-3 使用传统混凝土面板的碾压混凝土坝上游坝面施工情况示意图

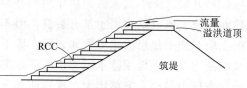

图 6.2-4 碾压混凝土溢洪道俯视图

①通常在层与层之间浇筑灌浆，从碾压混凝土/混凝土面向黏结层延伸至少 3.7m。

2. 碾压混凝土缺陷的危害

由于整个大坝或大坝的主要组成部分可能由碾压混凝土建造，严重的缺陷可能导致大坝滑坡。

3. 碾压混凝土缺陷的类型

碾压混凝土缺陷的类型包括裂缝、渗漏和劣化。

（1）裂缝。碾压混凝土裂缝可由以下原因引起：①因材料或线形变化，或基础、桥台差异变形引起的基础几何突变。②体积变化。③材料的热收缩过慢，或在高温天气下铺设时没有采取防止水化热积聚的措施。④表面干燥。

严重的裂缝可能会削弱单元的结构完整性，导致倒塌。用于水坝和附属物的碾压混凝土应尽可能防水。碾压混凝土中严重的裂缝可能会导致碾压混凝土层间的渗漏和黏结性能的劣化。

（2）渗漏。碾压混凝土的渗漏可由以下因素引起：①裂缝。②排水系统不充足或有故障。③上游面不足。④碾压混凝土材料或施工方法存在不足，比如浇筑层之间没有黏结，碾压混凝土材料混合不充分、没有压实、材料之间分离，地基或桥台的错误连接等。⑤土工膜的破裂。

（3）劣化。碾压混凝土的劣化是指碾压混凝土表面或内部因成分分离而发生的任何不利变化。通常，碾压混凝土与常规混凝土的劣化原因相同。

化学侵蚀，包括硫酸盐侵蚀、酸侵蚀和碱-骨料反应，可能导致严重变质从而危及碾压混凝土构件的完整性。

侵蚀或冻融作用可能破坏碾压混凝土的表面，留下裂缝和进一步劣化的开口。

施工程序或混合物成分不当也会导致劣化。

4. 识别危险的碾压混凝土缺陷

（1）查找危险碾压混凝土缺陷。如果在检查之前就已经有裂缝测量调查、地面图或其他对于裂缝和劣化的描述，请将观察结果和过往记录进行比较。寻找新的、严重的、大面积的或显示突然发生变化的裂缝或劣化。

在排水口观测的渗漏量或大坝其他部位的渗漏量突增，说明存在渗漏问题。渗漏常发生在以下部位：①浇筑层之间。②与常规混凝土的接合处。③土工膜表面或周围。④施工缝或伸缩缝处。

（2）报告危险的碾压混凝土缺陷。如果观察到了会影响大坝安全的碾压混凝土缺陷，应该：①记录有潜在危险的裂缝、劣化或渗漏的范围和位置。②如果观察到的渗漏量自之前的检查后大大增加，或者发现主要的横向裂缝出现垂直或横向偏移，请咨询专业工程师。

6.2.6 喷射混凝土

1. 喷射混凝土的组成和使用

喷射混凝土是通过软管输送的砂浆或混凝土，并以气动方式高速喷射到支撑面上。喷射混凝土的其他名称包括气动砂浆（PAM）、空气喷射砂浆、喷射混凝土、喷射灰浆和喷火药。喷射混凝土用于：①隧洞衬砌（作为主要的支撑和最后的衬里）。②在消力池和其他地点修复破损或劣化的混凝土。③稳定和保护岩石边坡。④覆盖在混凝土、砖石或钢上。⑤嵌入栅极导轨。⑥溢洪道顶部的建造。⑦构造难以成形的结构形状。⑧很多修补类型。

2. 喷射混凝土缺陷的危害

喷射混凝土作为隧洞主要支护结构，如遭破坏，会导致隧洞坍塌。在大坝中，隧洞可以作为泄洪道，而泄洪道的破坏会使大坝处于超限和可能倒塌的危险之中。

当喷射混凝土用于保护、修理或稳定另一种材料时，喷射混凝土的破坏可能导致底层材料的破坏；混凝土结构件可能被破坏，岩体滑坡可能阻塞隧道或渠道溢洪道，外露材料的劣化可能危及大坝。隧洞或桥台斜坡上的落石会破坏桥台的稳定并且危及大坝。

3. 喷射混凝土缺陷的类型

喷射混凝土与传统混凝土一样，也存在裂缝、劣化和表面缺陷等一般问题。喷射混凝土的特殊问题包括干燥收缩裂缝（简称"干缩裂缝"）、空隙、分层（脱黏）和表面缺陷。施工不当是造成喷射混凝土缺陷的主要原因。施工记录可以表明使用喷浆混凝土施工人员是否认真负责。

（1）干缩裂缝。由于喷射混凝土的表面体积比很大，缺乏适当的养护往往会导致快速干燥和随后的收缩以及开裂。

（2）空隙。当回弹骨料堆积或者气泡未被填充在喷射障碍物后面时，喷射混凝土中就会有空隙形成。

不当的工艺、设备和材料会生产出等级差的喷浆混凝土，其可能含有空隙或其他缺陷，如厚度不均匀或覆盖不充分等。

（3）分层。分层是喷射混凝土与底层表面的分离，并且经常产生收缩裂缝。应用不当是主要原因，缺乏适当的表面处理（未能去除不好的材料），也是一个常见因素。固化不足也会造成分层问题。

（4）表面缺陷。如果喷射混凝土层厚度不足或无法提供完整的覆盖层，底层材料可能会劣化。

4. 识别喷射混凝土的缺陷

在检查喷射混凝土时所观察到的一些干缩裂缝、空隙、分层、和缺陷表面，可能会立即或在不久的将来对大坝造成危险。

（1）查找危险喷射混凝土缺陷。当喷射混凝土形成结构件（例如隧洞的主支撑）时，其缺陷变得特别危险。

在喷射混凝土中使用锤子、防喷器或类似的撞击工具来探测空隙。请检查以下位置：①内部的角落。②墙基处。③过度加固和嵌入物体。④水平面上。

探测也可以揭示是否发生了大范围的分层。

可能观察到喷射混凝土被破坏，暴露出遭到破坏或劣化的混凝土，或留下一个容易滑动的陡峭岩石边坡。

（2）报告危险的喷射混凝土缺陷。如果观察到了可能会影响大坝安全的喷射混凝土缺陷，应该：①记录用于修复、稳定或保护其他材料的喷射混凝土裂缝、空隙、劣化或表面缺陷的程度和位置。②如果发现喷射混凝土隧洞支架或衬砌的大范围干燥收缩开裂、分层或劣化，请咨询专业工程师。

6.2.7 小结

水泥基材料缺陷信息汇总见表6.2-1。常规混凝土常见的缺陷绝大多数也会在水泥基材料中出现，表6.2-1中还列出了最为常见的缺陷以及危害最为严重的缺陷。

表6.2-1　　　　　　　　　　水泥基材料缺陷信息汇总

材料	重大缺陷	注意事项
砂浆及灌浆	裂缝、劣化	水库水位以上的上下游坝面接合处易发生劣化； 新增渗漏位置，或渗漏越来越严重的位置； 砌石移位； 大比例的砂浆严重退化
	抗压强度不足	螺丝、胶钉及其他嵌入的零件发生松动； 裂缝或边缘发生渗漏； 嵌入的金属受到腐蚀
	黏合力不足	有灌浆帷幕的大坝地基渗漏情况越来越严重或受到的静水压力越来越大
	收缩	灌浆表面布满灰尘且变脆
水泥土	浇筑层破损并失去黏性	筑堤受波浪作用
	裂缝	暴露在外的筑堤出现深且宽的裂缝
	劣化	
碾压混凝土	裂缝 渗漏 劣化	出现裂缝并有渗漏现象； 浇筑层之间出现渗漏
喷浆混凝土	干缩裂缝	主要的隧洞支撑和隧洞衬砌有坍塌的风险
	出现空隙和分层	出现大面积的空隙和分层
	表面缺陷	下层材料暴露，其缺陷可能危及整个大坝

6.3　金属及涂层缺陷

6.3.1　概述

大坝及其附属建筑中用到了许多金属结构，在检修过程中可能会遇到金属制的闸门、阀门、排水渠、起重机、工作桥以及引桥。为确保大坝的安全性，必须保证结构运行良好。金属结构通常用于控制水位，以及下泄多余水量，因此对大坝安全而言至关重要。金属结构出现损坏也有可能影响整个大坝的安全。在金属材料可能产生的缺陷中，金属腐蚀最为严重。大多数金属所出现的缺陷都属于腐蚀或与腐蚀有关，或最终会导致腐蚀，而涂层可以防止金属出现腐蚀。因此，如果涂层剥落，就可能使金属遭到腐蚀，导致整个结构无法使用。

6.3.2　腐蚀

1. 腐蚀定义和危害

（1）定义。腐蚀是一种电化学反应，表示某种材料与其周围环境发生反应而退化的现象。这种材料通常是金属。

显然，金属部件退化可以由除腐蚀以外的其他过程导致，例如海蚀。然而，这些过程通常都伴有不同程度的腐蚀发生。

腐蚀情况可能广泛分布在金属表面，致使金属脱落的部分相对均匀；也有可能集中在某一片区域，导致金属表面出现麻点腐蚀，甚至有可能穿透金属。根据金属部件的重要程度不同，这两种腐蚀都有可能对大坝整体产生极强的破坏性。

（2）腐蚀的危害。大坝及其附属建筑所遭受的部分腐蚀是无法修复的。这种腐蚀可能仅会导致一些维修问题，或是使大坝看上去不美观，只需稍加更换或重新喷漆即可。然而，如果不及时控制，腐蚀一旦开始，就有可能迅速发展成为严重问题，使整个大坝难以为继。由于遭到腐蚀的部件越来越多，或有重要部分因腐蚀而损坏，阀门及大门可能再也无法使用。如果不采取措施降低腐蚀速率，或使金属材料不再遭受腐蚀，那么除了阀门和大门，还有其他金属结构都有可能出现一定程度的损坏。

（3）腐蚀电池。腐蚀电池（见图 6.3-1）包括四项重要部分，分别是阳极（放置于腐蚀发生的地方）；阴极（此处不会发生腐蚀，事实上，阴极受到保护而不会发生腐蚀）；电解质（通常就是水，要么是水库里的游离水，要么是土壤中留存的水分）；以及连接阳极和阴极的电回路（焊接点、螺栓或拧紧的接头等）。

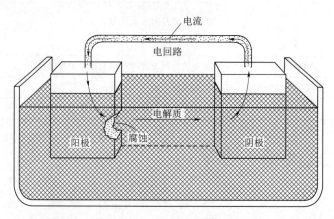

图 6.3-1　电镀腐蚀电池所需的四种要素：阳极、阴极、电解质以及电回路

可以将腐蚀电池视为手电筒里的干电池（见图 6.3-2）。在该电池中，阳极是锌制的杯子，阴极是碳棒，电解质是锌杯里的糊状物，还有电回路将阴阳极连接起来，同时这条电回路也接通了开关和灯泡。由于直流电需要接通灯泡，电流流过电解质从锌（阳极）流向碳棒（阴极）。当电流从锌流向电解质时，锌就会受到腐蚀，这种腐蚀最终会导致电池无法再继续工作。在同样的模式中，由腐蚀电池创造的直流电从阳极流向阴极（水），同时将腐蚀金属结构。如果不及时加以控制，这一过程将使整个结构都无法继续工作。

原电池是最为基础的腐蚀电池，如前所述，这种电池是由不同材料分别作为阴极和阳极所构成的。在使用了黄铜配件（例如阀门）的钢质管道中，通常会出现原电池结构。这种将材料混合使用的例子数不胜数，却会造成许多问题。当这种混合材料浸泡在水中时，水就成了电解质，钢则会作为这一电池中的阳极被加速腐蚀。

　　这样的电腐蚀作用可通过电位序（见图6.3-3）预测出来，电位序是将材料根据相对易腐蚀程度排列出来，如果从电位序选出的两种材料放置在电解质中时可以形成原电池，那么更接近阳极一端的材料就会被腐蚀。

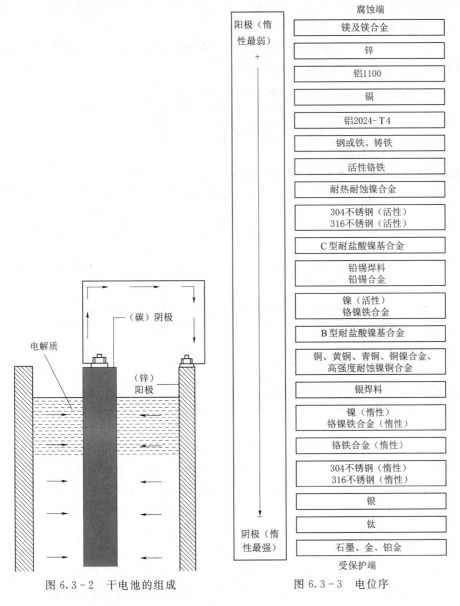

图 6.3-2　干电池的组成　　　　　图 6.3-3　电位序

　　电位序只能说明其中的两种材料组合在一起时哪种会被腐蚀，但并不能说明这种材料的腐蚀速率，材料的腐蚀速率是由其他因素制约的。

可能由于不同金属的耦合以外的原因而形成腐蚀电池。这些原因之一是由电解质的差异引起的。例如，浸入水中的钢结构在结构表面上的氧气浓度不一致，可能遭受严重的腐蚀。淹没结构中这种"差异曝气"效应的一个常见原因是表面的部分被泥浆或其他碎屑覆盖，从而使表面区域无法自由接触水中的溶解氧。电解质中溶解盐的浓度在结构的表面上不均匀的情况下，可以形成类似的腐蚀池。一个常见例子便是一条管道穿过几种不同的土壤类型。

腐蚀电池也可由其他条件（包括热效应和应力集中）产生。

从阳极和阴极分属金属板表面相邻晶体的电池，到管道上阳极面积与阴极面积相隔数倍的电池，腐蚀电池的尺寸大不相同。

（4）腐蚀类型。虽然基本的腐蚀理论是大多数腐蚀电池所共有的，但腐蚀可能通过多种不同方式表现出来。典型的腐蚀形式见表 6.3-1。

表 6.3-1　　　　　　　　　　　　　　典 型 的 腐 蚀 形 式

腐蚀形式	特　　征
全面腐蚀	最常见的腐蚀形式。通常大面积均匀进行，如果不加以控制，会导致表面均匀变薄，并最终导致损坏
电偶或双金属腐蚀	来自不同电偶系列的金属被耦合时会形成该腐蚀，可根据电位序预测该种腐蚀
缝隙腐蚀	通常在局部发生，且较为剧烈，可能发生在垫片下、搭接接头内、表面沉积物上、泥浆或其他碎屑下
点蚀	强烈的、高度集中于某局部的腐蚀，会导致孔直径相对较小且深度较大，可能导致渗透和渗漏
晶间腐蚀	在最常注意到或容易执行不当的不锈钢焊接中，可能会出现"刀线"腐蚀（就像金属被切开了一样），或导致临近焊缝的受热影响区的材料变薄
选择性腐蚀	通过腐蚀从固态合金中去除一种材料。在铸铁中，从合金中去除铁，仅留下碳基质（石墨化）。在黄铜中，从合金中去除铝或锌（脱铝或脱锌）。在任何一种情况下，剩余材料的强度都很小
冲蚀和空蚀	因高速撞击表面而使金属劣化，导致定向凹坑和凹槽
应力腐蚀	在腐蚀性或轻度腐蚀性的环境中，经常会导致高应力材料（例如螺栓）破裂。该破坏无法预料，且结果可能是灾难性的

2. 保护金属免受腐蚀的方法

保护金属免受腐蚀的常用方法包括施加保护涂层（刷涂料）和阴极保护。在设计过程中还可以使用第三种方法，即在结构中加入在预期的特定环境中不受腐蚀的材料。遗憾的是，除了偶尔更换零件之外，现有结构的操作人员无法使用这种方法。如果重新检查基本腐蚀电池，会发现腐蚀发生在阳极，腐蚀过程中产生的电流从结构中放电到电解质中，而阴极没有发生腐蚀，电流会在结构上聚集。如果可以逆转这些阳极电流，也就是说，如果可以迫使结构在所有点上收集阴极电流，那么腐蚀就会停止。这一原理就是阴极保护的基础。结构的阴极保护可以通过多种方式实现，其中最常见的方式是使用牺牲阳极和外加电流。

（1）牺牲阳极的阴极保护。这种阴极保护过程包括将牺牲阳极连接到结构上。这些阳极通常是镁或锌。这些材料都非常接近电镀系列的阳极（腐蚀）端。在运行过程中，这些材料会自由腐蚀，成为新形成的腐蚀电池中的阳极，该腐蚀电池涵盖整个结构作为电池阴极，从而为该结构提供阴极保护。尽管这些阳极是自我调节的，仅需定期检查以确保它们仍在运行（腐蚀）且尚未完全分解，但它们的缺点是需要大量的阳极来保护结构的重要区域。它们还具有在较纯净的水域（例如更高海拔的融雪水域）中仅提供有限保护的缺点。牺牲阳极的阴极保护在管道地下环境中的工作原理见图 6.3－4。管道典型的单牺牲阳极系统和多牺牲阳极系统见图 6.3－5。类似的系统，阳极直接连接到结构上（没有回填材料），可用于水下金属加工。

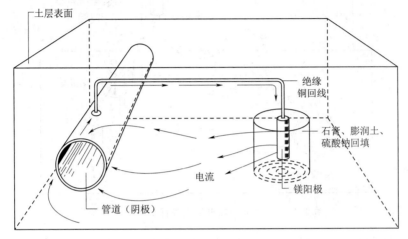

图 6.3－4　牺牲阳极的阴极保护在管道地下环境中的工作原理示意图

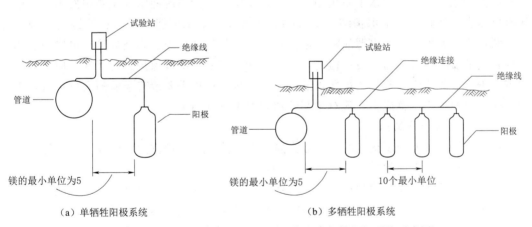

（a）单牺牲阳极系统　　　　　　　　（b）多牺牲阳极系统

图 6.3－5　管道典型的单牺牲阳极系统和多牺牲阳极系统示意图

（2）外加电流阴极保护。该方法包括使用惰性阳极（由不会腐蚀的材料制成的阳极），并从一些直流电源提供电流。所用的阳极可以是碳、铂或高硅钢的导线，这取决于它们将暴露的环境类型。电源通常是整流器（将交流电转换成直流电的装置），尽管已经使用了太阳能电池、风力发电机和其他直流电源。

在操作中，这些系统向结构的所有部分提供阴极电流，从而消除了导致腐蚀的阳极电流放电。

这些系统可以保护大型结构，因为可用的阴极电流仅受可用功率的限制。然而，利用外加电流的阴极保护系统必须精心设计，并且需要经常监测和调整。

管道外加电流阴极保护系统见图 6.3-6。类似的系统，其中阳极直接浸没在水中，具有要保护的结构，可以用于浸没金属制品。

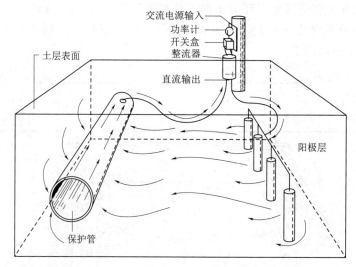

图 6.3-6　管道外加电流阴极保护系统示意图

（3）阴极保护系统的设计与运行。阴极保护系统务必要精心设计，特别是对于外加电流阴极保护系统，因为在水下系统的情况下，从阴极保护系统向水或土壤中发出的杂散直流电可能会导致相邻的未保护结构的腐蚀。阴极保护系统可能由于多种原因而失效，包括：断路或断路器故障、电源故障、避雷器故障、整流器故障、阳极故障。可以通过测量结构到电解质的电势并通过目视检查（如果可能）来确定阴极保护的适当性。应对阴极保护系统进行故障排除并确定阴极保护的适当性，这一过程需要请有经验的人员进行，因为对这些系统的不当调整或会导致对相邻结构的严重腐蚀损坏。

3.识别有害金属腐蚀

在检查期间可能会观察到的大多数金属腐蚀可能仅是维护方面的问题。必须学会识别金属腐蚀何时危及大坝的安全。

（1）金属结构：腐蚀的相对危害。有些结构对大坝的安全尤为重要。当腐蚀导致关键金属结构不可操作时，腐蚀就变得很危险。当泄洪能力受到阻碍，并且大坝处于危险之中时，无法操作的闸门、阀门或启闭机会危及大坝。即使不是特别严重或大范围的腐蚀也可能干扰操作或束缚移动的机械部件。通过堤坝的金属导管需要特别小心地检查腐蚀迹象，因为穿孔可能使水进入周围堤坝，从内部侵蚀堤坝。用作操作桥或交通桥支撑的金属梁如果被大范围的腐蚀作用削弱，可能会弯曲，并妨碍接近闸门或阀门控制装置。在洪水期间不能操作溢洪道闸门可能会导致大坝溢流。

（2）可能发生腐蚀的情况。以下情况或会导致腐蚀：

1）保护涂层缺失或损坏。

2）金属因轧制而弯曲或变形的区域，包括角撑、轧制板、铆接变形、焊接区域、装配期间零件未对准等。

3）引起电偶腐蚀的不同金属之间的接触，包括不兼容金属的门臂、连接件和链条、黄铜钢制螺钉、铜线周围的铅焊料、在青铜轴承中旋转的钢轴，破碎的铁锈或氧化皮（氧化铁）。嵌入混凝土中的异种金属，如铝导管和钢筋（不应将铝嵌入混凝土中）。

4）金属表面上的水分和有限的氧气供应造成电偶腐蚀条件的部位，包括：污染物累积下的部位；在缝隙（缝隙腐蚀）中，如接头和裂缝、铆钉孔、垫圈和阀座；底层涂层（底层涂层腐蚀破坏涂层完整性，使腐蚀加速）。

5）高速流动区域，如管道的加压段、闸门和阀门的下游、针阀和管阀上、闸门附近的出口管上以及方向或流动横截面突然变化的位置。

6）金属因拉伸或动态应力而开裂的位置，例如闸门、闸门密封杆、闸门和桥支架、金属闸板和叠梁、阀门、阀杆、闸门和阀门操作器以及启闭机和启闭机上的移动部件，例如杆和连接销。

7）埋地管道，包括管道新段与旧段相邻插入的接头。

（3）报告有害金属腐蚀。在检查过程中遇到的大多数常规腐蚀情况是维护问题，而不是安全问题，并且通常的结果是建议修复或更换保护涂层。如果遇到以下情况，请咨询腐蚀方面的专家：有害金属腐蚀可能会危及大坝，如腐蚀部位对相对较小程度的腐蚀较为敏感（如在闸门等机械装置中），或者因为腐蚀严重且范围足够大，足以导致金属结构失效。若怀疑金属可能在不可接近的表面上因腐蚀而损坏，如地下金属管道的外部。可通过从另一侧操作的超声波厚度测量设备估计金属厚度，但是由于损伤往往是高度局部化的，因此难以确定点蚀的程度。导管可能需要挖掘以进行彻底检查。点蚀是一种常见的腐蚀形式，通过计算点蚀的数量（如果腐蚀点很少）或使用等级图系统来评估点蚀。用于评估点蚀程度的额定值图表见图 6.3-7，图 6.3-7 中展示出两个样品等级，每个具有标准区域中的凹坑尺寸和凹坑数量的六种变化。在图 6.3-7 中，等级 5 表示腐蚀程度是等级 8 的10 倍。

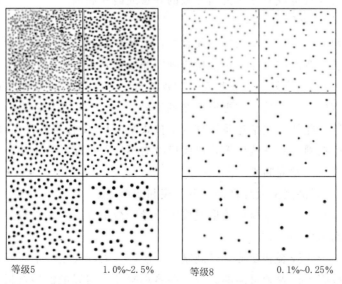

等级5　　　　1.0%~2.5%　　　等级8　　　　0.1%~0.25%

图 6.3-7　用于评估点蚀程度的额定值图表

点蚀会在金属导管上打孔，并使水从内部侵蚀堤坝。请特别注意涂层缺失或有缺陷的区域。涂层中很小的开口会导致该部位严重集中腐蚀。如果检查包括闸门和阀门的操作，则测试闸门和阀门的操作。试验操作是确定腐蚀是否妨碍操作的最佳方法。如果未对这些闸门和阀门进行测试，则应报告闸门和闸门导向装置连接处的严重腐蚀，或针阀和管阀上的沉积物，这些沉积物可能会干扰操作。

6.3.3 开裂和变形

1. 开裂和变形的定义和危害

（1）定义。金属的开裂是一个金属物体分裂成两个或两个以上的部分，而变形则是将金属物体弯曲或扭曲成其设计形状以外的形状。

（2）金属开裂和变形的危害。金属开裂和变形往往会影响机械装置，如起重机和启闭机，或承受静应力和动应力的结构，如闸门和阀门。

深裂缝或大裂缝表明，由于撕裂和破裂而导致的破坏可能很快发生，而变形可能会干扰机械操作。在洪水或其他紧急情况下，设备无法操作可能会因无法释放洪水而危及大坝。

（3）金属开裂和变形类型。金属开裂和变形类型包括：

1）应力腐蚀开裂。金属的开裂和腐蚀可能密切相关，应力腐蚀开裂和腐蚀疲劳既涉及腐蚀力又涉及机械力。应力腐蚀开裂是拉伸应力和轻度腐蚀环境共同作用的结果。

2）疲劳断裂和腐蚀疲劳断裂。疲劳断裂是由于重复弯曲造成的金属强度损失，与腐蚀结合时称为腐蚀疲劳断裂。受影响区域变弱、破裂，然后撕裂或破裂。尖锐的缺口和没有圆角的凹角通常是裂缝开始的点（称为"应力上升点"）。

3）过载失效。过载失效是由超过金属零件的拉伸、剪切或压缩强度的单一应力引起的。例如，由于内部真空或外部压力而导致的导管或内衬屈曲。

2. 识别有害金属开裂和变形

开裂和变形通常会影响金属构件的完整性，因此容易危及大坝的安全。

（1）金属开裂和变形的可能部位。检查闸门和导管是否有金属开裂和变形的迹象。

1）闸门。破裂和断裂处一般发生在闸门连接处、门侧导板、吊耳和附件以及吊耳或钢丝绳处，包括钢丝绳扭结处（应更换扭结的钢丝绳）、钢丝绳弯曲处、钢丝绳涂塑不良处、连接失误处等。此外还包括轮系部件（拖拉式闸门）、支撑空心锥形阀的叶片等部位。

变形通常发生在闸门和吊梁位置，启闭机拉力不均匀可能导致门架和吊梁变形、闸门连接断裂、起重链或钢丝绳断裂。

2）管道。检查焊接接头或配件是否有开裂和变形迹象。

测量导管高度和宽度，以检测蛋形或椭圆形导管被重载压扁。检查导管、衬里和涂层是否因应力集中而出现裂缝。

（2）报告有害金属开裂和变形。若观察到可能影响大坝安全的金属开裂或变形，应注意裂缝和变形的范围、位置和可能的原因；并将观察结果与以前的检查报告进行比较；同时告知专家，以便进行进一步评估。

6.3.4 涂层缺陷

1. 涂层缺陷的定义

金属涂层是一种特殊配方的涂层，用于黏附金属并保护其免受腐蚀。水工建筑物金属涂层分为两大类：适用于浸水或埋入地下的金属涂层和仅适用于大气暴露的金属涂层系统。然而，一些高性能涂层适用于这两类暴露条件。

2. 金属涂层如何防止腐蚀

涂层通过以下一种或多种方式控制腐蚀：

（1）在环境中的金属和腐蚀剂之间形成屏障。但必须认识到，不存在完全和永远的不透水涂层。

（2）逐渐释放缓蚀剂。

（3）牺牲阳极行为，在这种行为中，涂层的唯一或主要成分，如锌，牺牲自身以保护下面的金属。涂层实际上提供了一种阴极保护。

3. 金属涂层缺陷的危害

有缺陷或缺失的保护涂层会使金属零件和结构暴露在腐蚀中，从而导致最终损坏。金属结构（如闸门、桥梁和管道）的损坏可能导致大坝的损坏。

（1）涂层缺陷的主要原因。所有涂层，不仅仅是金属涂层，由于以下一个或多个原因而过早损坏：①表面处理不良（常见原因）。②不良使用程序（常见原因）。③不正确的涂层规格，底漆使用于暴露条件下（罕见原因）。④由于制造过程中的错误或污染而导致涂层系统材料有缺陷或不合格（罕见原因）。

（2）避免过早损坏。可通过以下方法避免过早损坏：

1）前期项目组织阶段，选用合适的规范。必须指定表面处理程度，并选择适当类型的涂层系统。所有规范都必须遵守环境和安全法规，并必须考虑保护周围区域免受过度喷涂等。与承包商和/或涂层人员召开工前会议，有助于消除误解，并在检查和其他不确定因素成为问题之前解决这些问题。

2）整个涂装过程中的检查。研究表明，检查通常延长涂层系统的寿命约 50%。经过专门培训的检查员，如国家腐蚀工程师协会认证检查员，通常可以使涂层系统的寿命延长约 75%。

3）良好的表面处理和应用。这些是成功涂层项目的关键。

4）使用从可靠制造商处购买的优质涂层材料。涂层材料仅占所有涂层项目（最小涂层项目除外）总成本的一小部分。因此，略去所购涂料的质量是错误的。

4. 新表面涂层工艺与重涂工艺的区别

重新涂覆先前涂覆的表面比涂覆新的表面更困难。一个新的表面是相对清洁的，而之前的涂层表面在长时间的暴露过程中已经收集了污染物。这些污染物（箔、油脂、污垢、盐等）必须在介质喷砂或重涂之前清除。如果有一个完整的涂层需要补涂和重涂，完整的涂层和新涂的涂层必须相互兼容。适当的记录保存是涂层系统维护程序的重要组成部分，并且可以减少在现有涂层上应用不相容涂层的机会。

5. 金属涂层的类型

大坝及其相关结构（压力管道、发电厂、管理和维护结构等）的金属涂层大致可分为四类：将完全浸入水中或覆盖回填料（埋入）的涂层；两种涂层都将浸入其中；仅外部暴露于大气的涂层；仅内部暴露于大气的涂层。一些涂层与上述一个或多个子类别重叠。

6. 金属涂层普遍缺陷

金属涂层普遍缺陷见表 6.3 - 2。

表 6.3 - 2　　　　　　　　　　　金 属 涂 层 普 遍 缺 陷

序号	缺陷	原　　因	补 救 措 施
（1）	下垂	涂料用量过多、涂刷过快	在使用过程中，刷去多余的涂层并调整以消除杂质；使用后，使用适当的工具去除凹陷
（2）	橘皮面	油漆太稠和不适当的施工技术	在使用过程中，刷去多余的涂层并调整以消除杂质；使用后，使用适当的工具去除凹陷
（3）	浮泡	金属或涂层表面被油、水或盐包裹；溶剂包封	去除起泡涂层，彻底清洁表面，然后重新上漆
（4）	针孔	不适当的应用条件或技术；溶剂通过部分脱水或固化的涂层"弹出"	在（5）发生之前尽快在干涂层上进行检测
（5）	针尖生锈	（4）的结果，在涂底漆时，钢表面轮廓对涂层厚度来说太高	在锈蚀区域去除锈蚀和现有涂层材料；在重新涂装之前，清洁并准备表面
（6）	分层	黏结不良的底漆、白垩基、不相容的涂层，并超过所用涂层的重涂时间	去除所有分层涂层；在重涂之前，适当清洁并处理黏结良好的涂层或金属表面
（7）	边缘、角落、通道的涂层系统恶化等	难以涂覆的表面；允许收集水分、盐、污垢等的结构设计	圆边；角焊缝和缝隙；排水
（8）	磨损和冲击损伤	冲击和磨损形式的物理磨损造成的损坏	修复损坏；当重新涂层时，使用更多耐磨或抗冲击涂层；如果可行，控制或消除磨损和/或冲击涂层表面的材料通过
（9）	不相容	涂层不适用于相互接触的应用。强溶剂涂层可能会侵蚀只需要弱溶剂的涂层（例如：醇酸树脂上的乙烯基）。其他类型的不相容性是物理和/或化学性质的。不相容性以下列一种或多种方式表现出来：①起皱、起包；②分层；③鱼眼，也由硅、污垢或油的表面污染引起；④弹坑	保持良好的记录，以便在涂覆额外涂层时选择兼容的涂层系统。如果现有涂层系统未知，则应进行相容性试验

7. 特殊涂层的缺陷

特殊涂层的缺陷见表 6.3 - 3。

表 6.3 - 3　　　　　　　　　特 殊 涂 层 的 缺 陷

序号	缺陷	涂层的类型和种类	原　因	补救措施
（1）	网	漆（仅通过溶剂蒸发干燥的涂料），如乙烯基或氯化橡胶	溶剂蒸发过快	在较冷的条件下使用；添加润滑剂（较慢的蒸发溶剂）

续表

序号	缺陷	涂层的类型和种类	原　　因	补救措施
(2)	发红（膜上呈乳白色）纹	漆（仅通过溶剂蒸发干燥的涂料），如乙烯基或氯化橡胶	溶剂蒸发过快	与（1）相同，但必须通过喷砂或喷砂去除发红区域
(3)	褪色	暴露在阳光下的涂层系统	紫外光作用于涂膜或涂膜后水分	用更轻的稳定涂层重涂。如果可行，避免潮湿
(4)	皱皮	最常见于油基和醇酸树脂涂料	由于湿膜太厚，未固化涂层材料表面干燥	除皱，避免重涂时湿膜太厚。避免在温暖的日子里强烈的阳光照射
(5)	阴极剥离	浸没或掩埋在阴极保护结构上的涂层系统	阴极保护水平不正确，或涂层系统未通过认可的阴极剥离试验	纠正阴极保护水平。如果防护等级正确，请拆除现有的涂层系统并涂上抗阴极保护涂层
(6)	泥浆裂缝	无机富锌底漆。乳胶金属底漆，一些醇酸底漆	厚度过大。在高温下应用或固化，涂层的柔韧性有限	去除涂层，处理金属表面，并以较小的厚度重新涂覆涂层
(7)	水分损害	油基、醇酸树脂和无呼吸涂层系统	涂层系统后的水汽积聚	提供通风口等，以允许水分蒸汽在不穿过涂层的情况下蒸发。使用"呼吸"涂层系统，如乳化型涂层系统
(8)	剥落	所有涂层都可能发生剥落。它常见于重涂了多次的油基和醇酸树脂体系。剥落前常有裂缝	风化作用使薄膜产生应力，并克服基底涂层与基底的黏附。此外，在重涂操作过程中施加在过多涂层上的重力也可以克服漆与基材的黏附	去除涂层系统并在重涂前处理表面。通过去除松散的涂层材料，并用柔性涂层（如柔性膜）重新定位，可以进行斑点修复
(9)	粉化（梯度-涂层在外部暴露时遭侵蚀，导致表面白色粉末聚集）	在所有涂层中或多或少发生。尤其是使用环氧树脂和芳香族聚氨酯体系以及沥青	阳光会侵蚀和降解涂层暴露的表层，留下一层"白垩"残留物。这些残留物会被雨水冲走，暴露出一层新的表层，而这一层又会变成白垩。整个涂层都会腐蚀掉。如果这种情况以缓慢的速度发生，这是最"理想"的涂层退化形式	除去松散的纸浆，清洁表面，再涂上一层外衣。如果外观很重要，环氧树脂或芳香族聚乙烯醇的存在或应用，兼容的抗白垩涂层可用作耐候性面漆。面漆必须能承受环氧树脂或芳香族聚氨酯所能承受的相同类型的环境
(10)	空化损伤	与金属、其他材料和易受气蚀的高性能涂层一起出现	空化是在高速水流和空化诱导流型下，水中形成真空气泡而引起的。当这些气泡内爆时，会释放出大量的能量。这种能量足以去除表面的固体材料，甚至不锈钢，并且可以分解去除有机涂层材料	如有可能，对结构进行改造，以减少气蚀。在新结构的设计阶段控制气蚀。去除剩余的涂层，适当地处理表面，并用更抗气蚀的涂层系统重新涂覆

8. 通用涂层特征总结

尽管同一类涂层中的各种涂层之间存在着相当大的差异，但同一类涂层确实存在一定的相似之处。常见通用涂层的特征见表6.3-4。

表 6.3 - 4　　　　　　　　　　　　　　　　常见通用涂层的特征

序号	涂　　层	干燥或固化类型	适用环境（该类涂层中的大部分种类）	所需清洁表面处理的相对程度	相对应用难度	典型缺陷
(1)	油性漆	氧化作用	AO、AI	L	L	开裂、剥落、褪色、潮湿损坏、针尖生锈、发霉
(2)	醇类、环氧酯、油改性聚氨酯	氧化作用	AO、AI、C	L - M	L	与（1）类似
(3)	乙烯基氯化橡胶	溶剂蒸发	FWI、AO、AI、C	M - H	M	磨损和冲击、针尖生锈、起泡、难以涂覆的表面劣化、气穴损坏、剥落
(4)	环氧树脂（双组分）环氧聚酰胺环氧胺环氧环脂肪胺环氧氨基酚醛环氧树脂水性环氧树脂（尚未广泛用于浸没曝光）	化学固化	FWI、AO、AI、C	M - H	M - H	类似于（3），加上外部暴露着严重的白垩残留物
(5)	芳香族聚氨酯（2组分）非弹性弹性体（橡胶状）湿固化（固化成分为空气中的水分）芳香脂族	化学固化	FWI、AO、AI、C	M - H	M - H	类似于（4），加上明显的颜色变化和可能在阳光下开裂。芳香族脂肪族系统对阳光的抵抗力更强。弹性聚氨酯和一些非弹性聚氨酯比其他系统更耐磨损、冲击和轻微空化损伤
(6)	脂肪族聚氨酯（2组分）非弹性弹性体（橡胶状）湿固化（固化成分为空气中的水分）	化学固化	FWI、AO、AI、C	M - H	M - H	精确定位生锈、分层、难以涂层的表面劣化、气穴损坏。注：脂肪族聚氨酯是已知最耐候的涂层系统之一。但它们的耐磨性和耐水性都不如芳香族聚氨酯。它们常用作环氧树脂和芳香族聚氨酯的风化面漆
(7)	煤焦油磁漆	热熔涂层系统（带专用氯化橡胶底漆）	FWI、C、B	H	H	开裂，腐蚀，气蚀损伤。正确使用和维护下，煤焦油磁漆是最长寿命的有机涂层之一（50 年以上）。其会在阳光下降解。压力管道顶部内部暴露在强烈阳光下会出现裂缝。暴露在外的压力管道外部的反光彩色涂层有时会阻止这种情况的发生

序号	涂　层	干燥或固化类型	适用环境（该类涂层中的大部分种类）	所需清洁表面处理的相对程度	相对应用难度	典型缺陷
(8)	煤焦油（溶于溶剂中的煤焦油）	溶剂蒸发	FWI、C	M	L	分层、开裂、剥落、空洞损伤、磨损和侵蚀、针尖生锈。会在阳光下降解
(9)	煤焦油环氧树脂	化学固化	FWI、C、B	M–H	M	类似于（4）。耐淡水性好，不能暴晒
(10)	聚酯	化学固化	FWI、AO、AI、C	M–H	M–H	类似于（4）
(11)	水泥砂浆	水化作用	FWI、B	M	M–H	开裂、磨损和侵蚀。（当水使砂浆膨胀时，小裂缝往往会自行"愈合"）
(12)	乳胶漆：丙烯酸树脂、聚氯乙烯、聚偏二氯乙烯、双二烯苯乙烯	水分蒸发与膜聚结	AO、AI	L–M	L	裂缝、剥落、针尖生锈、难以涂覆的表面劣化。注：大多数乳胶漆是"呼吸"型涂料
(13)	镀锌	热浸	FWI、AO、AI、C	H	H	与强酸性或碱性材料反应，磨损和冲击。腐蚀。在淡水浸泡环境中，性能参差不齐
(13a)	有机的涂层镀锌	…	FWI、AO、AI、C	M–H	…	剥落、分层。故障是由不适当的表面处理和/或使用不适当的涂层系统引起的
(14)	无机富锌	化学固化	FWI、AO、AI、C	M–H	H	与强酸性或碱性材料反应，磨损和冲击。注：无机富锌用于淡水浸泡是有争议的。这是一种保护钢铁的牺牲涂层。它常被有机涂层覆盖。例如环氧中间漆和脂肪族聚氨酯面漆。必须熟练地进行涂层处理
(15)	金属热喷涂	用火焰或电弧喷涂的热熔	FWI、AO、AI、C	H	H	与（14）相似，但形成更密集和更厚的膜。淡水浸泡需要有机密封和面漆
(16)	胶带涂层：煤焦油，聚乙烯等	根据胶带涂层的类型，手工、机械或挤压成型	B、AO、AI、C	H	H	机械损坏。胶带系统通常用于待回填管道和管接头的外部

注　FWI 为淡水浸泡；C 为水汽凝结；AO 为室外大气；L 为低的；AI 为室内大气；M 为中等的；B 为埋地；H 为高的。

9. 识别和量化金属涂层的缺陷

金属涂层缺陷的识别和量化是通过定期检查所用涂层来完成的。对于暴露在空气中的涂层系统，无论是室内还是室外，都可以很容易地进行检查，并且可以合理地接近。只有当这些结构由于某种原因无法直接检查时，才能对闸门上的浸没涂层系统、压力管道内部等进行检查。如果有腐蚀监测系统，可间接检查涂层系统的一般状况。定期检查所需的工具包括：刀、放大镜和测厚仪。

最先出现涂层失效的区域通常是焊缝、螺栓头、边缘和难以接近的区域。测厚仪用于测量因腐蚀、粉化和磨损而导致的涂层系统厚度降低。厚度通常以 μm 为单位。作为比较，一元人民币的纸质钞票厚约有 $100\mu m$ 厚。点蚀通常是最严重的缺陷，可导致管道或其他结构的快速损坏，而剩余金属的大部分是完整的。例如，在穿过堤坝的金属管道中，这种缺陷可能非常严重，因为溢出的水会从内部侵蚀堤坝。测量凹坑深度可以计算凹坑深度与钢厚度的关系。

刀是最好也是最重要的检查工具之一。在检查中必须去除腐蚀，以便测量点蚀，并去除松散的涂层系统材料，以便发现涂层系统膜的腐蚀咬边。刀是一种很好的工具，可用于检查黏合情况，以查看局部剥落或其他涂层去除的迹象，会留下多少充分黏合的涂层。

在可能发生气蚀的区域，可以目视检测气蚀损伤。气蚀与点蚀的区别在于材料在两种模式下的损失，点蚀模式看起来好像丢失的材料被"吸走"了。

涂层系统缺陷的鉴定常采用两种方法。一种是可通过使用 ASTM 图解法来完成。这种方法以良好的照片和图纸作为图像标准，通过使用这些标准，可以将涂层系统缺陷的外观传达给没有亲眼看见的人，包括起泡、粉化、龟裂、开裂、侵蚀、丝状腐蚀、剥落、发霉和生锈。准确地记录缺陷的位置是非常重要的。只要记录了网格的位置，就可以使用虚拟网格系统。另一种方法是口头描述，例如给定尺寸的门的左上或左中。在管道中，可以给出与参考点（如检修孔）的距离和方向。采用 ASTM 图解法鉴定的涂漆钢材表面锈蚀率见图 6.3-8。

记录定期和非定期涂层系统检查的结果非常重要。所有结构上的涂层系统记录必须从最初应用的涂层系统开始。必须保存所有已应用于结构的涂层系统的完整历史记录，包括补漆记录。这些记录可以跟踪涂层系统的劣化率，从而可以实现预先计划的维护和重涂。此外，无论是否进行额外检查，这些记录都可以提供所需的信息，以便决定是否对现有的涂层系统进行润色、修补和涂覆，还是彻底清除现有的涂层系统，进行表面处理，并使用相同或不同的涂层系统进行彻底重涂。

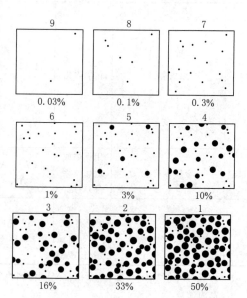

图 6.3-8　采用 ASTM 图解法鉴定的涂漆钢材表面锈蚀率

6.3.5　小结

表 6.3-5 总结了有关金属和涂层缺陷的信息。

表 6.3 - 5　　　　　　　　　　　金属和涂层缺陷信息汇总

缺　陷		最常见的类型	需要特别注意的地方
金属缺陷	腐蚀	点蚀	管道和导管中的深坑
		电偶腐蚀	破碎的轧屑，不同金属之间的接触
		应力腐蚀开裂	承受应力的金属零件开裂
		冲蚀和空蚀	暴露在高速流动中的金属上的定向凹坑和沟槽
		全面腐蚀	大面积均匀腐蚀，导致表面均匀变薄
		缝隙腐蚀	垫料下，搭接接头中，地表沉积物、泥浆或其他沉砂下的局部强烈腐蚀
		晶间腐蚀	不锈钢焊接不当附近热影响区的"刀线"腐蚀
		选择性腐蚀	从固体合金中除去一种物质的腐蚀
	开裂和变形	开裂和应力腐蚀开裂	承受静应力的金属零件开裂
		疲劳和腐蚀疲劳	受动应力机械零件的开裂与撕裂
		过载损坏	单应力超过零件强度时金属零件的屈曲和剪切
涂层缺陷		锈斑或锈粒；点锈	深坑，活跃点蚀
		起泡，劣质涂层黏合剂	涂层下腐蚀
		开裂	穿透金属的裂缝
		腐蚀	管道和导管内底的腐蚀涂层
		气蚀	在高速流动区域从涂层表面捕获的微小颗粒
		下垂	涂层过多的区域
		橘皮状	使用适量稀释剂
		针孔	通过部分干燥或固化涂层的溶剂"爆裂"
		磨损和冲击损伤	在冲击和磨损导致金属物理磨损的点处对金属的腐蚀

6.4　岩土材料的缺陷

6.4.1　概述

岩土材料经常用来建造大坝和附属设施。土坝及许多溢洪道都有土质衬里。堆石坝体采用岩土材料为堤坝提供护坡功能。此外，许多没有衬里的溢洪道都位于岩石中。由土石建造的大坝和附属设施中出现的缺陷通常归因于对特定岩土材料的特征和特性缺乏了解。这几节没有涉及分散性土，因为这类土壤并不常见（尽管在某些地区是常见的）。然而，由于分散性土具有严重的侵蚀倾向，这可能导致大坝的迅速倒塌，所以能识别出它们是非常重要的。因此，在本节讨论分散性土的问题。大坝和附属设施中使用的岩石材料类型包括：抛石、岩石、石笼，本节将讨论这些岩石材料的缺陷。

6.4.2　土质材料

1. 土质材料的缺陷：分散性土

分散性土是一种危险的土质材料，因为它们容易在水中大部分或全部分散成原级颗粒，使这些土很容易受到侵蚀。这种侵蚀可能始于大坝表面的干燥裂缝、沉降裂缝、动物穴洞或其他间断，将地表径流集中在可能出现在坡下更远地方的坝顶处或坝顶附近。分散性土具有非常典型的侵蚀形式，由垂直洞穴或深坑组成。

分散性土侵蚀隧道见图6.4-1。

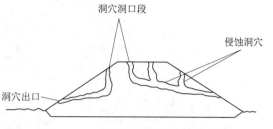

图6.4-1　分散性土侵蚀隧道示意图

虽然堤坝可以由分散性土建成，但必须在结构中采取可以减轻土壤可侵蚀性的措施。分散性土可以通过下列措施加以改善或避免：一是在路堤或斜坡上使用适当的级配滤池来阻止土壤颗粒随渗流或地表径流移动；二是用化学处理过的（石灰改性）土壤覆盖；此外还可以利用化学处理（石灰改性）关键区域的分散性土。

2. 分散性土的危害

由分散性土建造的大坝损坏率较高。由分散性土建成的堤坝，在第一次蓄水时常常发生溃坝。降雨侵蚀也会造成严重的损坏，从而导致溃坝。通常情况下，溃坝是该地区分散性土的第一个迹象。尽早地识别分散性土对于防止溃坝这样突然、不可逆和灾难性事件的发生是至关重要的。

3. 识别分散性土

为了有效地检测分散性土，已经开发了很多试验。其中一个试验，即碎块试验，是该领域中可能会用到的一个简单试验。将土壤样本放入蒸馏水中，并按时间间隔解释反应级数。《采用碎块试验测定粘质土壤分散特征的标准试验方法》（ASTM D6572）中对试验过程进行了详细说明。虽然一些分散性土利用该方法可能存在漏检，但碎块试验提供了一个很好的潜在可蚀性指标。其他的实验室测验包括实验室分散试验（SCS双比重计试验）、针孔试验和化学试验。

（1）分散性土的标志。分散性土展现出许多容易识别的侵蚀形式，包括：分散性土尽管有草皮护坡保护，但垂直降雨侵蚀隧道的现象仍会发生；对高裂缝潜势区域（如沿管道）、地基压缩性差异较大地区或干燥区域的破坏；深而窄的沟壑；储存水浑浊度过高。

（2）报告分散性土。如果发现有证据表明大坝或附属设施可能是由分散性土建造的，应该记录侵蚀沟壑和隧道的位置和范围，对该区域拍照；用碎块试验对分散性土进行初步试验，并将结果记录下来；取土壤样本进行实验室测试；建议采取临时措施，如限制库水位、加密检查频次，在大雨期间和雨后进行观测，必要时联系专家进行进一步评估。

6.4.3　抛石

1. 抛石装置及用途

抛石是放置在堤坝上下游斜坡上、溢洪道通道地面和墙壁上的破碎岩石或大圆石，并作为溢洪道和出水口工程末端跌水池的保护衬砌。抛石可防止波浪作用、地表径流侵蚀、高速水流和风蚀造成的侵蚀。

预制混凝土块和破碎混凝土也用于代替岩石形成各种抛石，但岩石抛石是在检查大坝时最有可能遇到的类型。

合理设计的上游抛石护坡至少由两层材料构成：

内层：内层称为过滤层或垫层，通常为砂和砾石。这些较小的颗粒防止下垫路堤通过外层较大岩石中的空隙冲走。

外层：外层为较大石块，石块需足够大，不会因预期的波浪作用湍流或速度而位移。

确保在外层使用各种大小和形状的岩石是十分重要的。不规则大小和形状的岩石形成一个互锁的岩体，阻止波浪在外层较大岩石之间波动，并防止其从内层移动底层材料。

放置抛石的斜坡必须足够平坦，以防止抛石移位并向下移动。手摆抛石能提供良好的保护，但通常是一个相对薄的保护层。手摆抛石容易遭到破坏，因为一块大岩石的移动可能会由于缺乏足够的支撑而导致围岩位移。然而，大多数现代抛石被倾倒在原地，形成了更厚的保护层。设计合理的抛石护坡见图 6.4 - 2。图 6.4 - 3 说明了抛石是如何在从排水工程管道接收水流的消力池中发挥作用的。

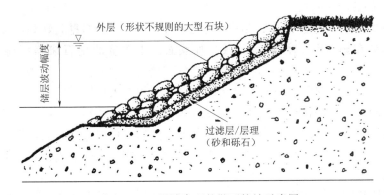

图 6.4 - 2　设计合理的抛石护坡示意图

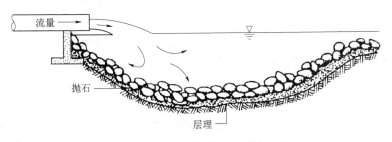

图 6.4 - 3　抛石衬砌消力池示意图

2. 抛石缺陷的危害

当缺陷妨碍抛石提供侵蚀保护时，抛石下方土壤结构会受到侵蚀破坏。波浪作用、滑坡和边坡破坏造成的底切可能导致溢洪道、跌水池的破坏，或者，如果侵蚀继续不受控制，甚至导致堤坝或堤防决口。

3. 抛石缺陷的类型

抛石缺陷包括抛石位移或块石退化。

（1）抛石位移。抛石或底层边坡材料的位移是指将块石从其原来的位置移开。滤料或垫层材料可能裸露，或抛石层变薄，从而使提供的保护不充分。抛石位移的原因包括：①抛石层厚度不足。②抛石相对于滤料或垫层材料的尺寸或级配不当（内层通过外层冲洗）。③防护边坡基底锚固不当。④基坑支护损失。⑤滤料或垫层材料缺失、不足或尺寸不当。⑥形状错误（太松软/太平或太圆：大多数问题是因为石头太圆，容易被波浪或水流卷动）。⑦对于预期的波浪作用或流速，块石重量不足（由于体积小或比重低）。⑧尺寸和重量差异过大。⑨块石劣化降低平均重量。⑩块石不耐用。⑪水库冰冲或移动造成的损坏。⑫垫层安装不当。⑬坡度不佳。⑭基础准备不当。⑮浇筑期间分离块石的尺寸。⑯松散的放置导致较大的空隙。

（2）块石退化。块石由于不同的原因而退化，其中包括：①磨损大。②结构薄弱（裂缝）。③高吸收率（吸收水造成的冻融损害）。④碎片冲击损伤。

块石退化的类型有：①开裂。②剥落。③沿层面和接缝裂开或分层。④劣质胶结沉积岩的解聚和崩解。⑤溶解。

4. 识别危险的抛石缺陷

当抛石不能保护下垫土不受侵蚀时，它就是有缺陷的。许多抛石缺陷可以通过日常维护来解决，例如在抛石开始移位的区域添加块石。更严重的抛石缺陷可能危及大坝的安全。

（1）查找危险抛石缺陷。在易受多次冻融循环作用或大风影响的地区，抛石设施最有可能遇到严重问题。如果检查的大坝暴露在这些条件下，要特别注意抛石问题。

暴露在波浪作用、高速水流或湍流下的抛石，例如在堤坝上游斜坡、溢洪道衬砌或跌水池衬砌上的抛石，尤其容易受到冲击。岩石可能会移位，或通过风化和分解而退化，从而对下层边坡造成损坏。

如果溢洪道边墙滑坍并堵塞了溢洪道入口和泄槽，导致泄洪能力减弱，大坝里蓄存的水就可能溢出。跌水池和回流通道受到腐蚀后，坝脚可能会受到侵蚀、底切作用，继而损坏边坡。

海滩堆积和陡坡是波浪引起位移的迹象，可能导致边坡遭到损坏。

1）海滩堆积。波浪作用使抛石和垫层移动并堆积在斜坡更低处，就发生坡内海滩堆积，此时就在相对平坦的海滩区域形成了一个陡坡。失效的抛石护坡内海滩堆积情况见图6.4-4。

结冰或局部堤身下沉也有可能导致抛石和垫层发生移位。海滩堆积和陡坡会减少堤坝的宽度，可能还会降低其高度，最终可能导致大坝不稳定或溃坝。

2）退化的抛石。所有抛石都会随着时间的推移而退化，但潮湿、干燥、冻融循环作用都会加速其退化进程。抛石退化过程可能表现为：水位附近的抛石变小，石头碎裂，抛石层出现海滩堆积或变薄，以及抛石上的裂缝变大。抛石层退化移位程度非常严重时，可能导致下层材料已经开始侵蚀。

可以通过视觉化的百分比估算表等技术来估算抛石退化程度。

（2）报告有害的抛石缺陷。如果发现抛石出现缺陷，且这种缺陷可能对大坝安全造成危害，应该：①将所发现的缺陷位置和损坏程度记录下来，并拍照保存。②如果有海滩堆

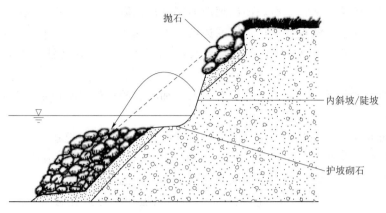

图 6.4-4 失效的抛石护坡内海滩堆积情况示意图

积现象，则将其大概的堆积面积记录下来。③正确提出临时解决办法，例如，如果出现风暴可能发生决堤的话，就限定蓄水量。④向工程专家咨询，评估大坝是否需要进行大修。

6.4.4 岩石

1. 修建大坝所用的岩石

在地面或其附近有岩石的地方所修建的大坝可能会需要排水设施，以及在岩石间修建的溢洪水道和打通岩石修建的溢洪隧道。此外，岩石通常也是修建大坝地基和坝肩的材料。

2. 岩石缺陷的危害

掉落的岩石可能会堵塞溢洪道，而且如果岩石掉落进蓄水池的速度太快，大坝上游的水流可能会损坏排水设施、压力管道以及溢洪道。坝肩位移可能会导致坝肩内部及外部的附属建筑难以为继。石块松动后，在掉落过程中可能会堵塞或砸坏某些结构。这些情况都有可能致使大坝中的蓄水溢出。

3. 岩石缺陷类型

岩石缺陷可以分成以下几类：硬度或强度不足；断层、剪切、节理或层面位置出现不连续性；由于温度变化（温度应力）、冻融作用、侵蚀、植物及动物行为以及化学反应等导致的风化或退化现象；湿化影响等。大坝有关文件或其他材料中的地质数据应包含岩石硬度、抗压强度的相关信息，以及大坝所在位置及其周围的断层情况。人为挖掘的岩石边坡和隧道墙体发生冻融反应后就会脱落风化。岩石出现节理（又称为裂缝或不连续）时，水流流过会导致岩石退化。地震或过大的静水压力都会导致岩石出现节理，节理处发生位移则会引起大规模的岩石掉落。

4. 识别有害的岩石缺陷

对于可能发生大型岩石掉落、滑坡、隧道堵塞、溢洪道堵塞的情况，都应该提高警惕。

（1）有害岩石缺陷的表现。在下列情况下，可能会出现有害的岩石缺陷。

1）不稳定性。在裂缝和节理处查找可能发生岩石位移的迹象，这可能会导致岩石掉落或滑落。这些迹象包括：岩石表面出现新的裂缝；混凝土坝上岩石相连接的地方出现裂缝；坝肩有石块掉落；植被移位；边坡或边坡上方出现弧裂。

溢洪道附近的边坡出现滑坡可能会堵塞或毁坏大坝，以致无法修复，所以危害性极大。

对于混凝土坝附近的石坝肩，要检查在大坝和坝肩相接处或附近是否有刚刚暴露出的岩石。

检查检测数据中是否有记录石墙或石边坡可能发生过位移的记录。如果坝肩岩石发生位移，其后果可能非常严重，可能会导致大坝失去支撑。如果数据表明，岩石会继续移动，渗透压力也会持续增加，那么大坝及其坝肩就有可能不再稳定。

2）退化。查找过去岩石掉落的记录，检查溢洪道和无衬砌隧洞的地面上掉落的岩石碎片是否过量，检测各处的墙壁是否普遍出现退化。

如果有证据表明，混凝土坝由于热力或化学等因素发生了膨胀，那么就要检查大坝附近的石坝肩，混凝土位移产生的压力会导致岩石出现节理和裂缝，膨胀后岩石则可能剥落碎裂。

3）渗流。发现渗流情况时应记录以下几点：渗流速率；渗流速率和水库水位的函数对应关系；生锈情况；渗流液体的浊度。

渗流可能使静水压力升高，减弱坝肩的整体强度，并使流水的通道越来越宽。洞口开到足够大时就会引起坝肩位移或坍塌。

渗流有染色情况表明有矿物质在其中溶解，这可能会减弱岩石材料的剪切强度并使岩石固结。提取渗流液体样本，以鉴别其中溶解的矿物质。查找石灰石或其他易于溶解的岩石发生沉积的数据作为证据，这种溶液中可能含有一定的岩石成分。水流浑浊则表明发生了内部侵蚀或管涌。

查看修建记录中，岩石墙壁和边坡是否已经灌浆来防止渗流，如果还没有做过的话，采取此方法可以有效控制渗流情况。如果已经进行过灌浆，但并不足以预防或控制渗流继续发生，就需要一位拥有丰富经验的合格工程师来检测渗流发生的原因和来源，并找出正确的解决办法。

4）岩石固定不足。所检查的岩石隧道和边坡上可能安装有螺栓、锚、圆榫、预应力钢丝束等固定岩石的结构，要确保将这些结构所存在的缺陷记录下来，例如：扣板周围的岩石出现退化；螺栓或板块松动；受到腐蚀的螺栓、扣板、线栅（尤其是位于渗流位置附近的）。

（2）报告有害的岩石缺陷。如果发现有岩石缺陷可能会影响大坝安全，应该记录缺陷出现的位置和损坏程度，并拍照保存；如果怀疑或确认无衬砌隧洞中发生了拱肩位移或石块掉落，立刻通知工程地质学专家。

6.4.5　石笼

1. 大坝中石笼的安装及使用方法

石笼是用预制的钢丝做成的三角形罐笼或挂篮，里面装满石块。石笼不漏水，可以在河槽中堆叠以防止腐蚀。"石笼墙"可以用来指堆叠的石笼，"石笼垫层"则是指用来预防

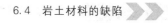

跌坡或港池层的一层石笼。

2. 石笼缺陷的类型

石笼缺陷可能会导致石笼墙退化变形或倾倒，包括以下几种类型。

（1）支撑力不足。石笼沉降或位移都有可能导致地基支撑力不足，或路基受到腐蚀。

（2）石块沉降（固结）。石笼里的石块可能会移动，并且固结在一起，导致整体占据的空间变小，从而使石笼顶部失去支撑。

（3）岩石退化。石笼里的石块可能会剥落、开裂、崩解或溶解，脱落的石块就可以随着水流流出石笼的孔隙。石笼缺失了岩体就有可能在水流的作用下发生位移，石笼中的岩石如果固结，也会使石笼顶部出现空隙，缺乏支撑。

（4）钢丝篮失效。石笼的钢丝可能会遭受腐蚀、被人蓄意切割破坏，或受快速流过的水流冲刷变形，石块就有可能脱离石笼，这时石块的重量或其他石笼的重量就会使破损的石笼变形甚至失效。

3. 识别有害的石笼缺陷

当石笼的保护失去作用时，边坡或水道底板就会暴露出来，继而受到腐蚀、削角，并最终出现损坏。对一个由多个石笼堆叠或排列组成的石笼构造而言，每一个石笼的完整性都对整个构造的完整性至关重要。由于构成石笼的钢丝可以弯曲、腐蚀、折断，石块也可能移动、退化、分离，石笼易发生变形。

（1）有害石笼缺陷的迹象。石笼沉降是常见现象，因为石笼原本的设计就比较灵活，可以接受一定程度的沉降。如果石笼出现些微退化，所造成的问题通常并不会危及大坝的安全，只是需要长期进行维护。那些会使整个石笼结构失稳或完全失效的缺陷才是有害的，而会出现这种问题的石笼通常并不多。位于竖直或倾斜墙体底部的石笼承受的重量最大，也最有可能变形。由于所处位置较低，这些石笼如果出现问题就极有可能引起整个石笼构造失稳。钢丝破损、断裂、变形及石块缺失等问题都可能在短时间内使单个石笼出现问题，进而影响整个墙体。所以要仔细检查石笼是否有破损，是否有底部石笼因为负载过重而变形，是否发生了位移，以及是否有波浪或水流进行冲蚀作用。

（2）对有害性石笼缺陷进行报告。如果发现石笼存在可能影响大坝安全的缺陷，应该记录缺陷所在的位置、损坏程度，并对其性质进行描述，例如：石笼钢丝破损，变形或沉降的程度，石块缺失的大致数量等。如果底部的边坡已经暴露在外，就要记录下破损部位的长度、宽度和高度等数据，并重点对受损位置拍照记录。

6.4.6 小结

岩土材料缺陷信息汇总见表 6.4-1。

表 6.4-1　　　　　　　　　　岩土材料缺陷信息汇总

材料类型	缺陷	检查重点区域及缺陷标志
土	分散性土	垂直降雨侵蚀河道，特别是在草皮护坡上； 深且窄的沟壑； 大坝蓄水过于浑浊

续表

材料类型	缺陷	检查重点区域及缺陷标志
抛石	移位	裸露或稀疏的植被覆盖区； 过滤/垫层材料或路堤暴露； 海滩堆积
	岩石退化	岩石破碎成小块，无法有效地保护斜坡； 抛石覆盖层下的可见侵蚀
岩石	岩石退化	剥落、碎裂、破碎、崩解； 隧洞和隧洞底板上的岩石碎屑和碎片沉积过多； 严重退化的岩壁和边坡
	不稳定	岩石裂缝和节理处的变形迹象； 植被位移
石笼	沉降	石篮顶部有空位，石篮变形
	岩石退化	石篮内的岩石破裂，岩石通过石篮开口流出缺失
	钢丝篮缺陷	钢丝线腐蚀，断裂、切割或变形
	破坏	石笼墙体倾斜或沉降

6.5 合成材料的缺陷

6.5.1 概述

一般而言，在检查过程中，合成材料是不可见的。可通过注意间接迹象（如排水量的变化）来发现合成材料中的大多数缺陷。合成材料分为两大类：土工织物和土工膜（两者合称"土工合成材料"）；塑料管道和管材。

6.5.2 土工合成材料

1. 土工织物和土工膜的安装和使用

土工织物是透水的，通常由聚丙烯或聚酯制成，并且可以是有纺土工织物、无纺土工织物或两者组合。土工织物的用途包括：材料层之间的隔离、排水、加固、过滤。在大坝中，土工膜用于临时施工，或成为永久性材料。由于土工织物的长期性能尚未得到证实，因此能否批准永久使用（尤其是用作过滤材料）在很大程度上取决于更换的便利性。一些土工织物（如排水沟中的过滤材料或抛石垫层）可以相对简单地更换。然而，作为堤坝心墙和地基反滤材料的土工织物将极难被替换。用于排水的土工织物安装示意图（可更换的情况）见图 6.5-1。

土工织物有时用于代替其他侵蚀防护材料（如抛石）下面的颗粒过滤材料。护坡可能位于堤坝上或泄洪道和跌水池的表面。抛石护坡保护下用于反滤的土工织物剖面见图 6.5-2。

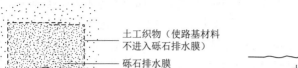

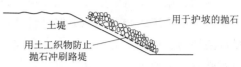

图 6.5-1 用于排水的土工织物安装 示意图 （可更换的情况）

图 6.5-2 抛石护坡保护下用于反滤的 土工织物剖面图

土工膜是不透水的，用作防水层。土工膜材质可包括：聚氯乙烯、氯化聚乙烯、氯磺化聚乙烯 （也称海帕伦，杜邦产品名称）、高密度聚乙烯、高密度聚乙烯-A、氯丁二烯。由碾压混凝土建造的大坝可以在大坝的上游面结合土工膜，以控制渗流。

2. 土工织物和土工膜缺陷的危害

土工织物用于控制或防止土壤细粒的移动。当土工织物发生损坏时，可能会危及合并结构。如果因土工织物堵塞而限制了护坡渗流进入集水排水管，则可能会在筑堤或护坡中产生过大的静水压力，从而可能导致护坡失去作用。土工织物破裂时，由于丧失过滤能力，至少是局部丧失过滤能力，可能导致路堤材料发生管涌。土工膜损坏或会导致渗流流过多孔基础区域，可能会形成管涌。

3. 土工织物和土工膜缺陷类型

土工织物和土工膜可能存在以下几类缺陷：

（1）穿孔，包括由以下行为造成的破坏：①安装锚固件。②施工或维修活动。③未设置缓冲抛石。

（2）接缝未黏结或黏结不良，原因如下：①接缝在荷载作用下裂开。②新旧织物之间的黏合不良。

（3）段与段之间位置不正确或重叠。

（4）位移（通常为下滑移）。

（5）土壤管涌、断裂、开放接缝。

（6）土壤颗粒堵塞（仅土工织物）。

（7）设计问题，包括：①未达到预期用途的强度或耐久性。②与土基匹配不正确（过滤不当）。③未提供锚地。④输水不足（孔隙度不足）。

（8）材料自身缺陷，包括：①缺少规定的强度或耐久性。②存在孔洞或薄弱区域。

（9）由下列原因造成的退化：①使用年限长。②极端温度（特别是在凝固点或凝固点以下）。③暴露于紫外线（阳光下）。④不利的化学或生物条件。

4. 识别危险的土工织物和土工膜缺陷

土工织物或土工膜中的危险缺陷严重影响了合并结构的完整性。对于大坝内的土工织物而言，缺陷会导致大坝因内部侵蚀或管道破裂而垮塌。用于边坡防护的土工织物缺陷可能会导致护坡受损。缺陷可能会影响对大坝安全运行至关重要的结构，例如影响到溢洪道或跌水池。

（1）危险的土工织物和土工膜缺陷。通过记录渗漏量并检查在排水沟处收集的渗水清澈度，最有可能发现大坝内安装的土工织物和土工膜缺陷。如果渗水减少，堤坝内的水压增加（用压力计测量），堤坝内的土工织物可能会堵塞。未排干的渗水可能在堤坝内部形成静水压力，削弱土壤强度或侵蚀堤坝。渗水如果浑浊表明出现管涌和材料损耗。

抛石下的土工织物或其他类似材料可用于护坡，也用于溢洪道和跌水池的衬砌，可将基础或垫层材料固定在适当位置。穿孔或其他缺陷可能会导致垫层材料的损失和土工织物下方基础材料的侵蚀，从而导致在抛石下方形成凹陷区域和空隙。

土工织物在抛石下方堵塞将导致坡脚处的静水压力增大，使坡度饱和，并可能导致局部破坏，堵塞使得边坡坡脚处凸起，直到土工布破裂为止。在土工织物破裂后，将出现一块被冲刷的区域。

在装有土工膜的碾压混凝土坝中，要注意大坝的渗水情况。对于用土工膜衬里密封的水库，其不可估量的水量损失可能是土工膜渗漏的重要线索。水库储层边缘的渗漏是另一个指标。如果可能的话，需要检查水库底部，并将水箱向下拉。检查土工膜上的保护层是否存在间隙、植物生长、动物洞穴、故意破坏以及土工膜穿孔。

（2）报告危险的土工织物和土工膜衬里缺陷。若发现土工织物或土工膜存在缺陷，可能会影响大坝的安全，则应：①记录表明土工织物或土工膜可能存在问题的观察结果。②将堤坝内土工织物损坏的迹象或水库土工膜的失效症状提交给有经验的合格工程师。

6.5.3 塑料管道

（1）塑料管道的安装和使用。塑料管道由以下材料构成：聚氯乙烯、丙烯腈-丁二烯-苯乙烯共聚物、聚乙烯（主要用于管材）。塑料管道用于输送水流和其他流体，但必须保护该管不受机械损坏。塑料管道通常埋在混凝土中或埋在地下以提供保护。塑料管道的常见用途包括：①用作测量土结构、地基和坝肩中水压的测压管。②消力井中的管道。③电气导管。④排水系统中的渗漏收集器。⑤排水工程导管（聚乙烯和聚氯乙烯）。

（2）塑料管道缺陷的危害。影响大坝安全的塑料管道缺陷通常涉及排水系统。在排水系统中用作渗漏收集器的塑料管道不起作用，可能会导致排水过量或漏水，在堤坝、大坝或地基内形成静水压力，从而造成强度损失，因边坡遭破坏或滑动而降低安全性，并可能导致下游坡脚或边坡破坏。渗流还可能使大坝或地基内土壤侵蚀到损坏的集水系统中。

（3）塑料管道缺陷的类型。塑料管道的缺陷类型包括：

1）机械损伤，如：①裂缝。②断裂。③分层。④配件/接头失黏剥离。⑤焊接不良接头。⑥墙体回填界面处的剪力。⑦被回填中石块压碎或车辆在堤坝上行驶压碎。⑧在暴露于地表植被易燃烧的区域时被烧毁或变形。

2）劣化，原因包括：①暴露于紫外线（阳光下）。②化学侵蚀。③应力变形（蠕变），屈曲。④局部高热源，包括燃烧。

（4）识别有害的塑料管道缺陷。检查排水系统中使用的塑料管道是否存在危险的缺陷。将观察结果与以往的检查报告和其他文件中的排水测量结果进行比较。

1）危险塑料管道缺陷的迹象。如果正在检查外露的塑料管道，请注意：①配件和接头渗漏。②可见冲击损伤。③翘曲。④淤塞或阻塞的水流区域。⑤堵塞的出口阻碍自由流动（缺乏流动可能是正常的，有些排水管仅在潮湿条件下排水）。⑥压碎管道。⑦过火表面。⑧排放浑浊度/沉积物。

如果检查非外露的管道，则流量减少、混浊或流量不足都可能是管道出现问题的迹象。

2）建议采取以下措施：①拔出管道塞子，检查是否有障碍物（如两端开口）。②使用带摄像机的遥控车辆检查管道内部（大直径管道）。③使用电动排水清洁工具清除可能的障碍物。④对于应该防水的管道，用空气或水对管道加压，通过检查压力来检测渗漏（除非使用非常低的压力，否则不建议使用，因为突然破裂或释放压力可能会损坏堤坝）。

（5）报告危险的塑料管道和管材缺陷。如果发现塑料管道和管材的缺陷可能影响大坝的安全，应该：①记录观察结果和用于调查排水方式变化的程序。②描述关于缺陷原因的任何发现，以及可能的纠正措施。③如果堤坝渗水量明显很大，请咨询有经验的合格工程师进行进一步评估。

6.5.4 小结

合成材料缺陷信息汇总见表 6.5－1。

表 6.5－1 合成材料缺陷信息汇总

材料类型	缺　陷	特　别　注　意
土工织物和土工膜衬里	刺穿未黏合或黏合不良的接缝； 劣化； 土壤颗粒堵塞； 段与段之间未正确放置或重叠； 移位或穿孔	排水用土工织物：渗水量增加，水流浑浊；减少排水； 抛石下使用的土工织物：垫层材料缺失； 土工膜衬里：渗水量大大增加
塑料管道	机械损伤； 劣化； 过滤不起作用或管道破裂	可见的渗漏、损坏和劣化； 土壤颗粒的传播或收集； 流量减少或缺乏流量； 水流浑浊，水流中沉淀物

第 7 章

大 坝 安 全 监 测

7.1 概述

本节将介绍大坝安全监测的基础知识、准备工作、数据记录和初分析，以及监测数据分析等。初学者通过学习这些重要的背景知识，可初步建立大坝安全监测的感性认识；有经验者通过阅读，可系统回顾监测目标和方法，进一步加深大坝安全监测认知，更好地开展大坝安全监测工作。

7.1.1 监测基础知识

1. 监测概念

大坝安全监测是一种原型监测，通过监测仪器和巡视检查对水利水电工程主体结构、地基、两岸边坡、相关设施以及实际运行环境所进行的测量及观察。监测既包括对建筑物固定测点按一定频次进行的仪器监测，也包括对建筑物表面及内部的大范围对象进行的定期或不定期的直观检查和仪器探查。

仪器监测是指使用监测仪器获取工程结构的测量值。典型的监测仪器由传感器、通信介质、读数仪/手工记录三项中的一项或多项组成。监测仪器可以通过机械（装置）、光学、电气、照相、气动或液压、卫星定位或遥感等原理进行量测。其中，一类监测仪器能够瞬间响应获得测量数据，有些则需要一段时间才能获得所需的被测物理量的测量数据；一类测量装置是为连续操作或测量而设计的，即所谓的"全天候"，另一类测量装置则是定时段定周期测读数据；监测仪器既可以是固定的，也可以是移动的；既可以给出一个点上、一条直线上、一条轴（垂）线上的测量数据，也可以是一个特定区域的数值。

监测仪器测量数据的读取有远程和现地两种方式。其中远程信号传输方式包括有线、无线两类，有线又主要包括电缆、光缆两种形式，无线则包括短波、超短波、GPRS、互联网、卫星等形式。数据记录可通过手工记录，图表记录工具、移动或固定硬盘等设备记录，大部分自动化监测系统监测数据直接使用由计算机或服务器存储器记录。

2. 监测目的

监测的首要目的是以获得建筑物结构性能的定量数据为依据，评估建筑物结构安全性，在可预防的早期阶段发现结构病险问题。第二个目的是通过监测数据，对建筑物的实际结构性能与设计指标进行对比，验证设计的合理性，并为改进设计提供经验。大坝安全

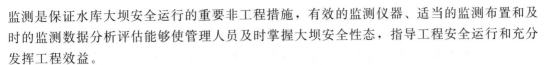

监测是保证水库大坝安全运行的重要非工程措施，有效的监测仪器、适当的监测布置和及时的监测数据分析评估能够使管理人员及时掌握大坝安全性态，指导工程安全运行和充分发挥工程效益。

安全监测的目的主要有发现和分析问题、验证设计、病险预测预警以及评估维修加固措施的有效性等。

（1）发现和分析问题。监测数据常被用于发现和分析水库大坝存在的病险问题。例如，必须对水库高水位时引起的大坝位移进行分析，以确定位移是否沿大坝均匀分布；位移是由坝体变形产生或是坝基位移产生，还是两者都有；位移是否增加、减少还是保持恒定。这些资料都是制订维修加固措施方案的重要依据。

（2）验证设计。安装在大坝表面或内部的监测仪器可能很少或从未显示大坝存在异常或病险问题，但所取得的监测信息表明大坝正在按照设计功能运行，或工程运行性态正常，这也是大坝安全监测的价值所在，可验证设计的合理性。尽管大坝可能出现或正在出现问题，但监测数据表明这种"异常"是正常的，在大坝的设计中已进行预判到的——如库水位升高导致的渗流量增大。

（3）预测预警。监测数据可以发现巡视检查不能查出的异常变化或趋势，如渗透压力的波动等；通过定期监测还能够发现外观上可能被忽视的趋势性变化，如缓慢的渗流增加等。大坝安全监测可以对严重问题进行预测预警。

（4）评估维修加固措施的有效性。水库大坝犹如一个生命体，特别是老坝，运行过程中难免出现病险情况。为了消除病险，提高抗洪能力，充分发挥水库效益，需进行维修加固或除险加固。通过工程加固前后监测数据的对比分析，可评估加固措施的有效性。

3．监测必要性

人工构筑物都会存在一定的破坏风险，大坝也不例外。如果对建筑物结构的特性进行持续的检查、监测和分析，并及时采取适当的维修养护措施，大多数结构病险破坏是可以避免的。

每座水库大坝都有其独特的工程特性，需针对不同的监测需求，量身定制监测设计方案。合适的仪器选型、有针对性且符合大坝工程特性的监测布置能够保证大坝安全监测的有效性，合理有效的监测信息在大坝安全评价中才能够发挥重要作用。

4．监测人员职责

监测人员的工作内容和职责因工程管理单位监测管理机制而异。有的管理单位由专业的监测人员负责记录和分析监测数据，有的管理单位则由专家或通过外委方式记录和分析监测数据。不管何种方式，所有的监测人员都应该在其监测分析报告中汇总重要的监测数据，并利用这些信息得出关于大坝安全状况的结论。

5．监测频次

适当的监测频次是评价大坝安全性能的必要条件。监测频次取决于规范要求和其他特性因素，包括工程失事风险、区域地震、库水位变化频率和幅度、历史上出现的工程异常或病险等。

一般来说，随着特性因素增加，监测频次也相应增加。例如，水位高于正常蓄水位、暴雨和地震后都应加密监测。具体的监测计划（表）应由专业工程师或工程安全负责人按照相关规范和法规进行制定。除了监测计划（表）外，还应遵循下列准则：

（1）巡视检查频率应按照规范执行。

（2）水库首次蓄水期及运行初期非常关键，应按照蓄水安全鉴定规定的蓄水方案进行蓄水，按照规范要求进行加密监测。

（3）洪水或地震期间或之后应增加监测频次；发现渗漏或异常变形也应增加监测频次。

（4）出现新的裂缝或新的渗漏点等问题时，应加密监测，直到数据趋势变得明显。

6. 仪器维护

为保证监测数据量值溯源的可靠性，监测仪器必须定期检定/校准和校正，仪器设备维护保养是确保其准确可靠的重要手段。不准确的数据比数据缺失更有害。没有数据还可以依靠专家经验，而不准确的数据可能会误导人们对大坝安全性态的判断，并可能导致无法发现的严重问题继续发展。因此，应妥善维护现场所有固定的仪器设备和设施，妥善保管所有被带到现场的相关设备。为确保仪器设备的正确操作使用，应遵循以下指南：①确保变形基准点不松动或不受干扰。②确保所有仪器设备保持正常和可用（如电池电量充足）。③按操作手册规定正确使用和保养仪器设备。④仪器设备保护盖取下后及时回位，丢失及时更换。⑤车辆或行人应避让仪器设施，防止损坏仪器。⑥仪器设备保护应充分，措施应到位，避免人为或动物破坏，施工损坏。⑦定期检查现场仪器设备是否受到天气、运输颠振、维护不当而损坏。⑧确保仪器外露金属部件不锈蚀，暴露在廊道或检修孔高湿度环境中的部件更应进行防腐处理。

7. 自动化监测系统

自动化监测系统具有投入人力少、效率高、不受天气影响和环境局限等优点，进入21 世纪后，自动化监测系统（包括远程数据采集和处理系统）发展迅速。自动化监测系统通常需要训练有素的人员维护和修理。需要强调的是：无论多么先进、全面的自动化监测系统都不能取代人的现场监测和巡检。

7.1.2　监测准备工作

仪器数据采集的具体操作将在第 7.2 节中讨论。以下简要介绍有关读数仪表室内准备工作的通用准则。采集仪器数据通常需要使用各种专门的读数仪表，在采集大坝监测数据之前需要整理相关的读数仪表，包括读数显示装置、探针和其他便携设备。

检查提示　　由于读数不准确可能比没有读数更糟糕，因此，在现场监测前，除了对带往现场的读数仪表进行性能检查，还应携带下列相关资料和仪器：①仪器平面布置图。②读数仪器核查单。③采集数据所需的所有便携设备，如探针、读数显示装置、卡尺等。④每个电子设备的备用电池。⑤所有设备的操作和故障排除手册。⑥所有必要的记录表格和数据表。⑦历史记录资料和数据图。⑧用于检修孔、涵洞或廊道通风的便携式通风设备（如有需要）。

可以根据以下因素修改现场工作项目清单：大坝是否临近办公室或设备储存地，检查人员对大坝工程熟悉程度，仪器布置及其特性以及检查人员对相关仪器的相关经验。并不是所有的仪器数据都安排在同一时间采集，因此，大坝安全监测设计人员或业主应提供一份清单，明确指出在每次特定的检查时段或按仪器监测频率采集时需要采集哪些仪器的数据。所有的读数仪器都应按规范规程要求进行检定/校准，并在有效期内使用，并按仪器操作手册进行数据采集。操作手册中每种仪器的具体操作和故障排除说明应作为正确使用的指南。

7.1.3 数据记录和分析

本条对数据的记录和分析进行简明介绍。由于数据记录和分析针对不同种类监测仪器有不同的方法，因此下文在涉及具体监测仪器时再作详细讨论。

1. 数据记录

确保使用合适的表格记录数据，并确保数据被记录在表格中的正确位置。在恶劣天气时保护好记录表。

建议对每支仪器进行多次连续采集，以确保更高的精度，同时也有助于确定误差。切记，这些数据对正确评估大坝性能至关重要。

检查提示 将当前的所有数据与以前相同仪器数据或与附近类似仪器的数据进行比较。如果观察到任何异常（不寻常的差异），应在相关的数据表上注明，检查数据无监测误差后，并立即提请管理部门注意。

在现场读数时应备注补充相关说明，以帮助分析任何明显的异常情况。这些说明应该包括仪器损坏情况、渗漏增加情况或其他异常情况。

2. 数据分析

仅仅查看原始数据可能不足以区分正常和异常情况，或不能够发现数据中的重要趋势。有一些处理数据的方法可以有助于对数据进行分析。一方面，异常往往是通过记录异常数据发现的，如相邻仪器间数据变化量显著差异，或同一支仪器与之前的读数显著差异。另一方面，趋势则通常只能通过数据随时间变化的过程线图显现，过程线图使得短期和长期变化趋势一目了然。短期趋势通常会重复出现。因此，通常需要几年的数据来区分短期趋势和长期趋势。图 7.1-1 和图 7.1-2 分别说明了短期趋势和长期趋势。

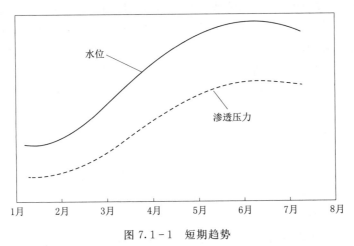

图 7.1-1 短期趋势

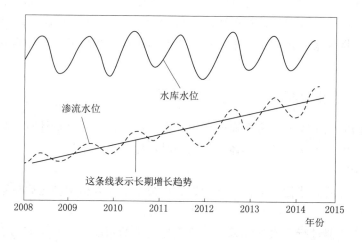

图 7.1 - 2　长期趋势

7.1.4　监测量

本节将讨论大坝安全监测中主要的监测量，研究这些监测量的性质，并探讨其测量对大坝安全和性能的重要性。大坝监测系统设计的主要监测量包括渗透压力、渗流（漏）量、位移、水库上下游水位等，这些基础物理量对评价混凝土坝和土石坝的安全性和性能具有重要意义。其他重要的监测量还包括地震反应、压力、应力与应变、混凝土内部温度、环境温度和降雨量等。

1. 渗透压力

在水压力作用下，库水会渗透到大坝坝基和坝体周围区域，并通过坝体填土孔隙、岩石裂隙和缝隙流动。渗透压力在各个方向上的作用是一致的，被称为孔隙水压力。孔隙水压力向上顶托的分量称为扬压力，能降低大坝作用在坝基上的有效压力，从而降低坝底抗滑力，对大坝稳定性影响较大。坝体或坝基中的渗透压力直接影响大坝稳定性。测量压力的监测仪器包括各种类型的渗压计，用于测量坝体、坝基和坝肩特定位置的渗透压力。由于可能存在管涌或其他渗漏引起的状况，例如超静水压力等，渗透压力测量就显得至关重要。渗压计用于监测作用在平面上的总静水压力，以确定土体以及管道、溢洪道结构、坝基和挡土墙承受的主要压力大小；渗压计还可以通过布置在帷幕前后，用于监测帷幕的防渗效果。

2. 渗流（漏）量

渗流量通常与库水位有关，是评估大坝渗流性态的重要因素。在没有明显原因的情况下所收集的渗流量发生突然变化，例如库水位的相应变化或最近的强降雨，都表明大坝存在问题。同样，当渗水混浊或变色，含有越来越多的沉积物，或化学成分发生剧变时，大坝就可能出现严重的渗流问题。坝坡、坝肩或坝基下游区域出现渗水，也可能表明存在问题。测量渗流量的最常用方法包括量水堰法、容积法和流速法，渗漏水质分析是由专业人员使用专门的测试和分析程序进行。

3. 位移

所有的大坝均会发生各种位移和变形。水平位移通常发生在上下游坡面，但也可能发生在大坝轴线上，涉及整个大坝相对于其坝肩或坝基的位移，也可能涉及大坝一部分相对于另一部分的位移。由大坝坝体或坝基变形引起垂直向下的位移称为沉降。垂直位移也可以是向上的，通常由扬压力或坝面结构应力集中造成，称为隆起，易发生在坝趾部位。库水位对位移有很大影响。大坝沉降位移见图 7.1-3，大坝上下游水平位移见图 7.1-4。在评估大坝性能和安全时，对大坝位移进行仔细观测是至关重要的，混凝土坝尤其如此。混凝土坝要求变形小，即使是很小的位移对于混凝土坝都可能造成较大破坏。

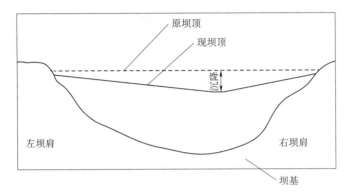

图 7.1-3　大坝沉降位移示意图

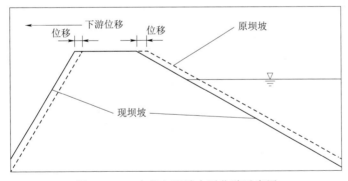

图 7.1-4　大坝上下游水平位移示意图

混凝土坝的位移测量可使用许多不同的仪器，表面变形可采用高精度全站仪、水准仪、GNSS 测量系统等进行测量，内部变形可通过垂线坐标仪、引张线仪、测斜仪、位移计、测缝计、基岩变位计、静力水准仪、真空激光准直系统等进行测量。内部变形测量可监测大坝各部分或坝基块体之间的相对位移，表面变形绝对位移可以通过变形观测网进行测量。

土石坝中要监测的关键位移包括坝体水平位移、沉降及坝基变形。测量使用的主要仪器有全站仪、水准仪、GNSS 测量系统、沉降仪、基岩变位计、测斜仪、位移计、表面位移测点等各种测量仪器和装置。

4. 环境量

环境量包括水库上下游水位以及气象条件（如气温和降雨量）等，是影响大坝变形和渗流的因变量，必须进行监测，为大坝变形和渗流分析提供了连续的影响因素记录。因此，在每次仪器观测时必须同步记录这些环境量。

5. 地震活动

地震对大坝的结构完整性和安全性会产生重大影响，任何有关当地地震活动的证据都应记录下来，并在震后进行大坝安全检查和仪器观测，以确定大坝是否发生震损。

6. 汇总

大坝安全监测的主要监测项目和部位见表 7.1-1。

表 7.1-1　　　　　　　　　　　大坝安全监测的主要监测项目和部位

大坝类型	监测类别	监测项目	大坝级别				
			1 级	2 级	3 级	4 级	5 级
混凝土坝	变形监测	坝体表面变形	★	★	★	★	★
		坝体内部变形	★	★	★	☆	☆
		坝基变形	★	★	★	☆	☆
		倾斜	★	☆	☆		
		接缝、裂缝开合度	★	★	☆	☆	
	渗流监测	渗流量	★	★	★	★	☆
		扬压力	★	★	★	★	☆
		坝体渗透压力	☆	☆	☆	☆	
		绕损渗流	★	★	☆	☆	☆
		水质分析	★	★	☆	☆	
	应力应变及温度监测	应力	★	☆			
		应变	★	★	☆		
		混凝土温度	★	★	☆		
		坝基温度	★	★	☆		
土石坝	变形监测	坝体表面水平位移	★	★	★	☆	☆
		坝体表面垂直位移	★	★	★	★	★
		坝体内部变形	★	★	☆	☆	☆
		坝基变形	★	★	☆		
		接缝、裂缝开合度	★	★	☆		
		界面位移	★	★	☆		
	渗流监测	渗流量	★	★	★	★	★
		坝体渗透压力	★	★	☆	☆	☆
		坝基渗透压力	★	★	☆	☆	☆
		绕坝渗流	★	★	☆	☆	☆
		水质分析	★	★	☆		

续表

大坝类型	监测类别	监测项目	大 坝 级 别				
			1级	2级	3级	4级	5级
土石坝	应力应变及温度监测	孔隙水压力	★	☆	☆	☆	☆
		土压力	★	☆	☆		
		应力应变及温度	★	☆	☆		

注 1. 有★者为必设监测项目,有☆者可选监测项目,可根据需要选设,空格为不作要求。
　　2. 对高混凝土坝或基岸有软弱岩层的混凝土坝,建议进行深层变形监测。
　　3. 1级～3级坝若出现裂缝,需要设裂缝开合度监测项目。
　　4. 坝高70m以上的1级坝,应力应变为必选项目。

7.1.5　监测数据分析

所有监测数据必须及时收集、处理、评估其价值。数据不及时、不正确或评估不当都可能具有误导性,并可能得出关于大坝性能和安全的错误结论。

典型的数据评估方法包括在一系列连续的历史序列中绘制监测数据图、过程线图(例如库水位与渗压水位过程线图)、相关线图等。

数据图还可以用来关联各种不同的监测量,以指出可能的趋势或异常部位(例如,渗流、渗压水位和位移数据可能在同一数据图上关联)。

阈值:大坝安全监测设计时应该为监测数据确定一个范围("阈值")来表明大坝结构性能的可接受水平(例如安全性)。

大坝安全巡视检查人员应掌握阈值,在某些情况下,如果这些值不存在,可以建议确定这些值。管理单位一定要注意,超过阈值应该采取调查及应对措施,找到和纠正问题,以避免可能发生的结构破坏。

7.1.6　小结

本节介绍了安全监测在土石坝和混凝土坝中的使用,所涉及的重要知识点见表7.1-2。

表7.1-2　　　　　　　　　　本节重要知识点汇总

监测基础知识	√ 监测是指使用特殊装备对工程结构进行关键的科学测量。 √ 监测提供数据用于评估大坝的性能和安全性,发现和分析问题,并将实际特性与预期特性进行比较。 √ 监测频次综合考虑监管要求、潜伏的危险、大坝的大小、蓄水量、地震风险、大坝的年代和状况、水位波动和问题史等因素确定的。 √ 正确保养和校准仪器是确保数据准确的关键
监测准备工作	√ 必须在大坝安全检查中用于协助仪表读数的具体设备包括:显示仪器位置的平面布置图、要读取的仪器清单、获取读数所需的所有便携设备、备用电池、使用设备的操作手册、必要的表格和数据表以及便携式通风设备(如果需要)
监测数据的记录和分析	√ 对每台仪器进行连续多次读数有助于保证更高的准确性。 √ 撰写检查报告时,读数配合观测记录将有助于检查员稍后回忆和理解数据。 √ 读数与附近仪器的读数或同一仪器以前的读数有显著差异可能表明存在异常。 √ 通过绘制数据与时间的关系图可以发现趋势

续表

监测量	√　监测量包括渗透压力、渗漏（流）量、位移、水库/尾水水位、气象条件和地震活动等。 √　7.2 节将更深入地介绍测量监测量使用的设备
监测数据分析评估	√　数据过时、不正确或评估不当可能比没有数据更糟糕，因为这些类型的数据可能具有误导性，并可能得出关于大坝性能和安全的错误结论。 √　大坝安全检查员应了解监测数据的现有极限值。超过限值的数据应由经验丰富的合格工程师进行审查，并可能采取调查和措施，以确定和纠正问题

7.2　监测仪器

本节详细介绍用于监测大坝安全和性能的各种类型的监测仪器。由于每种仪器都设计用于监测特定的物理量，因此，根据要监测的项目对所有仪器进行分组，分组后的监测量包括：①渗透压力。②应力应变。③渗流（漏）量。④水位。⑤气象条件。⑥地震活动。⑦位移。针对每种类型仪器，以下都将给出定义、用途和说明，并提供有关仪器数据采集和数据记录的具体说明，还将介绍现场仪器检查、后续数据的使用和分析以及整体的仪器评估。

学完本节后，应能够：①了解各种仪器用途和操作方法。②使用常见仪器进行数据采集。③记录和分析监测数据。④对监测系统进行评价。

7.2.1　渗透压力

在水压力作用下，库水会渗透到大坝的基础和周围区域，并通过坝体填土孔隙、岩石的裂缝和缝隙流动。由于坝体和坝基渗透压力直接影响大坝稳定，因此准确地了解整个大坝及其基础的渗透压力非常重要。

渗压计主要用于测量大坝渗透压力。监测目的是测定土体、岩石或混凝土中某一点上的渗透压力值，测量可分为直接和间接两种方式。

检查提示　渗透压力数据异常表明存在潜在异常变形或渗漏。

1. 渗透压力监测仪器类型

渗流压力监测仪器或装置有测压管和电测式渗压计两种基本类型，测压管又称为竖管式渗压计（也称为竖管式孔隙水压力计，鉴于渗透压力与孔隙水压力概念的差别，宜称为竖管式渗压计），分为开放式测压管和闭合式测压管。电测式渗压计种类较多，常见的有振弦式、差动电阻式、光纤式、硅压式等类型。

2. 测压管

（1）开敞式测压管。

1）测压管结构。开敞式测压管常用于监测土石坝坝体、坝基及绕坝渗流监测，混凝土坝绕坝渗流监测，各类型大坝近坝区地下水位监测等。监测点渗流压力时，测压管透水管段长度不宜大于 0.5m；监测不同介质区域平均渗透压力时，进水管段应根据渗水汇集高差确定其长度。测压管进水管段结构见图 7.2-1。

2）测压管安装（见图 7.2-2）。对于已建坝，测压管一般采用钻孔方式安装，进水管段周围回填干净粗砂，导水管段分为以下两种情况：岩体内采用水泥砂浆或水泥膨润土浆回填；土体内采用膨胀土泥球回填，泥球由直径 5～10mm 的不同粒径组成。

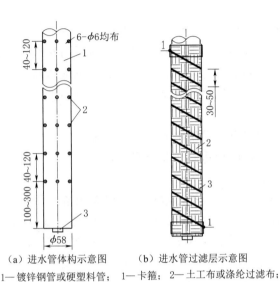

（a）进水管体构示意图　　（b）进水管过滤层示意图

1—镀锌钢管或硬塑料管；　1—卡箍；2—土工布或涤纶过滤布；

2—进水孔；3—闷头　　　　　3—不锈钢丝或尼龙丝

图 7.2-1　测压管进水管段结构示意图

（单位：mm）

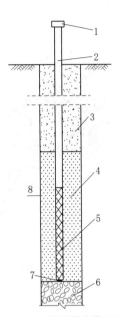

图 7.2-2　测压管安装示意图

1—管口盖；2—测压管导管段；3—水泥
砂浆或膨胀泥球；4—净粗砂；5—测压
管进水管段；6—砾石；7—测压管
底盖；8—钻孔

测压管水位测量可采用平尺水位计人工测量测压管水位，也可在测压管内安装电测渗压计监测渗透压力，换算渗压水位。

安装提示　测压管透水管段设置在需要监测的特定区域内，与邻近地层之间可能形成纵横向联系，测压管水位很可能与渗透性最强区域内的水位一致，由此可能会产生误导。测压管水位分析时应关注其所在区域的水文地质特性条件。

3）开敞式测压管检查。如果开敞式测压管被损坏，可能得到错误的结果。在读数和评估前，必须确定开敞式测压管是否受到干扰。一般情况下，应检查测压管外露部分是否有破坏、损毁、腐蚀或有意外损坏的迹象。需要检查的事项包括：立管弯曲、管帽缺失、保护装置损坏、立管阻塞等。

如果有任何物理损伤的迹象，或者每次库水位变化时读数没有变化，则应将这些问题记录在数据表及检查报告中，并检查测压管是否正常工作。可通过以下方法检查其响应和工作状态：①由于测压管深度是已知的，可采用测深装置测量测压管深度，确定测压管是否有淤积或阻塞现象。②采用抽水或注水试验的方法，升高或降低测压管水位，观察水位是否恢复到原来位置，并观察水位恢复需要多长时间，以此来检查测压管是否灵敏。如果透水管段在黏土中，水位变化不应超过 30cm；如果在砂子或砾石中，水位变化可以更大。其中，对于黏土，管内水位在 120h 内降至原水位为合格；对于砂壤土或岩体，24h 内降至原水位为合格；对于砂砾土，1～2h 降至原水位或注水后升高不到 3～5m 为合格。所取得的数据应记录并报送相关单位。需要注意的是：如果测压管透水管段在渗透系数极小的黏土中，注水后水位恢复可能需要几周甚至几个月。

图 7.2 - 3　典型平尺水位计

4）开敞式测压管水位人工读数。平尺水位计由绞盘、平尺电缆、探头和蜂鸣器组成，当探头接触到水面时，蜂鸣器鸣叫，在平尺电缆上读取示值，管口高程减去示值即测压管水位高程值。典型平尺水位计见图 7.2 - 3。

请按以下步骤使用电子探针装置：

第一，将指示器开关转到电池检查位置（如有），以确定充电水平。

第二，将探头浸入水中，并注意装置是否显示一个闭合电路，以检查设备是否正常运行。

第三，拆下测压管保护管帽，将探头放入竖管。当装置显示一个闭合电路时，注意从竖管顶部到水面所需要的导线长度。

此步骤需注意：①在初次接触后，应将探头上下举起几次，以确保读取正确的接触点示数。②每次读数之间应将探头晾干，以防止其在水薄膜上短路。③竖管内壁冷凝水或湿气也可能导致错误的读数。④如果电缆上连接一根新的探头，接头必须防水，以防止短路。⑤探头电缆应定期测量，以确保校准用标记正确。⑥如果连接了新的针尖，应进行拼接，以便校准保持不变，否则应确定并记录校正系数，以备将来使用。

第四，将结果记录在相关数据表上（当一个孔中有两根测压管时，必须分别对每个测压管进行标记，以便记录每个测压管的正确数据）。

第五，记录观测时的水库上下游水位（竖管顶部的高程应该是预先确定的）。

第六，更换并锁上保护帽。

5）测压管水位记录。测压管水位数据应记录在相应数据表上。需要记录的重要事项包括：测压管编号、位置、管口高程、水位高程、水深、抬升高程、近期降水情况。测压管水位记录表见表 7.2 - 1。

（2）测压管。

1）测压管结构及压力表安装。当某些情况下测压管水位超过管口时，一般情况下采用封闭管口，在测压管内安装电测渗压计或在管口加装压力表的方式监测渗流压力，如混凝土坝测量（或灌浆）廊道灌浆幕后的测压管。对于混凝土坝基础或溢洪道底板下的渗流压力，习惯上称之为扬压力。

表 7.2 - 1   **测 压 管 水 位 记 录 表**

工程部位＿＿＿＿＿＿＿＿＿ 测压管编号＿＿＿＿＿＿＿＿＿ 管口高程/m＿＿＿＿＿＿＿＿＿

监测日期及时间	管口至管内水面距离/m			水位/m		备注
	一次	二次	平均	上游	下游	
						含近期降水情况

观测：   记录：   校核：

测压管结构见图 7.2 - 4。

2）压力表读数。采用压力表测量测压管扬压力时，读数时应轻弹几下压力表，以确保压力表指针是自由的。读数应在压力表校准允许的范围内尽可能准确（即压力表量程与扬压力大小应适合，一般情况下，扬压力应在压力表 1/2～2/3 测量范围内）。

3）测压管压力记录可参照表 7.2 - 1，将表中"管口至管内水面距离/m"改为"压力表读数/kPa"。

3．电测式渗压计

（1）电测式渗压计工作原理。以振弦式渗压计为例，说明电测式渗压计的测量原理。振弦式渗压计的下端有一块透水石，水可以从透水石进入渗压计承压腔内的不锈钢承压膜上，一根高强度钢丝（钢弦，国内早期将振弦式渗压计称为钢弦式渗压计）一端固定在承压膜的中心，另一端固定在"支架"上。这根钢丝密封在不锈钢腔体内，并在制造过程中设定合适的预张力。

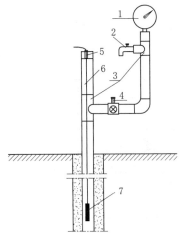

图 7.2 - 4   测压管结构示意图
1—压力表；2—水龙头；3—三通；
4—阀门；5—渗压计电缆密封头；
6—电缆；7—渗压计

施加在承压膜上的水压使膜中心发生形变，从而改变钢弦的张力和振动频率。将激励线圈与读出装置结合使用，"拨动"（振动）钢弦，可测量钢弦的振动频率，然后使用校准图表或表格根据频率读数计算渗透压力值。典型振弦式渗压计测量原理见**图 7.2 - 5**。

（2）渗压计检查。在进行读数和评估之前，必须确定渗压计是否受到干扰，渗压计初始参数配置是否正确，防止产生不正确的结果。

一般情况下检查渗压计信号电缆是否短路、断路、芯线间绝缘是否正常、接线端导体是否锈蚀或接触不良，多次平行测读数据是否稳定，以及长期观测时，渗压计读数与库水位变化的关系，在观测数据表和检查报告中，发现异常均应记录备案，作为评价渗压计工作性态是否正常的追溯依据。

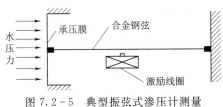

图 7.2 - 5 典型振弦式渗压计测量原理示意图

（3）渗压计测读。采用适配读数仪测读渗压计读数，如振弦式渗压计采用频率计或振弦式读数仪测读渗压计频率和温度测值。由于不同类型的读数仪技术差异较大，使用读数仪之前应仔细阅读操作使用说明书。

（4）观测记录。振弦式渗压计观测数据记录表见表7.2-2。

表7.2-2　　　　　　　　　　　　　振弦式渗压计观测数据记录表

观测日期	渗压计编号	初始频率模数 F_0	初始温度 T_0	传感器系数 K	温度系数 K_t	实测频率模数 F_i	实测温度 T_i	渗压计安装高程 H_0/m	渗压水位 H/m	上游水位 h_1/m	下游水位 h_2/m
渗压水位计算公式：$H=P_i/g+H_0$；$P_i=K(F_i-F_0)+K_t(T_i-T_0)$。式中：$P_i$ 为渗透压力值，kPa；g 为重力加速度，(m/s^2)；K 为传感器系数，(kPa/kHz^2)；K_t 为温度系数，$(kPa/℃)$；F 为频率模数，kHz^2；T 为温度，℃。											

观测：　　　　　　　　　　　　　　　记录：　　　　　　　　　　校核：

4. 数据校验

验证所有渗压计数据的准确性是必要的。在读取渗压计读数时，应检查渗压计本次频率模数和温度测值的稳定性，与前一次测值相比，数据变化的合理性。如数据不稳定，应检查渗压计是否正常；如数据变化不合理，应初判是否由上下游水位变化引起渗压计测值变化；没有明显的原因，则应立即重新读数。一些可能导致读数错误的常见问题包括：①渗透压力、压力表超过其量程。②数据记录错误、渗压计识别（编号）错误、芯线连接错误、渗压计编号与实际不符、渗压计安装高程引用错误或其他原因。③测压管竖管卡阻、平尺水位计读数错误、测压管管口高程引用错误等。④压力表表针被卡住、压力表损坏。⑤缺乏维护。

5. 数据使用及分析

通常将渗压水位以连续的历史序列绘制成图，显示水库水位和渗压水位随时间变化的过程。在某些情况下，还应标出下游水位。同一幅图上可以显示多个渗压水位。某土石坝渗压测点位置与测值过程线见图7.2-6，某混凝土坝渗压测点位置与测值过程线见图7.2-7。

由于测点水位通常与库水位直接相关，因此可以绘制大坝每个测点水位与库水位关系图（见图7.2-8）。这种已知的特性图形可以外推到比实际的库水位更高的测点水位。

对每个测点测值使用外推法，可以预测坝下最大渗压水位（见图7.2-9）。然后将这些预测渗透压力与设计值进行比较，以评估设计稳定性分析的有效性、防渗措施的效果以及是否需要采取维护加固措施。图7.2-9表明，预测渗透压力小于假定设计参数。因此，

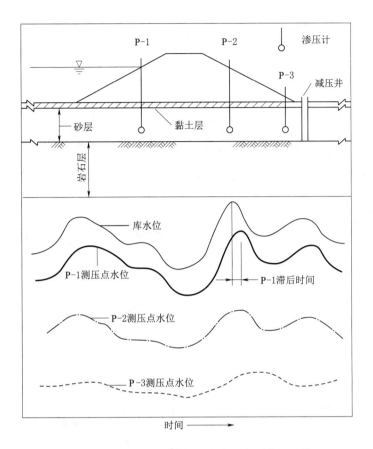

图 7.2-6 某土石坝渗压测点位置与测值过程线

稳定性分析应该是有效的，不需要采取补救措施。由于各种原因，减压井、坝脚排水沟、帷幕、排水孔、排水管和防渗墙等防渗措施的效能都可能会减弱或失效。如果出现这种情况，则测点渗压水位与水库水位之间的关系可能会发生变化。

对渗透压力分析大多基于渗流理论。测压管压力沿渗流路径减小，而渗流总是寻找阻力最小的流动路径。图 7.2-9 说明了从水库渗流到下游坝脚过程中的正常压力下降。图 7.2-9（b）所示为灌浆帷幕和排水管在 P-1 和 P-2 之间所起的减压效果。库水位变化时渗压水位随时间变化过程线见图 7.2-10（a）。库水位不变时渗压水位随时间变化过程线见图 7.2-10（b）。

当坝基土料或岩石中的透水区与水库连通，且下游排水不畅时，大坝下游可能产生较高的渗透压力（见图 7.2-11）。

渗透压力在通过弱透水地层或不透水地层时应显著降低。图 7.2-12 所示为一个典型的有基础防渗墙的心墙坝示意图。

图 7.2-12 中，上游坝壳料内的渗压计 A 和隔水层上游基础内的渗压计 B 测值通常会接近库水位，并对库水位变化作出快速反应。下游排水孔中的渗压计 C 测值显示较低的压力，如果排水孔足以排出渗水，则对库水位变化的反应很小或没有反应。

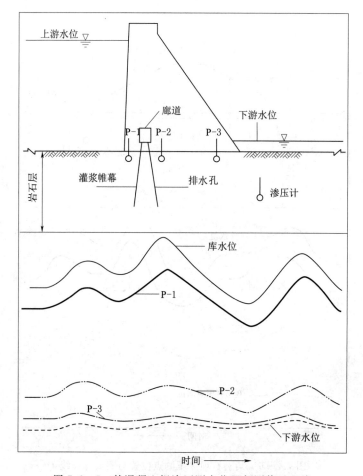

图 7.2 - 7 某混凝土坝渗压测点位置与测值过程线

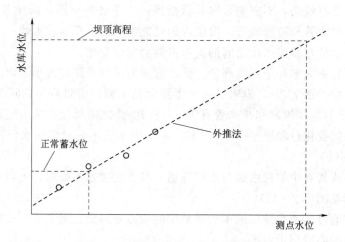

图 7.2 - 8 测点水位与库水位关系图

测点 C 的高渗透压力（或压力突然增加）可能表明排水系统不畅通，或可能是不透水区出现管涌、开裂或水力劈裂破坏。测点 D（隔水层下游）通常应显示略高于此处地下

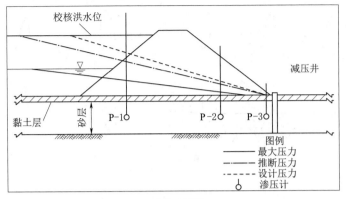

（a）土石坝

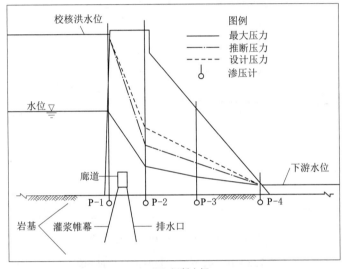

（b）混凝土坝

图 7.2-9　土石坝与混凝土坝的渗压水位测值外推法示意图

水或下游水位；高渗透压力或压力突然增加，表明隔水层有问题或正在形成隐患。

　　绘制和分析渗透压力数据曲线图的方法很多。除了反映因果关系随时间变化过程线（见图 7.2-6 和图 7.2-7）外，最适合的方法取决于具体情况。大多数情况下，渗透压力分析需要多个测点数据，可绘成如图 7.2-9 和图 7.2-11 所示的剖面图，也可绘成标出测点渗压水位等值线平面图。为了解决渗流问题，通常采用不同库水位下渗压测值逐次叠加的方法。

　　对渗透压力数据的分析不一定是明显的或准确的。一些通用的规则如下：

　　（1）任何对历史行为的偏离，无论是突变的还是渐变的，都是出现问题的迹象，应该展开调查。

　　（2）异常数据点很常见，通常是由于设备故障或读数错误造成的。如有可能，应检查和分析异常数据。一次反常的读数可能意味着一个错误。重复的异常现象可能表明设备有

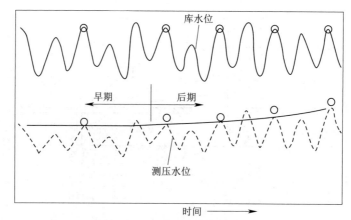

（a）库水位变化时渗压水位随时间变化过程线

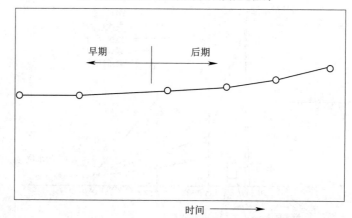

（b）库水位不变时渗压水位随时间变化过程线

图 7.2-10　渗压水位随时间变化过程线

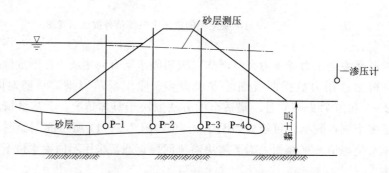

图 7.2-11　大坝下游渗透压力偏高情况示意图

故障或出现问题。

在许多情况下，为了更好地分析数据和评估问题，必须同时考虑渗透压力和渗流量。例如，如果图 7.2-12 中的测点 C 显示渗透压力突然增加，并且内部排水管的渗流量也增加，则几乎可以判定发生了管涌或水力劈裂。

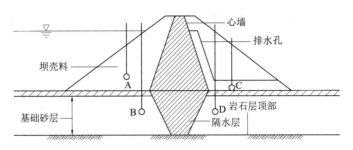

图 7.2-12 有基础防渗墙的心墙坝示意图

在分析渗透压力水位与库水位之间的关系时，库水位变化与测点渗压水位变化之间通常存在一定的滞后。这种滞后随着渗流源头与测点之间距离的增大而增大，随着渗径上渗透性的减小而减小。因此，在库水位变化期间需要加密观测频次。

6. 评估渗压计监测的充分性

为了评估大坝渗透压力测量仪器系统的充分性，需要确定当前的测量仪器组件是否提供了足够的信息对结构特性进行充分判断。大坝渗流观测成果是否表明应该有渗压计的位置都安装了渗压计，例如渗透区域和潮湿（散浸）部位。

现有的水压力数据是否表明需要增加额外测点。是否有少数测点显示异常高水压或在水库水位最高、水位恒定情况下测点水位读数增大。是否需要取得额外资料，以决定采取适当的补救措施或评估现有情况。是否需要评估各种防渗体系的效果和/或是否起作用，例如排水口、排水孔、减压井、灌浆帷幕、防渗墙等。

7. 监测频次

大坝渗压计的监测频次取决于多种因素，工程管理单位应根据工程实际情况，按规范要求确定监测频次。某些情况下应加密监测，如库水位显著变化、库水位创新高、水库初次蓄水、采取维修加固措施后、发现异常渗漏或变形、地震等。

8. 检查报告

检查报告中应该包含以下相关信息：过程线图、数据错误提示、仪器损坏情况观察结果、相应分析图、现有测点评估、增加测点和/或维修建议（连同支持性证据/观测结果）、监测计划的充分性评估、是否需要咨询专业工程师或专家。

7.2.2 应力

运行中大坝内部受力与设计有差异。因此要使用特殊的应力测量仪器监测确定位置的实际应力，例如大坝与其坝肩或坝基之间的应力，或大坝某些构件之间的应力。应力监测的目的是测量大坝接触面或大坝整体范围内的应力（荷载）。应力监测采用多种类型的应力监测传感装置，可以根据特殊布置的定向传感装置的监测数据确定大坝主应力。应力数据主要用于验证设计假设并为未来的设计改进提供依据。

1. 应力测量装置类型

有许多不同类型的应力测量装置，包括差阻式应变计、振弦式应变计和光纤光栅式应变计。这些应变计针对不同测量目标又可分为土压力计、钢筋应变计、锚杆应变计等。

土压力计一般由一个由充满液体的腔体和一个传感装置支撑的柔性膜片构成。土压力被传送到膜片上，感应装置测量膜片挠度或腔体内压力变化从而测量土压力变化。电阻应变土压计结构示意图见图7.2-13。

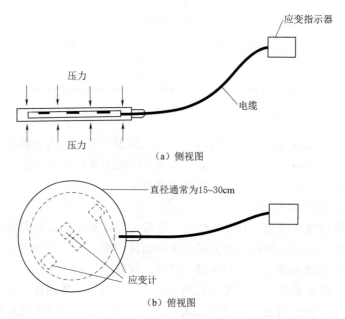

（a）侧视图

（b）俯视图

图7.2-13 电阻应变土压计结构示意图

2. 应力测量装置读数

应力测量仪器通过差阻式读数仪、振弦式读数仪或光纤光栅式读数仪读出装置读数。如需读取任何特定的仪器，请务必参考制造商的具体说明。

3. 应力测量装置检查

应定期检查所有应力测量装置的物理损坏情况和工作状况。检查电/光缆或接线端是否有物理性损坏。此外，请检查腐蚀或过度潮湿的地方。

4. 数据使用及分析

应力数据通常是由工程研究和设计人员来分析的。典型隧洞应力示意图见图7.2-14。

7.2.3 渗流量

坝基或坝体渗漏对大坝安全运行有相当大的影响。渗流量通常与水库水位有关。在没有明显原因（例如库水位的相应变化或强降雨）的情况下，所收集的渗流量突然变化，都可能表明大坝存在问题。

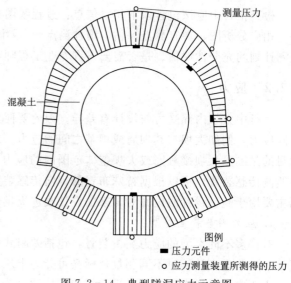

图7.2-14 典型隧洞应力示意图

检查提示 当渗水变得浑浊或变色，含有越来越多的沉积物或化学成分发生急剧变化时，大坝就可能出现严重问题。

下游坡或坝体新的部位出现异常潮湿或渗流，也可能表明大坝存在问题。

渗流量测量是检查大坝和其他水利结构工程安全使用的一个重要监测项目。渗压计用于测量关键位置的渗透压力，但渗透压力监测并不总是能够覆盖大坝所有部位。因此，有必要测量来自坝肩、坝基和内部排水孔的渗流量，以及来自减压井、排水管道及防渗墙和其他结构集水系统的渗流量。

通过测量一段时间内的渗流量，可以确定渗流量是增加还是减少，以及水库水位、降雨量等如何影响渗流量。渗流量增加可能表明渗透问题正在变严重，而渗流量减少可能表明减压井或排水管等控制功能正在失去作用，或者表明水库淤积正在降低大坝渗透性。在任何情况下，渗流量测量都提供了非常有用的数据，并且应该尽可能准确一致。

现有渗流数据对大坝安全检查人员的主要价值在于表示当前水库和尾水高程的预计渗水量。现有渗流数据也可以提醒大坝安全检查人员可能出现的问题，如防渗系统老化（流量变化就是证据），或由于材料管涌或可溶性岩石溶蚀而导致的坝基或坝肩老化。

1. 渗流量测量装置类型

渗流量测量仪器的种类很多，四种最常见的类型包括：通过渗流量仪、量水堰、水槽和流量计。

（1）渗流量仪。这是监测渗流量最简单的方法。在一个已知容量的容器（桶）中接一定量的水，并测量填满容器所需的时间。这种方法通常用于相对较小的流量。

容积法要求排水流经一端裸露在外的管道，或者水流过一个有悬垂的垂直落差，以便能够将容器放置在一个能够接住所有渗流的位置。

校准过的容器可以是任何尺寸，根据流量大小，通常从1L到5L不等。容器被固定在一个位置以截获总流量，并记录装满容器所需的时间（min/s）。例如，如果1L的容器正好在1min内装满，则流速为1L/min。渗漏量仪结构示意图见图7.2-15。

（2）量水堰。量水堰是一种特殊结构，横跨河流或水道，用于测量流量。量水堰的大小变化很大，取决于预期流量，可以根据其泄流区的形状进行分类。常用堰型包括直角三角堰、矩形堰和梯形堰，渗水通过堰口流出，堰板下游排水顺畅，无阻流现象。

直角三角堰结构示意图见图7.2-16。

量水堰通过仪器下部的连通水管将水道中的水引入仪器内部，仪器中悬挂的浮筒浸入水中，当水位发生变化时，浮筒的水浮力发生变化，从而引起感应钢弦发生变化，改变其振动频率。将激励线圈与读数装置结合使用，可测量钢弦的振动频率，再经换算即可得到水位的变化量。

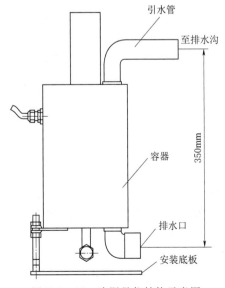

图7.2-15 渗漏量仪结构示意图

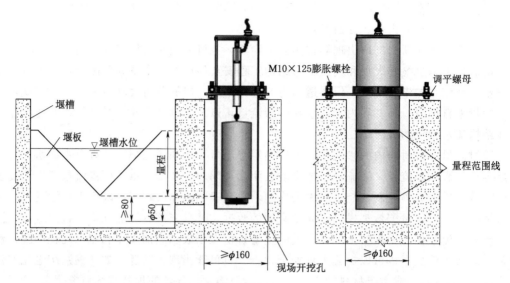

图 7.2-16 直角三角堰结构示意图（单位：mm）

（3）水槽。水槽是一个特定尺寸的狭窄通道，利用水流经水槽的时间进行计算。水槽中特定点的水深是根据涌出量来校准的。最常见的水槽类型是巴歇尔水槽（见图 7.2-17）。

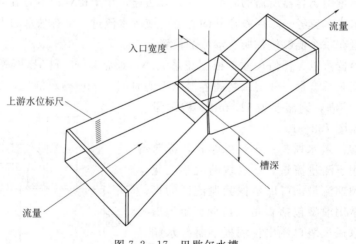

图 7.2-17 巴歇尔水槽

巴歇尔水槽是一种特殊形状的明渠过水截面，可以安装在排水侧或截水沟中来测量排水量。巴歇尔水槽狭窄的入口产生了一个与排水量有关的压力差。

坝顶下游的向下倾斜使巴歇尔水槽能够承受相对较高的淹没出流，而不影响流速。水槽上游汇流部分加快了进入的水流速度，从本质上阻止了沉积物的沉积，从而提高了测量精度。

水槽读数通过上游水位标尺读取，指示水位差（高度）。使用专用换算法将水位标尺测量值与流量联系起来。

（4）流量计。流量计是一种能够测量流经管道或水道水流速度的装置。如果水道中水的横截面积已知，可根据流速计算流量。

流量计可以是固定流量站的一部分，也可以是放置在水道中的便携式装置。流量计按制造商说明书进行读数，并与专用转换表一同使用。

（5）其他渗流量测量装置。根据经济条件、场地条件和其他因素，可以使用各种各样的设备来测量渗流量。其中一些设备可能是为特定的应用量身定制的；其他一些设备则可以使用非仪器设备来确定流量。例如污水泵的数据（工作循环数和工作时间）可以用来表示渗流量随时间的变化。

2. 检查渗流量测量装置

应检查所有渗流量测量装置的物理损坏情况和工作状况。特别应考虑以下几点：

- √　量水堰与水道是否连通？
- √　量水堰是否被移动、篡改或损坏？
- √　是否有渗流通过测量装置？
- √　上游区域是否淤塞？
- √　碎片、苔藓、树叶、树枝、岩石等是否阻塞水流通过装置？
- √　量水堰的堰口边缘是否清洁？
- √　巴歇尔水槽顶两侧是否水平？
- √　量水堰/水槽的尺寸与测量的流量大小是否适合？
- √　是否按照制造商的说明安装和校准了流量计？
- √　量水堰/水槽的位置是否适合（即尽可能接近真正渗漏的位置)？
- √　是否所有的渗流量测量装置都易于使用？

3. 数据校验

检查提示　　必须核实所有渗流量数据的准确性。在进行渗流量读数时，须查询当前的数据是否与以前数据一致。如果数据不一致，且没有明显的分析，则应立即进行重新读数（或请求进行重新读数）。可能导致读数误导或读数不正确的一些常见的问题包括：①由于强降雨或融雪引起地表径流或局部渗流。②读错水位标尺。③读错校正曲线及图表。④读错校正桶的实际尺寸。⑤在一天中不同时间读数。⑥被测流量的装置尺寸不合适。⑦因装置损坏或阻塞造成错读。

4. 记录数据

所有渗流数据都应记录在相应的数据表上。渗流数据记录表见表 7.2 - 3。

表 7.2 - 3　　　　　　　　　　渗 流 数 据 记 录 表

测量装置编号	位置	水位标尺读数	流量	备注（浑浊度）

5. 浊度和溶解性固体物

（1）浊度。除了测量渗流速率外，还应该评估渗流水体的浑浊程度。渗流浑浊表明有土颗粒悬浮在水中。表明流经坝体或坝基的水中携带了土颗粒。

检查提示　　浑浊的渗流要引起极大关注。每次进行渗流测量时，还应评估和记录渗流的浑浊度。

检测浊度变化的一个好方法是采集大量的水样，步骤如下：

第一，将水样采集在一个 1L 的干净玻璃罐中。记录采集日期、采集位置和洁净度。将罐子存放在安全的地方。

第二，每次测量渗流时重复步骤 1，直到采集到多个样本。

第三，每次收集样本时，摇一摇每个罐子，直观地将新样本与以前采集的样本进行比较。查看样本的浊度变化。另外，当悬浮物质沉淀时，记录累积在罐子底部的沉淀物数量。

（2）溶解性固体物。溶解（水流经一种材料时以物理或化学方式溶解一部分该材料的过程）会削弱大坝的坝基或坝肩，使得裂缝增大从而导致渗流量增加。

如果某些排水管的水流量增加，而水中含有新的溶解成分或水中溶解成分量增加，则渗透路径可能已经扩大。

（3）水质检测。如果渗流是透明的，但若怀疑它含有来自坝基的溶解物质（因为渗流量增加了等原因），最好对溶解物进行水质检测，并将检测结果与类似的水库水检测进行比较。

如前所述，每次检查时应记录渗流速度和浊度。如果怀疑有渗水问题，则应由专家复核检查频率。

检查提示　如果出现渗水问题，应由专家及时进行评估。切记：不受控制的渗漏会导致内部侵蚀，是造成溃坝的主要原因。

6. 数据使用及分析

渗流数据一般按连续的历史序列绘制成图，在图上标出水库水位和渗流量随时间的变化（因果关系随时间的变化）。在某些情况下，还应绘出尾水水位。

分析渗流数据使用的基本工具是每个测量装置所测得的渗流量和水库水位随时间变化的关系图（见图 7.2 - 18）。

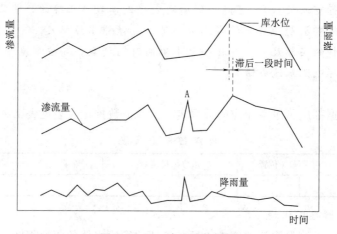

图 7.2 - 18　渗流量数据图

注：A 为因降雨造成的计数错误。

渗流量常常受到与降雨有关的地表径流或当地地下水的影响，因此绘制降雨与时间的关系图可能会有所帮助（见图 7.2 - 18）。这些数据在评估一个反常读数的有效性时是有用的（见图 7.2 - 18 中点"A"所示）。

在某些情况下，渗流会受到尾水的影响；因此，绘制尾水水位与时间的关系图将有助于分析。降雨对混凝土坝坝基渗漏测量的影响较小，但如涉及接缝或裂缝，渗水可能受到季节性温度变化影响。见图 7.2 - 19（b）为图 7.2 - 19（a）所示混凝土重力坝的渗流量测值过程线。

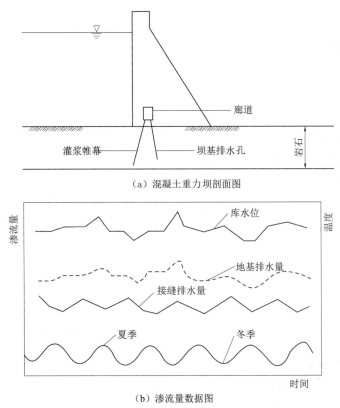

（a）混凝土重力坝剖面图

（b）渗流量数据图

图 7.2 - 19　混凝土坝剖面图与渗流量数据图

由于水库渗流量与库水位成正比，因此，可将图 7.2 - 18 中的数据绘制成渗流量与库水位的关系图（见图 7.2 - 20）。但是，渗流量也与水流横截面成正比，渗流量的增长速度可能快于库水位抬升，因此，图 7.2 - 20 所示的直线外推法（A 线）可能会低估在较高水位实际的渗流量（B 线）。如果在某一特定水库水位（或高程范围内）测得的流量显著增加，如 C 线所示，则应怀疑大坝存在严重渗漏问题。问题可能是不透水区域发生管涌或水力劈裂，也可能是水库在坝肩处出现渗透破坏。

若没有其他因素影响，则在同一段时间内，在同一库水位处测得的渗流量将保持不变，如图 7.2 - 21 中 A 线所示。现实中，同一库水位的渗流量随时间变化的原因是多方面的。随着时间推移（如图 7.2 - 21 中 B 线所示），渗流量可能会因为减压井、坝趾部位的排水管、排水孔等的老化而下降。这一点可以从周围的测压增加得到证实。水库淤积或

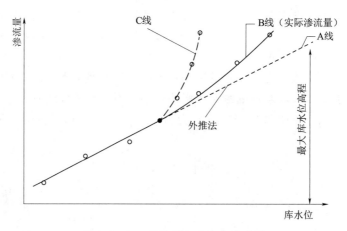

图 7.2-20 渗流量与库水位关系图

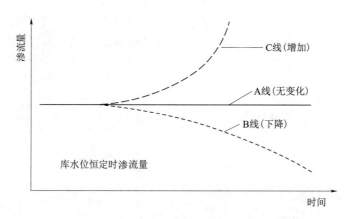

图 7.2-21 库水位恒定时的渗流量与时间关系图

接缝与裂缝钙化等因素也可能导致渗流量下降。

另一方面，随着时间推移，渗流量增加（如图 7.2-21 中 C 线所示）可能是由于不透水区域发生管涌、岩石缝隙中的石膏、白云石或石灰石等可溶性物质被溶解流失、接缝中的二次充填材料被侵蚀造成的。

渗流数据分析并不总是很明显或很精确。最初的问题是确定渗流是否与库水位有关。通过观测水库水位与渗流量之间的相关性可以解决该问题。水库水位与渗流量之间的这种相关性常常被降雨、温度的季节性变化、蒸发和蒸腾的季节性变化等所引起的当地径流和地下水波动所掩盖；因此，可能需要有关这些影响因素的数据来进行准确的分析。在某些情况下，将水库水的温度和水质（化学）分析与渗透水进行比较可能是有用的。

当坝基或坝肩内存在可溶性岩石，且渗流随时间增加时，应对水库水的溶解性固体含量和渗流量进行比较。例如，如果库水水样始终显示 50～100ppm 的硫酸钙（$CaSO_4$）含量，而渗流出水水样则显示 2000～3000ppm 硫酸钙（$CaSO_4$）含量，那么说明石膏在地基中被溶解。

分析渗流如何到达出口和测量点通常是很重要的，在许多情况下，需要补充信息。多数情况下，用一组调查用钻孔和测压管来确定渗透路径。在某些情况下，将示踪剂（如染料）注入可疑入口附近的储层，或注入钻孔或测压管，可有助于分析渗透。还有很多物探技术通常也是有用的。

分析渗压数据的一般规则也适用于渗漏数据：①与历史特征不一致，说明存在问题。②异常数据虽然常见，但可能表明存在问题，必须进行检查。③渗压数据对分析渗流量数据可能有用。④因果之间有一定的时间差。

应分别测量不同来源的渗流量，以便分析。例如，如图 7.2-19（b）所示，从排水孔流入混凝土坝廊道的渗流通常与水库水位有关，而接缝与裂缝的渗流往往与季节性温度变化密切相关。混合渗流量测量可能会混淆两个渗水来源分析判定。同样，由于井况恶化，减压井的渗流量可能会减少，而通过坝肩可溶岩石的渗流量可能会随着溶解而增加。两种不同来源的渗漏量同时测量，会模糊问题，忽视某一问题的重要性。

7. 评估渗流量监测的充分性

为了评估大坝渗流量监测系统的充分性，需要确定当前的监测系统是否提供了足够的信息来可靠地确定工程结构特征。要确定大坝渗流量监测系统是否足够，需要考虑的问题包括：①是否已测量所有明显的渗水点。②是否收集和测量每个特定区域的所有渗水。③是否所有的渗流量测量装置量程适合。

8. 监测频次

大坝渗流量监测装置的监测频次取决于多个因素。所需的频率可由大坝业主决定，或按监管要求确定。建议至少每季度采集一次渗流量测量仪器读数。但是，在某些情况下，应当规定更频繁地进行监测。这些情况包括：①水库水位出现显著变化。②水库水位创新高。③水库初次蓄水。④在采取防渗措施后。⑤发现异常渗漏或变形。⑥地震活动。

9. 检查报告

检查报告中应包括以下有关大坝渗流量监测系统的信息：①随时间变化的数据图。②数据错误迹象。③渗流量测量装置损坏情况观察结果。④相应说明图。⑤现有渗流量监测系统评估。⑥增加渗流量监测装置或维修现有装置的建议（附带支持性证据或观测结果）。⑦监测计划的充分性评估。⑧是否需要请专家指导。

7.2.4 水位

定期监测水库水位，并在每次大坝安全检查时记录水位，这一点很重要。此外，还应该记录下游（尾水）水位。

大多数仪器数据分析，包括确定坝基渗透压力分布，都需要这些水位数据。坝基渗透压力和渗漏量通常与水库水位和下游（尾水）水位之间的水位差有关。

水位可以通过简单的水位计来测量，例如水库永久构筑物上固定的水尺或喷涂的水位数字，也可以通过水位传感器来测量。库水位人工观测水尺见图 7.2-22。

7.2.5 气象条件

监测坝址的气象条件可以为评估日常问题提供有价值的信息，并有助于跟踪出现的问题。应定期记录天气情况，并在每次大坝安全检查时进行记录。温度和降雨量是需要记录

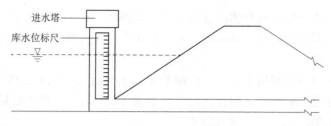

图 7.2-22 库水位人工观测水尺

的两个最重要的气象因素。降雨量会影响渗流量和渗压测值。气温和水温会影响混凝土结构的接缝与裂缝开合度，从而影响渗透性、渗流量以及内部应力。极端温度也会影响仪器的准确性。监测温度的基本装置是温度计，最好是自记式温度计。监测降雨量的基本装置是雨量计，最好是自记式雨量计。

检查提示 所有的气象监测装置都应安装在大坝附近位置，以便更好地反映坝址实际情况。应小心确保这些装置不被毁坏和意外损坏。

7.2.6 地震活动

使用振动测试仪或地震仪器来记录地震时大坝、坝基和坝肩对地震活动的反应。坝区强震会造成坝基液化，导致严重的稳定性问题或混凝土结构开裂。振动可能由地震或其他相关活动引起，如爆破施工或重型施工机械引起。

地震活动测量可以帮助改进未来大坝的设计，可以帮助评估现有大坝发生大地震后的震损情况，还可以帮助评估大坝在遭受更强烈地震时的潜在性损伤。

根据水利行业法规、政策、规范的指导，结合工程实践，地震测量设备一般安装在风险较高的地震带。

1. 地震监测设备的类型

地震仪泛指记录永久连续地震活动的所有类型的地震仪器。地震仪的基本组成部分包括：固定在地面或结构物上的基座、一组或多组振动传感器、一个计时器和记录器。当基座随着地面或结构物振动时，振动传感器的响应遵循动态平衡原理，通过电子、光学或机械等方式感知地震活动。被感知的地震活动与振动加速度或地面位移量成正比。各类地震仪器包括强震加速度仪、峰值记录加速度仪和其他仪器。

2. 地震设备读数和检查

地震数据应由专业的地震专家分析，作为一名大坝安全检查员的职责是：①若地震设备可能被破坏或以其他方式损坏，应通知报告。②若设备记录了地震活动，也应通知报告。

大多数地震仪器都在显著位置安装有事件指示器和事件计数器。如果事件指示器（通常是红灯）被触发，并且/或者事件计数器记录了一个新的地震事件，应该联系服务代理商对仪器进行检修并收集数据。地震监测设备见图 7.2-23。

3. 地震活动监测

地震设备需定期检修，通常每年至

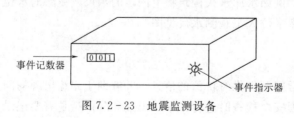

图 7.2-23 地震监测设备

少一次。除非发生地震活动，否则不需要检查员监测。但是，检查员应检查是否有故意破坏或损坏仪器的迹象。如果发生了局部地震，检查员应检查所有地震设备的反应，并检查结构的损伤情况。

7.2.7　位移

所有的大坝都会发生各种位移。水平位移通常发生在上下游方向。可能涉及整座大坝相对于坝基或坝肩的位移，也可能涉及大坝一个部分相对另一个部分的位移。垂直位移可以朝向下，由大坝或坝基的固结（沉降）引起；也可以朝向上（特别是坝趾部位），由扬压力或筑堤材料的膨胀或冻胀造成。监测大坝位移的目的如下：

（1）监测大坝、坝基、坝肩和附属结构的突变或渐进不稳定性。

（2）监测坝体沉降。

（3）监测可能导致开裂或其他危险不均匀沉降或位移。

（4）监测管涌或材料溶解的迹象。

> **检查提示**　大坝位移监测对大坝安全性至关重要，对于混凝土坝来说尤其如此。因混凝土坝是相对刚性体且重力荷载较小，即使是很小的位移也可能是至关重要的。土石坝因填筑材料可塑且断面宽厚，一般能承受更大的位移而不受损害。与土石坝相比，坝高相同的情况下混凝土坝的水荷载相比重力荷载更重要，因此，混凝土坝相比土石坝更容易受水荷载影响而发生变形。

图 7.2-24 说明了土石坝相比混凝土坝能够承受更大的变形而不受破坏。

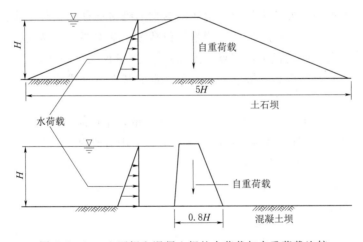

图 7.2-24　土石坝和混凝土坝的水荷载与自重荷载比较

1. 绝对位移和相对位移

大坝位移都可以分解为水平和铅垂的两个分量。测量的位移可分为绝对位移和相对位移。

绝对位移包括从一个固定参照点测量的水平位移或垂直位移。从不受大坝位移影响、远离大坝的一个固定点位，测量到的大坝坝肩位移就是绝对位移。绝对位移是通过测量技术来获取的，测量技术可包括简单的线性测量、经纬仪或水准测量、全站仪测量等。所有这些测量技术都利用了大坝或结构物上的固定点（目标点）和大坝或结构物外的固定点。

测量这些点之间的距离和角度，即可计算出位移数据。

相对位移包括相对于坝体或结构物上两个或两个以上点间的水平或垂直位移，这些点不一定与固定的基准点面相连，如两个相邻的混凝土单体之间的位移就是相对位移。测量相对位移使用的仪器可以测量一个固定参照点的倾斜度或相邻点之间的偏移，也可以测量仪器轴线上的长度变化。

2. 位移数据

现有位移数据的主要价值在于关注大坝已经发生位移的特定区域，提醒检查员在检查过程中寻找可能发生的问题。例如，土石坝上的重要沉降数据提示检查员在坝顶上寻找可能的横向裂缝，或在下游面上寻找膨胀开裂和纵向开裂。在混凝土坝上，整块混凝土体与坝肩之间出现明显相对位移，提醒检查员在混凝土或坝肩岩体中寻找裂缝或断裂缝的证据。在附属结构物中，接缝之间或混凝土单体之间的相对位移可能会影响渗透特性。

一般来说，混凝土坝和混凝土结构物（如溢洪道和排水口）的位移测量精度和准确度要求高于土石坝，因为在混凝土坝和混凝土结构物中，即使是非常小的位移也可能是相当可观的，而土石坝在发生损坏或结构损坏之前一般能承受更大的位移。

3. 位移测量仪器的类型

位移测量仪器有很多种。本节中主要介绍测量装置、基岩变位装置、横臂式沉降仪、沉降计、测斜仪、位移计、倾斜仪、垂线仪、接缝与裂缝测量装置，以及应力计、应变计、测缝计和温度计等。

4. 测量装置

各种测量技术被用来监测大坝及其附属结构物的绝对位移和相对位移。虽然测量方法在应用及复杂程度上各有不同，但所有测量均包括三个基本要素：测点（表面变形标点）、基准点［"工作基点"或转换工作基点（测点）］、测量仪器（瞄准装置和测距装置）。在基本测量装置中，专业瞄准装置被装配在一个固定的基准点（或测点）上，并从这些固定的测点获取读数。

（1）测点。测点也称表面变形标点，可能是永久的，也可能是临时的。永久测点是简单的装置，应安装在刚性支撑系统中，可以安装在大坝、坝肩或附属结构物上，如溢洪道、排水工程、道路等，可以用来监测水平和垂直位移。大坝上的测点可以参考大坝外的固定点，以测量大坝的绝对位移。土石坝与混凝土坝位移永久测点分别见图 7.2 - 25 和图 7.2 - 26。

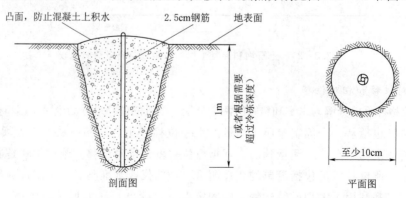

图 7.2 - 25　土石坝位移永久测点示意图

（2）基准点。基准点是设置了测量瞄准装置用以测量距离、角度和特定测点高程变化的点。基准点可由固定的测站或固定的"基准点"组成，瞄准装置固定在基准点上。固定的基准点应位于不因破坏行为、交通、施工过程或地表移动而损坏的稳定区域。基准设施结构见图 7.2-27，用于避免因近地表材料位移而造成高程变化。

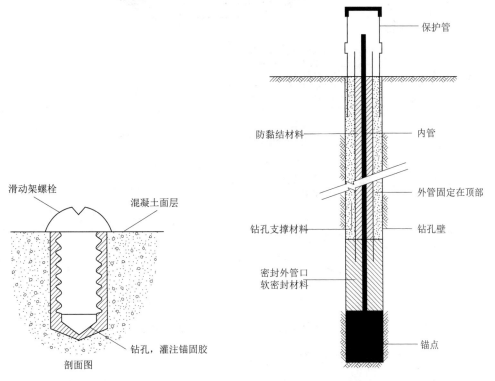

图 7.2-26　混凝土坝位移永久测点示意图　　　图 7.2-27　基准设施结构示意图

（3）测量仪器。有各种专业设备和方法来测量绝对位移和相对位移。常用的测量方法包括：视准线法、三角网法（测边法、测角法、测边测角法）、导线法、精密水准法以及全站仪、GNSS 自动测量法。这些不同的方法使用不同的测点、不同的基准点和不同的测量设备。

（4）检查测量装置。测量作业应由有经验的测量员进行。在测量装置方面，应首先确保固定的表面变形标点和基准点没有受到损坏或干扰。检查测量装置时需弄清楚是否有任何表面变形标点被移动、移位、损坏或损毁；是否有任何参考基准点被移动、移位、损坏或损毁；是否有理由怀疑基准点由于地震活动、沉降、滑动或其他因素而移动等。造成测量结果不准确的最常见原因包括基准点移动、使用的基准点错误、测点或测量装置损坏、测量方法不当、测量过程不规范、数据记录不准确或记录格式不正确，或极端天气影响等。其中土石坝位移数据需要进行特别分析，有时造成土石坝出现明显但与坝体位移无关的常见原因是路基土冻胀或胀缩引起的局部移动，而不是路基结构（坝体）的整体移动。

（5）位移数据使用及分析。

1）土石坝表面变形位移。可以绘制土石坝上的表面标点位移图，显示随时间变化的水平位移或垂直位移曲线（见图 7.2-28），并显示一个标点或一组标点随时间变化的位移曲线（见图 7.2-29）。此外，通过绘制土石坝上的表面标点图，还可以显示某一测点上点的位移变化（见图 7.2-30）。平面上所有位移的等高线图也很有用。

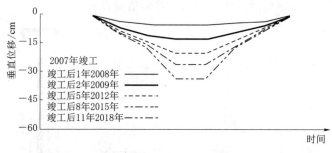

图 7.2-28　测点的垂直位移与时间的关系图

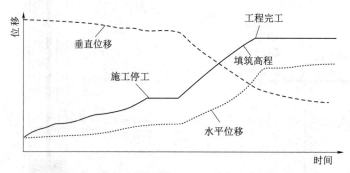

图 7.2-29　测点位移与时间的关系图

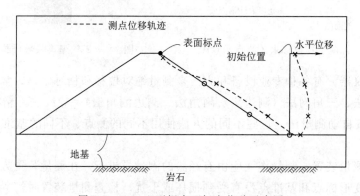

图 7.2-30　土石坝表面标点位移示意图

　　一排测点的位移曲线图很容易说明会造成土石坝横向开裂的差异移动和沉降区域。移动的速度可以通过位移与时间的关系图来确定。通过这种绘图方法能够确定移动速率是下降了还是增加了。位移随时间推移而持续变化是可能出现问题的迹象；移动速度的增加或加速是明确出现问题的迹象。

　　2）混凝土结构表面位移。混凝土坝上的表面变形标点位移与土石坝上的表面变形标点位移相似，需要强调的是混凝土坝的显著位移量远远小于土石坝。混凝土坝会随着水库水位和温度的变化而反复（来回）移动，主要的问题是诱发的移动是否会大到足以导致混凝土开裂或产生永久的不可逆的变形。

5. 基岩变位计

基岩变位计用于测量大坝坝基的沉降，监测目的是将基岩（基础）沉降量的影响与大坝坝体总沉降量的影响分开。基岩变位装置有各种配置，图 7.2 - 31 所示的是一种基岩变位计，其安装方式为在基建面的一个已知高程水平位置上安装一块钢基板，立管的一端焊接在钢底板上，在立管周围安装较大直径的防护管，以减少或消除筑坝填土向下沉降引起的摩擦。因此，虽然外护管受到向下的表面摩擦，但可以观察（测）到基础内立管的高程变化。立管顶部高程是通过测量确定的，从立管顶部到基板的距离是通过施工过程中对立管所有加长件的精确测量和记录而得知的。

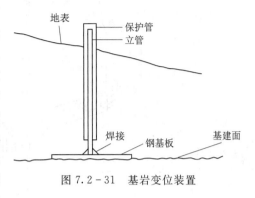

图 7.2 - 31　基岩变位装置

一般情况下，要检查基岩变位装置的任何外露部分（如立管）是否有破坏、损坏、腐蚀、磨损或意外损坏的迹象。要检查的具体项目包括立管是否弯曲、帽/锁是否缺失、立管是否阻塞（立管填满砂石或砂）等。

6. 沉降仪

有许多其他装置可于测量沉降，常见的包括水管式沉降计、振弦式沉降计、压力传感沉降计等。虽然这些装置的工作原理各不相同，但都是用来测量沉降的。沉降仪以水管式沉降仪最为常用。

（1）水管式沉降仪。水管式沉降仪是利用连通管原理，将位于建筑物内部被监测点用连通水管引至建筑物外部，并用透视竖管与连通水管相接，通过竖管水位变化，量测被测点与安装竖管的站房基础间相对沉降的系统（装置），系统主要由沉降包（测头）、管路系统（包括进水管、排水管、通气管和三管路的保护管）、供水箱（系统）和测量系统（量测竖管、量测板或尺）等组成，在测量竖管内安装后水位传感器，可实现沉降自动化测量。

水管式沉降仪主要应用于混凝土面板堆石坝堆石体内部分层垂直位移（沉降）监测。水管式沉降仪工作原理及结构示意图见图 7.2 - 32。

（2）检查沉降仪。检查沉降仪时，应注意读数位置是否移位或损坏、导线腐蚀、连接处漏水、压力表故障、电气读出装置校准不当，或者水柱管中空气等问题。

（3）数据使用及分析。沉降数据可通过地基基板、表面标点和各种类型的沉降仪获得。坝体坝基的差异沉降会导致横向裂缝，并可能导致不受控制的渗漏。峡谷型水库坝体填土升高，而坝顶一直延伸到河谷顶部时，坝体沉降差可能会非常大。图 7.2 - 33 显示了横向开裂最可能发生的位置。

由于管道段的压缩和旋转，出口管道的沉降会导致管节在底部打开，在顶部缩小（见图 7.2 - 34）。一般情况下，坝基坝体和管道在坝体荷载作用下会扩展。因此，管节在坝段的上部打开，在坝脚附近闭合或缩小。

数据连同水库水位和下游（尾水）水位，通常按时间绘制成图。暴雨和地震等异常事

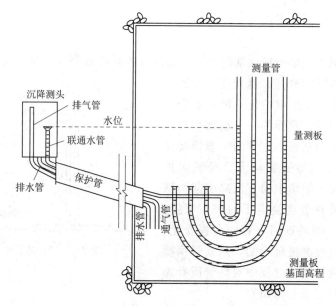

图 7.2 - 32　水管式沉降仪工作原理及结构示意图

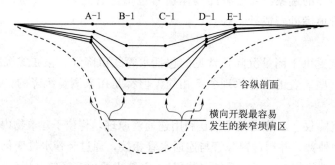

图 7.2 - 33　差异沉降示意图

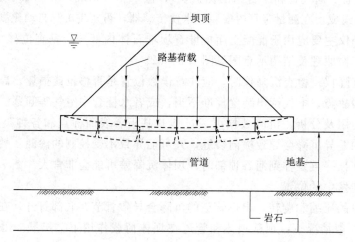

图 7.2 - 34　出口管道沉降

件应标注在图上。

7. 测斜仪

测斜仪用于测量坝肩、坝基或坝体的水平位移，其工作原理是测量测斜管轴线与测斜管安装后初始轴线之间的角度变化，从而计算土体在不同高程的水平位移。测斜仪安装可以是"活动"式的（活动式测斜仪），即安装一个测斜管并用一个可移动的测斜仪探头进行读数；也可以是"固定"式的（固定式测斜仪），即在测斜管内一个或多个位置安装一个或多个固定式测斜仪。活动式测斜仪装置结构示意图见图 7.2 - 35。

（1）检查测斜仪。检查测斜仪时，确保立管没有弯曲或损坏，所有的保护帽都安装牢固、未损坏。导致测斜仪读数不准确的典型问题包括：测斜仪有问题、测斜管阻塞、读数仪欠电、探测深度错误、测斜管导向槽偏扭、读数方向错误等。

（2）数据使用及分析。

1）水平位移。倾斜仪数据可以绘制成不同时间点上偏向与高程的剖面图（见图 7.2 - 36），也可以绘制成给定高程随时间变化的偏向图（见图 7.2 - 37）。

给定高程水平位移与时间关系见图 7.2 - 37，可以清楚地说明位移是否在继续和/或加速。这种绘图格式可以用来说明其他活动与时间的关系，说明测斜仪数据所示的偏转因果关系。

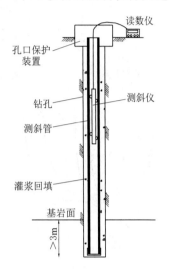

图 7.2 - 35　活动式测斜仪
装置结构示意图

土石坝内形成的剪切带示意图见图 7.2 - 38。偏向的幅度足够大表明出现了问题。位移的速度也能表明问题是否严重。位移在一周到一个月内达到一到 50mm 要比在一年内达到同量位移要严重得多。如果位移以恒定或递增的速率而不是以递减（或停止）的速率继续发展，就会出现问题。

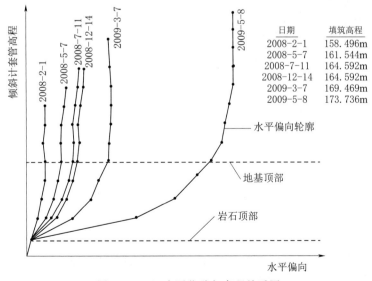

日期	填筑高程
2008-2-1	158.496m
2008-5-7	161.544m
2008-7-11	164.592m
2008-12-14	164.592m
2009-3-7	169.469m
2009-5-8	173.736m

图 7.2 - 36　水平位移与高程关系图

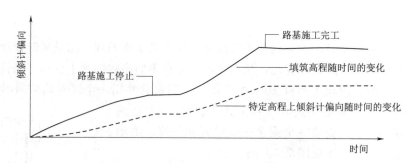

图 7.2-37 给定高程水平位移与时间关系图

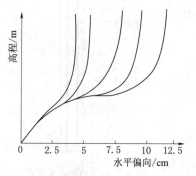

图 7.2-38 土石坝内形成的
剪切带示意图

2) 沉降。如果测斜管外安装有沉降板或沉降磁环，可以用电磁式沉降仪测量各管节垂直位移。这些数据可以绘制成每个测斜沉降管段在管节处随时间的垂直位移图（见图7.2-39）。

8. 位移计

位移计用于测量大坝、坝基和坝肩的内部位移。最常见的三种位移计是杆式位移计、钢丝式位移计和尺式伸缩仪。

（1）杆式位移计。典型的杆式位移计由多个安装在钻孔内不同深度或安装在路基不同位置的锚点组成。空心管中的金属杆从一个锚点延伸到钻环处的一个参考点。所有的位移测量都是在参考点上进行的。当锚点移动时，测量连接到该锚点上的金

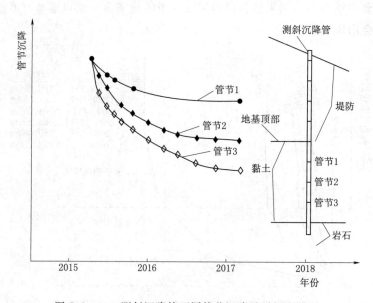

图 7.2-39 测斜沉降管不同管节沉降随时间变化图

注：测斜沉降管于 2015 年 1 月 5 日安装在地基里，2015 年 2 月 20 日开始填筑，2016 年 2 月 15 日竣工。

属杆相对于钻环上参考点的位移。典型的多点杆式位移计有 5 到 10 组锚杆。(单点杆式位移计只有 1 组锚杆。)锚点的位移可以用机械方式（通过深度计）或电气方式（通过线性电位计）来测量。锚有多种类型，但大多数利用径向膨胀来锁定锚的位置。单点位移计工作原理示意图见图 7.2 - 40。一个钻孔中可以设置多个锚点，从一个孔内锚点到钻环参考点连接一根杆，以创建一个多点位移计测头。

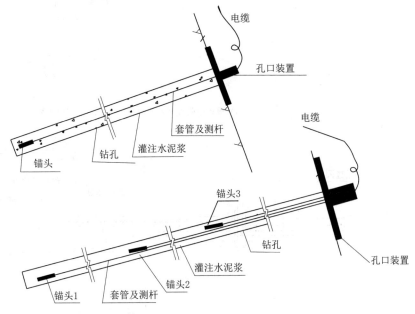

图 7.2 - 40　单点位移计工作原理示意图

（2）钢丝式位移计。钢丝式位移计是用张力钢丝代替杆从锚点延伸到参考点。通常情况下，每个参考点连接有 6 个或 8 个锚点。每根钢丝的传感头一端都连接有一个不锈钢悬臂梁装置。锚点与参考点之间距离的变化是通过悬臂梁的偏向来计算的。

国内常用的钢丝式位移计主要是引张线式水平位移计，锚固点的位移可通过位移传感器或游标测尺进行监测。单点和多点引张线式水平位移计结构分别见图 7.2 - 41（a）和图 7.2 - 41（b）。

（3）尺式伸缩仪。尺式伸缩仪用于测量两个外露点之间的相对位移。这种装置由一个千分表和一根卷尺组成，卷尺在任意方向的两点之间被拉伸到恒定的张力（见图 7.2 - 42）。

（4）检查位移计。检查位移计时，应注意外露部分的损伤。特别要注意有无腐蚀、生锈、毁损、毁坏、不注意的位移或移动、磨损、过分潮湿、不正确安装等问题。

（5）数据使用及分析。位移计用于监测仪器轴线上的相对位移，最常被用来监测重力坝坝基的位移以及拱坝肩的位移。通过在裂缝两侧放置锚点，可以监测该区域的抗压情况。锚点之间或锚点与位移计参考点之间的距离持续变化表明可能存在问题，应进行分析评估。双锚式位移计位移与时间的关系见图 7.2 - 43。这三条曲线分别表示了固定用于垂直位移的底部 2 号锚点，1 号锚点相对于 2 号锚点绘制。

241

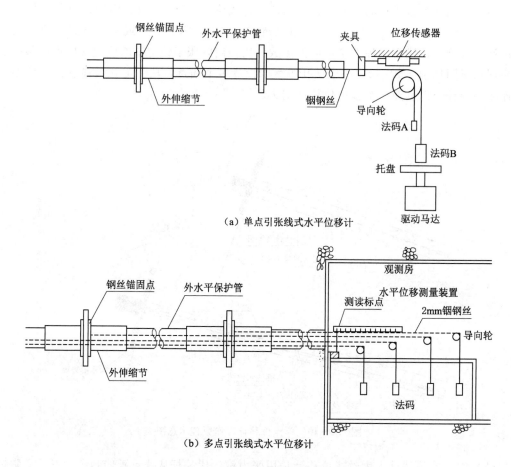

（a）单点引张线式水平位移计

（b）多点引张线式水平位移计

图 7.2-41 单点和多点引张线式水平位移计结构示意图

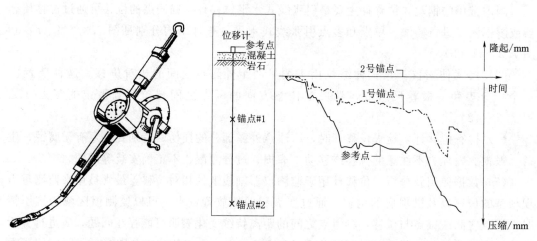

图 7.2-42 尺式伸缩仪结构示意图　　　图 7.2-43 双锚式位移计位移与时间的关系图

9. 倾斜仪

倾斜仪用于测量大坝、大坝节段、取水塔和岩体垂直面或水平面的倾斜变化量。这些装置通常安装在结构的表面,这样倾斜仪板就能随着结构本身移动。便携式倾斜仪只有它的板固定在结构上。基础倾斜仪由一块陶瓷板、一个传感器装置和一个读出指示器组成。倾斜仪应按照制造商的说明,通过特殊的读出装置来读取。检查倾斜仪安装时,应确保装置和安装板完好无损,安全可靠。典型的倾斜仪结构示意图见图7.2-44。

倾斜仪数据,连同温度和/或水库水位,通常按时间绘制。永久位移或位移幅度增大而没有相应的荷载增加是存在潜在问题的迹象,应该进行评估。

10. 垂线仪

垂线仪用于测量混凝土大坝由于温度变化、水库压力或坝基沉降等因素引起的水平相对位移。垂线仪一般悬挂在从坝顶延伸到地基附近的竖井里。读数位置位于中间高程和可能的最低高程处,以测量大坝段在整个结构最高处的偏转位置。有些垂线仪也可能延伸到地基上的钻孔中。垂线仪安装示意图见图7.2-45。

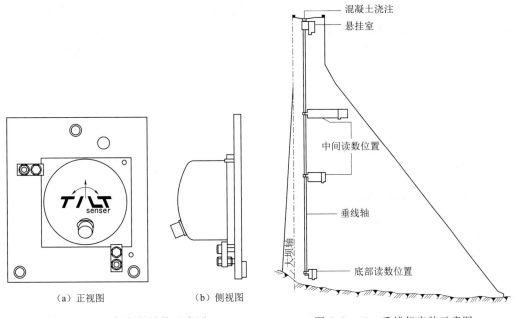

（a）正视图　　　　（b）侧视图

图 7.2-44　倾斜仪结构示意图　　　　图 7.2-45　垂线仪安装示意图

垂线仪有正垂线和倒垂线两种类型。垂线仪包括成形轴、悬挂系统、钢丝、铅锤、缓冲器、读数位置以及浮箱总成(仅浮子悬挂式装置)。垂线轴上的读数位置在大坝不同高程的廊道上。每个廊道内垂线位置应留出1个数据读取入口。数据读取入口应保持在关闭锁定状态,以防止对垂线的干扰。由于位移一般很小,因此用滑动千分尺装置测量变形,利用该装置的瞄准器或显微镜观察。测量到位移表明结构相对于垂线悬挂点存在偏转。倒垂线组件在坝顶附近的一个储油罐中装有油,用一个浮子固定住钢丝。在这种类型的装置中,垂线的下端固定在大坝底部附近,在中间位置和顶部可以观察到位移。

在检查垂线装置时,一定要检查可能导致错误读数的任何损坏或干扰,包括:扭曲、断裂或腐蚀的钢丝；废油或污油；读数尺损坏等。

检查提示　不同的人在读数时可能会使用稍微不同的基准点，从而会产生不一致的结果。

垂线数据通常被绘制成纵向移动（上游-下游）和横向移动（左岸-右岸）与时间的关系。对于大小近似相等的循环载荷，其移动的幅度应与以前的循环相同。如果移动的幅度在变化，或者超出了设计值，则需要对情况进行评估。

11. 裂缝和接缝测量设备

裂缝和接缝测量设备用于测量裂缝或接缝两侧整块之间的相对位移。裂缝和接缝测量设备有在裂缝或接缝两侧设置简单标记或测量点的（这些测量点之间的距离可以用各种仪器进行测量），也有可以测量三个方向上相对位移的专门装置。这些设备分为测量点、校准裂缝监测器、测缝计三大类。

(1) 测量点。测量点可能只是在接缝或裂缝两侧的混凝土表面上留下划痕标记。这些标记之间的距离可以用卷尺和直尺测量（见图 7.2-46）。

然而，更常见的是，测量点由特殊制造的圆头螺栓或螺钉组成，嵌入接缝或裂缝两侧的混凝土表面。然后，用卷尺、精密千分尺等特殊测量装置来测量这些点之间的距离。使用三个测量点可以测量接缝的开度和错动。典型测量装置工作原理示意图见图 7.2-47。

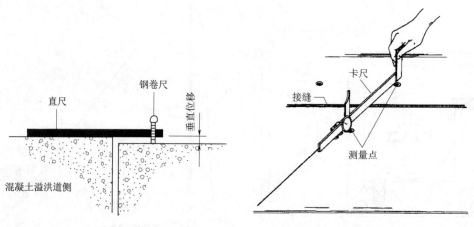

图 7.2-46　使用卷尺和直尺测量　　　　图 7.2-47　典型测量装置工作原理示意图

(2) 校准测缝计。校准后的测缝计装置可以测量两个平面上两个相邻整块之间在两个方向上的相对位移。这些装置安装在接缝或裂缝上，通过校准坐标方格上的十字准线显示位移。"AVONGARD"校准测缝计示意图见图 7.2-48。该装置由两块重叠的塑料板组成。外板上的十字光标线叠加在内板上的刻度网格上。通过观察外板上的十字相对于内板上网格位置来确定位移。

(3) 测缝计。测缝计是一种特殊的嵌入式仪器，用于测量接缝之间的相对位移，例如两块混凝土整块石之间的接缝。按照制造商对特定类型和型号的说明，通过特殊的电气读出装置读取测缝计。

(4) 检查裂缝和接缝测量装置。检查裂缝和接缝测量装置时，应确保所有读数装置

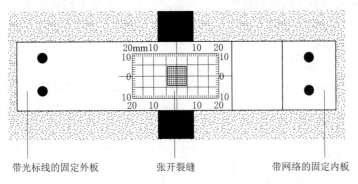

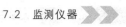

图 7.2-48　"AVONGARD"校准测缝计示意图

处于良好状态，所有测点完好无损、安全可靠。读数不正确可能是由于测量点或测量装置识别错误、损坏或移位造成的。不同的人使用略有不同的读数方法也可能导致错误的结果。

（5）数据使用及分析。随着荷载和温度变化或地基沉降，裂缝和接缝会张开和闭合。混凝土坝渗流的周期性变化表明接缝或裂缝开度可能发生变化。温度和水库水位的变化是裂缝和接缝开度变化最常见的原因。接（裂）缝开度随时间变化的关系见图 7.2-49。

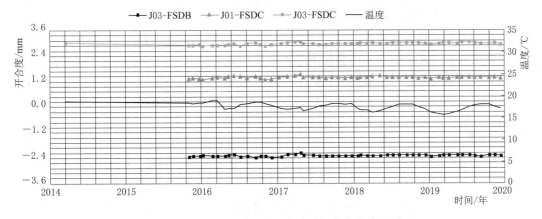

图 7.2-49　接（裂）缝开度随时间变化的关系图

12. 应力计、应变计和温度计

混凝土结构中嵌入了各种各样的特殊仪器来测量混凝土的应变、应力、接缝位移和内部温度。许多这类仪器都利用了这样一个原理，如差动电阻式传感器就是通过钢丝张力和温度的变化会引起导线电阻的变化，换算应变、应力、位移、温度等。

大多数仪器都可以按照制造商对特定类型和型号的仪器说明，通过特殊的电子读数仪读取。在检查这些仪器的读出端时，一定要检查是否有任何明显的问题，例如导线断裂或腐蚀以及导线名称不正确或难以辨认等问题。

对这些仪器的操作原理和具体读数技巧的深入讨论不在本书范围内。有关这些设备的更多信息，请参阅制造商的参考文献和相应的技术手册。

结构所经历的应力和应变通常是随时间变化的。对于混凝土大坝，这些数据将显示为伴随温度和水库水位变化的周期性变化，而突然的变化则是大坝可能出现问题的迹象，应该加以评估。应力与混凝土温度随时间变化的关系见图 7.2-50。类似的图可用来表示应变与温度随时间的变化。

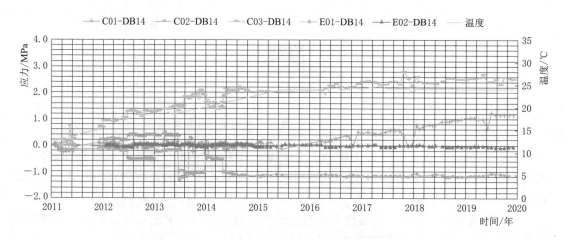

图 7.2-50　应力与混凝土温度随时间变化的关系图

13. 评估位移测量的充分性

为评估大坝位移测量的充分性，需要确定当前的监测系统是否提供了足够的信息来可靠地判断大坝的性能。要确定位移监测是否足够，需要考虑以下问题：所有可变形区域或点位是否都已监测；经常由温度变化或水库荷载变化引起的位移是否已测量；已有数据是否表明需要额外的位移测量；可能与高扬压力/孔隙水压力、内部侵蚀或溶蚀有关的位移是否测量；脱空及接触部位是否测量。

14. 监测频次

大坝位移监测频次应根据工程运行实际情况，按规范要求确定，至少应每季度测量一次位移，以确定温度对混凝土结构的周期影响。（土石坝的监测频次可能不需要那么频繁。）然而，某些条件要求更频繁地进行测量。这些条件包括：水库初次蓄水；库水位显著变化；库水位创新高；巡查发现位移或不稳定的迹象；最近的地震活动；高扬压力或孔隙水压力迹象等。

15. 检查报告

检查报告中应该包括以下有关大坝位移测量的信息：位移随时间变化的数据图；数据错误的标志；位移测量装置可能损坏的观察结果；现有测量系统的评估结果；维修/更换现有装置或安装新装置的建议；监测频次评估结果；是否需要咨询专业工程师或专家。

7.2.8　小结

本节讨论了用于监测与大坝安全和性能有关的各种仪器。测量条件、测量原因和所用仪器见表 7.2-4。

表 7.2 - 4   **测量条件、测量原因和所用仪器汇总表**

监测量	监 测 目 的	使用仪器
水压	坝体或地基中的孔隙水压力直接影响着大坝的稳定性。水压数据异常可能表明存在没有预料到的位移或渗漏	渗压计
压力（应力）	设计应力可能并不总是按预期发生在一个完工的大坝内。因此使用压力数据验证设计假设，并为未来的设计改进提供数据	压力计。 应力计
渗漏	在一段时间内测量流量有助于确定流量是增加还是减少。流量增加可能表明渗漏问题正在变得严重；流量减少可能表明防渗措施正在失去其效用。渗流混浊表明水中悬浮着土壤颗粒。不受控制的渗流引起的内部侵蚀是溃坝的主要原因	渗流量仪。 量水堰仪。 水槽。 流量计
库水位和下游（尾水）水位	因为这些数据是分析大多数仪器数据所必需的。扬压力和渗透速率通常与水库水位和尾水水位的高程差有关	人工水尺。 水位传感装置
气象条件 • 温度 • 降雨量	这些数据在评估日常问题和跟踪形成问题方面是很有用的。温度会影响混凝土结构的接缝和裂缝宽度，从而产生渗透和内应力。降雨会影响渗流和测压水平	温度：温度计，最好是自记式温度计。 降雨量：雨量计，最好是自记式雨量计
地震活动	大的震动会引起地基或路堤的液化，导致严重的稳定性问题，在没有发生液化的情况下会引起土石坝的过度变形，并且/或者会引起混凝土结构的开裂。这些数据可用于改进未来大坝的设计，评估现有大坝发生重大地震后的损害，以及评估发生更强烈地震时的潜在损害	地震仪，包括强震动加速度仪
位移 • 水平位移 • 垂直位移	这些数据集中在大坝已经移动的特定区域，提醒检查人员在检查过程中寻找可能的问题。移动会引起混凝土坝的损坏或结构破坏，引起土石坝开裂滑动	测量装置。 基岩变位计。 横臂式沉降仪。 沉降计。 测斜仪。 位移计。 倾斜仪。 垂线装置。 裂缝和接缝测量设备。 应力计、应变计和埋入式温度计

7.3 监测数据分析与评估

本节介绍如何分析监测数据，从而评估大坝的安全性。主要内容包括：大坝监测的总体目标和方法；分析各种数据之间的关系；提供案例分析和复习练习，巩固和测试你对仪器数据评估的了解掌握情况。

将监测数据用于对大坝安全性检查和评估、可疑或现有病险问题进行安全评估、维修加固措施进行评估等工作都至关重要。有效的大坝安全监测须在适当的位置测量所需的物理量，监测仪器须经过选择、维护和校准，以提供准确度可接受的数据，须由接受过培训的人员有计划地进行监测，以获取和记录准确的监测数据。对获得的所有数据准确性应进行评估，并及时、持续地开展分析。一般情况下应绘制数据图，说明因果关系随时间的变化（时间/历史曲线）。监测仪器再好、再多、再全，其自身并不能排除病险隐患。仪器不是万能的，绝对不能取代仔细的观察和频繁的检查。对水库大坝起作用的各种因素之间通常存在某种关系，为了对某工程的实测数据进行评价，必须了解这些因素之间以及它们对应的数据集之间的正常关系。以下将讨论某些关键物理因素之间的基本关系，并了解如何利用这些关系的知识，指导对各种数据进行分析。一些重要监测量包括：①水压力。②水库水位。③下游（尾水）水位。④降雨。⑤位移。⑥渗漏。⑦温度。⑧渗水浊度及溶解。⑨施工过程及质量。⑩地震活动等。

7.3.1　渗透压力/库水位和下游（尾水）水位/降雨

通常坝体和坝基渗透压力与库水位和下游（尾水）水位直接相关。但降雨和库区地下水可能会造成暂时的高渗透压力。坝肩的渗透压力与库水位和下游（尾水）水位有关，可能受局部降雨和地下水位的影响。大坝边坡的渗透压力与库水位、降雨、地下水位直接相关。

检查提示　　如果库水位变化不大，但测点渗透压力随时间增加，就表明测点上游土体渗透性增强，可能是坝体或坝基的裂缝造成，也可能是下游反滤层堵塞或防渗排水措施失效造成的；坝后渗透性降低，则可能是水库区淤积造成的。渗透压力随时间的增大也可能预示着大坝某些问题的出现。

7.3.2　渗透压力/位移

当坝体、坝基或坝肩内的渗透压力增大时，土体有效抗剪强度降低。当土体有效抗剪强度小于下滑力时，就会发生滑坡。

7.3.3　渗透压力/渗流量/库水位/降雨

正常情况下，渗流量与库水位直接相关。随着降雨的发生，渗流量往往会出现暂时性增加。当渗流量减少，坝基或坝肩处的渗透压力增大，说明防渗排水控制措施（减压井等）正在失效。当渗流量减少，坝基或坝肩处的渗透压力也减少时，说明水库水渗入坝基或坝肩的情况正在减少，可能与水库区淤积有关。

7.3.4　位移/库水位

正常情况下，随着水库水位上升，混凝土坝向下游偏移量增加。混凝土坝坝高与坝基宽度比例越小，水库荷载作用下大坝变形越小。库水位上升通常不会引起土石坝偏移量显著变化。但对于超高的土石坝，测量的位移可能受到水库引起的沉降影响，特别是上游堆石体。

7.3.5 位移/温度

混凝土材料随温度的升高而膨胀，随温度的降低而收缩。在夏季和冬季温差很大的地方，大坝中的混凝土结构会移动，导致接缝和裂缝冬开夏合。温度与上下游方向位移之间往往存在着某种关系。夏季，随着大坝下游坡面温度的升高，下游面附近的混凝土将会膨胀。同时，由于水库水体保持上游坡面温度恒定，上游坡面附近混凝土几乎没有膨胀。混凝土的这种局部膨胀可能导致大坝顶部向上游移动或轻微旋转。

7.3.6 渗流量/温度

在库水位基本恒定的情况下，混凝土坝裂缝和接缝处的渗流量与空气/混凝土/水的温度成反比。随着温度下降，混凝土会收缩，导致接缝和裂缝张开，从而增加了大坝渗流量。对于建在裂隙岩体上的大坝，其水温会经历季节性的变化，在冬季，通常坝基排水量增加。这是因为较冷的水库渗水浸入基础岩石会导致岩石收缩，从而打开裂缝。

7.3.7 渗流量/渗透压力/浊度/溶解

渗流量应定期检查浊度和悬浮物。浊度增加应检查渗流量和渗透压力的变化。渗透压力突然变化后，应进行渗流量检查。

检查提示 在浊度不增加的情况下渗流量持续增加，则应该分析渗流水体中是否存在溶解物。如果渗流中溶解物的量大于水库水中溶解物的量，则有可能是渗流在溶解坝基或坝肩中的可溶性岩石（石灰石、白云石、石膏、岩盐），这是非常严重的情况，需要由有关专家进行分析评判。

7.3.8 地震活动/渗流量/位移/渗透压力

与地震相关的地表运动可能导致大坝位移或变形，导致大坝损坏和结构失稳。这种变化也会破坏防渗设施。渗透量增强或浊度增加，表明已经发生了破坏。同样，如果渗透压力大幅度上升，而水库水位没有变化，也表明结构已经受到破坏。

7.3.9 施工过程

在大坝的建造或修复过程中，如果出现高渗透压力、渗透压力突然变化、渗水、异常变形，表明大坝可能出现了异常的情况。

7.3.10 小结

本节介绍了大坝安全监测的目标和方法。监测数据和结果对大坝的检查评估、潜在或现存的病险问题分析、维修加固措施的评估至关重要。在大多数情况下，监测数据应该绘制成过程线，表明因果关系和时空分布规律。影响大坝安全的各种因素之间通常存在某种关系，详见表 7.3-1。

表 7.3－1　　　　　　　　　　　影响大坝安全的各种因素之间的关系

相互关联的因素	这些因素之间的关系如何影响数据分析
渗透压力/库水位和下游（尾水）水位/降雨	土石坝坝基坝体渗透压力/混凝土坝坝基渗透压力（扬压力）与库水位和下游（尾水）水位有关
	坝肩的渗透压力与库水位和下游（尾水）水位有关
	大坝边坡的渗透压力与库水位直接相关
	降雨和当地地下水可能影响土石坝坝基坝体、混凝土坝基、坝肩和坝坡的渗透压力
渗透压力/位移	当筑堤内、坝基或坝肩内的渗透压力增大时，有效抗剪强度降低。如果有效抗剪强度低于水平水压力，就会发生位移
渗透压力/渗流量/水库水位/降雨	渗漏通常与库水位直接相关
	降雨常导致渗流量暂时增大
	坝体或坝肩的渗流量减少、渗透压力增大，表明排水系统或出口控制系统正在失效
	坝基或坝肩的渗流量减少、渗透压力降低，说明库水渗入坝基或坝肩的情况正在减少（可能是由于水库区淤积）
位移/库水位	正常情况下，随着库水位的上升，混凝土坝会向下游偏转
	正常情况下，库水位的上升不会使土石坝发生明显的位移
	对于非常高的土石坝，测量的位移可能受到水库引起的沉降影响
位移/温度	混凝土随温度升高而膨胀，随温度降低而收缩
	在夏季和冬季温差很大的地方，大坝中的混凝土单体会移动，导致接缝和裂缝冬开夏合
	夏季，随着大坝下游坡面温度的升高，下游面附近的混凝土会膨胀。同时，由于水库保持上游面温度恒定，上游面附近混凝土几乎没有膨胀。混凝土的这种局部膨胀可能导致大坝顶部向上游移动或轻微偏转
渗流量/温度	混凝土坝裂缝和接缝处的渗流量与空气/混凝土/水温成反比
	对于建在裂性岩体上的大坝，其水温会经历季节性的变化，在冬季，通常会有来自基础排水系统的流量增加
渗流量/渗透压力/浊度/溶解	浑浊流或浊度增加可能表明渗流量和渗透压力在变化
	渗透压力突然变化后，应进行渗流量检查
	在不增加浊度的情况下，渗流量的稳定增加表明，应检查渗流中是否存在溶解物
地震活动/渗流量/位移/渗透压力	地震动会导致大坝移动或变形，造成损坏和/或结构失稳和破坏。这种移动也会破坏防渗功能
	渗流量的增加、浊度的增加或渗透压力的大幅度增加都表明结构已经受到破坏
施工过程	在建或重建工作中，高渗透压力、渗透压力或渗流量突然变化以及/或者意外移动，均表明可能出现不安全的情况

附　录 ▶▶▶▶

专 业 词 汇 表

　　水库——在河道山谷、低洼地及地下含水层修建拦水坝（闸）、溢流堰或隔水墙所形成拦蓄水量调节径流的蓄水区。是调蓄洪水的主要工程措施之一。

　　土石坝——是土坝、堆石坝和土石混合坝的总称，又称当地材料坝，是利用坝址附近土料、石料及砂砾料填筑而成的坝，筑坝材料基本来源于当地。

　　土坝——按体积计算，土料（主要由砾石或更小的土壤和岩石材料构成）体积含量超过50％的大坝。

　　堆石坝——坝体由堆石和防渗体组成，堆石占坝体积的50％以上，经抛填或碾压而成的土石坝。

　　重力坝——由混凝土或浆砌石修筑的大体积挡水建筑物，主要依靠坝体自重来维持稳定的坝。

　　拱坝——固结于基岩的空间壳体结构，在平面上呈凸向上游的拱形，其拱冠剖面呈竖直的或向上游凸出的曲线型。

　　支墩坝——由一系列沿坝轴线方向排列的支墩和挡水面板组成的挡水建筑物。

　　复合坝——同时含有混凝土段和土石段的大坝。

　　砌石坝——用块石和条石砌筑而成的大坝。

　　溢洪道——常见的泄水建筑物，用于宣泄设计库容所不能容纳的洪水，保证坝体安全的开敞式或带有胸墙进水口的溢流泄水建筑物。

　　水工隧洞——在水利工程中在山体中或地下开挖的、具有封闭断面的过水通道。

　　坝顶——坝顶面或溢洪道控制段最高点。

　　坝轴线——由设计者选择的垂直平面，在平面或截面上显示为一条直线、折线或曲线，参考了大坝的横向维度。轴线通常与坝顶中心线重合。

　　坝脚——大坝斜坡与地表的交界处。

　　坝踵——大坝上游面与坝基间的接触线。

　　坝趾——大坝下游面与坝基间的接触线。

　　坝肩——坝两岸放置坝体及其邻近受力部位的坝基，是大坝两端所依托的山体，称为"左岸坝肩"和"右岸坝肩"。

　　坝脚排水沟——位于坝脚下游的防渗排水沟，将内部渗透水或雨水排出坝外。

　　压力管道——从引水渠或蓄水池通往发电涡轮机的管道或压力导管。

　　泄水建筑物——用以宣泄多余水量、排放泥沙和冰凌，或为人防、检修而放空水库、渠道等，以保证坝和其他建筑物的安全。

输水建筑物——为满足灌溉、发电和供水的需要，从水库上游向下游输水用的建筑物。

泄洪洞——指水库向下游泄洪、放水的通道，包括设在坝端或坝下的涵洞或在坝端附近岩石开凿的隧洞。

弧形溢洪道——弧形形式的跌水型溢洪道。

非常溢洪道——用来宣泄超过设计标准洪水的应急溢洪道。

正常溢洪道（主要溢洪道）——是布置在拦河坝坝肩河岸或距坝稍远的水库库岸的一条泄洪通道，是洪水期间第一个使用的溢洪道。

溢流堰——塔板上液体溢出的结构，具有维持板上液层及使液体均匀溢出的作用，可分为出口堰和入口堰。

消能装置——溢洪道和泄水建筑物末端的一种附属装置，利用湍流来帮助将水中多余的能量分散。

引水渠——将水输送到溢洪道控制段或泄水建筑物进水口的渠道。

控制段——溢洪道的组成部分，包括溢流堰及其两侧的连接建筑，它接受来自入口渠道的水流，并决定了高程和泄流量。

泄水段——泄洪道组成部分，将控制段的水流输送到终端段、尾水渠或自然河流。

尾水渠——将溢洪道和泄水建筑物的水排入大坝下游天然河渠的结构，使下泄的水流能顺畅平顺地归入原河道。

渡槽——输送渠道水流跨越河渠、溪谷、洼地和道路的架空水槽。

死库容——死水位以下的库容，死库容的水量除遇到特殊的情况外（如特大干旱年），不直接用于调节径流。

平洞——用于进入廊道或用作连接廊道和大坝其他部位的通道。

预制排水孔——施工期间在混凝土中预制的垂直排水孔，用于拦截沿水平接缝或通过孔渗入坝体的水。

基础排水——在帷幕灌浆下游基础内钻进的排水孔幕，用于收集渗水并将其输送到内部排水系统进行处理。

廊道——用于检查、基础灌浆和排水的坝体内通道。

廊道入口——用作廊道系统的入口，或作为廊道之间或大坝其他功能部分之间的连接通道。

掺气槽——实现掺气抗蚀而设置在泄水建筑物急流底部边壁的凹槽。

排气阀——用于控制管道内空气压力的机械装置。

通风孔——位于管道顶部的通风道，通常位于闸门的下游，防止形成真空并提供通风。

辅助设备——桥梁、桥墩、甲板、人行道、梯子或提供支撑和通往溢洪道各个部分的其他结构。

附属结构——大坝工程运行所必需的辅助结构。可能包括溢洪道、泄水建筑物、闸门和阀门、发电厂、隧洞和开关站。

护坦——位于水闸、溢流坝等泄水建筑物下游，用以保护河床免受水流冲刷或其他侵蚀破坏的消力池底板。

竣工图——在竣工时，施工单位按照施工实际情况，描绘大坝及其附属结构竣工时实际尺寸和状况的计划或图纸。

消力墩——消力池中起辅助作用的小墩。

消力块——在渠道或消力池中建造的钢筋混凝土块，用来消耗散水流能量。

木钉——一种硬木榫，顶端有金属，用于探测混凝土下的空隙。

决口——贯穿排放水库水的大坝的侵蚀开口。

空蚀——在流动的液体中，当局部区域的压力因某种原因而突然下降至与该区域液体温度相应的汽化压力以下时，部分液体汽化，溶于液体中的气体逸出，形成液流中的气泡（或称空泡）。空泡随液流进入压力较高的区域时，失去存在的条件而突然溃灭，原空泡周围的液体运动使局部区域的压力骤增。如果液流中不断形成、长大的空泡在固体壁面附近频频溃灭，壁面就会遭受巨大压力的反复冲击，从而引起材料的疲劳破损甚至表面剥蚀，这就叫空化剥蚀，简称空蚀，又称气蚀。

管道——在开挖的沟渠中、隧洞内、地面上或支架上将管道各段连接到一起而形成的管状或箱形结构。

控制外壳——包围或支撑闸门或阀门的结构，用于控制通过泄水建筑物的泄水。

截渗环——在大坝防渗部分内围绕管道的突出部分，用来加长沿管道外表面的渗透路径，减少其坡降和流速。

防渗墙——修建在松散透水层或土石坝（堰）中起防渗作用的地连续墙，通常由混凝土、沥青混凝土或钢板堆砌而成，用来减少水库在大坝坝基附近的渗漏。

拦鱼栅——在鱼的入口放置的栅板或筛板，防止鱼类进入，类似于拦污栅。

挑流鼻坎——设于泄水建筑物末端，对过坝急流导向挑射到下游河床水垫中消能的水工建筑物。

无压流——又称自由表面流，是部分周界和气体接触的液体流动，在明渠水道或部分满流的管道中的水流。

石笼——生态格网结构的一种形式，为防止河岸或构造物受水流冲刷而设置的装填石块的笼子。

进水口结构——是输水建筑物和泄水建筑物的首部建筑，可分为开敞式进水口和深式进水口。

水泥土——一种由泥土、硅酸盐水泥和水混合而成的压实的很好的混合物，能产生一种类似于混凝土的坚硬材料。

喷射混凝土——用于高速喷向岩石或混凝土表面的砂-水泥混合物。

细粒土——通常将粗粒含量（粒径大于 0.075mm）不到 50% 的土称为细粒土。也指颗粒最大粒径不大于 4.75mm，公称最大粒径不大于 2.36mm 的土，包括各种黏质土、粉质土、砂和石屑等。

黏土——含沙粒很少、有黏性的土壤。

级配——在规定粒径范围内分布的土壤或碎石的质量比例。

砾石——又称石砾，一种直径大于 2mm 的岩石或矿物碎块。

粉土——粒径不大于 0.074mm 的土壤颗粒，为非塑性或极轻微塑性，风干时强度很小或无强度。

抛石——为防止河岸或构造物受水流冲刷而抛填较大石块的防护措施，放置在堤坝上游和下游斜坡上的碎石或巨石，以防止侵蚀。

岩石——由一种或几种矿物和天然玻璃组成的，具有稳定外形的固态集合体。

砂——大小从"可见"到粒径 6.35mm 的土壤颗粒。

施工缝——在混凝土浇筑过程中，因设计要求或施工需要分段浇筑，而在先、后浇筑的混凝土之间所形成的接缝，施工缝并不是一种真实存在的"缝"，它只是因先浇筑混凝土超过初凝时间，而与后浇筑混凝土之间存在的一个结合面。

伸缩缝——防止建筑物构件由于气候温度变化（热胀、冷缩），使结构产生裂缝或破坏而沿建筑物或者构筑物施工缝方向的适当部位设置的一条构造缝。

灌浆——将某些固化材料，如水泥、石灰或其他化学材料灌入基础下一定范围内的地基岩土中，以填塞岩土中的裂缝和孔隙，防止地基渗漏，提高岩土整体性、强度和刚度。

帷幕灌浆——在坝趾附近的地基上钻出一排深孔区域，注入灌浆以减少大坝下方或周围的渗漏。

磨损——通过与硬度相同或硬度更高的材料摩擦而使金属表面磨损。

水跃——当水流高速流动突然减慢时，在明渠或消力池内，水面的突然上升。

错位——结构偏移设计位置。

弧形溢洪道——以弧形形式建造的一个跌水型溢洪道。

工作桥——安放闸门启闭设备，供工作人员操作管理及为其他专门工作所设的桥。

孔口——进水口结构的开口，或管道、导管、隧洞的开口端。

缺陷——影响或干扰大坝正常和安全运行的异常状况。

差异变形——结构中某部分相对于相邻部分的局部运动。

龟裂——砂浆或混凝土表面密集但间隔不规则的浅表裂缝。

隐患——影响或干扰大坝正常和安全运行的异常或状况。

蜂窝——当砂浆不能填充粗骨料颗粒之间的空隙时，留在混凝土中的空洞。

渗漏——在水工结构接缝、裂缝和开口处的不良水流。

渗流——水通过土（岩）体孔（隙）流动。

升仓线——当新仓混凝土浇筑在上一仓混凝土上时交界面留下的水平施工缝。

脱落——由于内部压力而破裂的混凝土表面的一小部分，留下浅的圆锥形凹陷。

剥离——从表面脱落的混凝土块，通常是因为压缩、冲击或磨损。

分层——将混凝土分为水平层，越来越小的材料集中到顶部。

结构性裂缝——影响大坝结构完整性的裂缝，多由于结构应力达到限值，造成承载力不足引起的。

浊度——渗流变色或混浊，相较于悬浮在水中的土壤颗粒含量；溶液对光线通过时所产生的阻碍程度，它包括悬浮物对光的散射和溶质分子对光的吸收。

网状裂缝——混凝土表面上的细小网状开口，由于表面附近材料体积的减少或表面以下材料体积的增加而形成。

　　管涌——土体中的细颗粒在渗流作用下从骨架孔隙通道流失的现象。

　　有压流——输水道的整个断面均被液体所充满，断面的边壁处受到液压作用的水流。在一般情况下液体压强高于大气压强，有时也可低于大气压强。

　　砂沸——压力作用下渗流向上流动产生的一种状态，其特征是表面渗流的沸腾作用。

　　坑洞（深坑）——由于地表下物质的流失而形成的凹陷。

　　滑坡——一大块泥土或岩石从斜坡上意外地滑落。

　　立柱——闸板的直立支撑结构。

　　消力池——用来产生能够消散能量的水力跳跃的结构，促使在泄水建筑物下游产生底流式水跃的消能设施。

　　叠梁——大型原木、木材或钢梁，叠放在彼此之上，两端分别固定在渠道或管道两侧的导轨上，成本低，容易封闭。

　　尾水——溢洪道或泄水建筑物趾部的水。

　　导流堤或导流墙——一种堤或墙，引导水流到一个理想位置，同时保护周围的区域或附近的堤防。

　　拦污浮排——一个漂浮的结构，起阻碍作用，捕获杂物，并防止其进入溢洪道。

　　拦污栅——位于水道进水口的一种金属或钢筋混凝土栅栏，用来防止大于一定尺寸的漂浮物或水下杂物进入。

　　输水段——溢洪道或泄水建筑物的一个渠道、隧洞或管道。

　　止水带——一种连续的防水材料带，通常是 PVC、金属或橡胶，用于控制裂缝和限制水分渗入混凝土接缝。

　　风化作用——由于天气作用，自然或人造材料的颜色、质地、强度、化学成分或其他性质发生变化。

　　排水孔——嵌入混凝土或砌石结构中的排水沟，将水分从基础材料送到结构表面。

　　堰——在河道或渠道上建造的具有特定形状和尺寸的结构，用于控制或测量流量。

　　堰长——垂直于水流方向测量的水流过的距离。

　　承载力——在地基土或岩石上允许的最大压力，考虑到所有相关因素，具有足够的安全性，防止土体或岩石破裂或坝基的移动使结构受损。

　　层理——岩石沿垂直方向变化所产生的层状构造。

　　节理——也称为裂隙，是岩体受力断裂后两侧岩块没有显著位移的小型断裂构造。

　　基岩——通常为结实的，位于土壤或其他松散的表层材料之下的岩石。

　　护岸——在原有的岸坡上采取人工加固的工程措施，用来防御波浪、水流的侵袭和淘刷及地下水作用，维持岸线稳定。

　　防渗铺盖——将黏性土料或混凝土水平铺设在透水地基坝、闸的上游，以增加渗流的渗径长度、减小渗透坡降、防止地基渗透变形并减少渗透流量的防渗设施。

　　溃坝——坝体溃决，蓄水不受控制的释放，有不同程度的危害。

　　缺陷——影响或干扰大坝正常安全运行的异常或状况。

　　排水帷幕——一系列井或挖孔，促进坝基和两岸坝端的排水同时减少水压力。这个术语通常用于混凝土大坝。

减压井——设计用来降低提升压力、收集和控制通过或在大坝下的渗透的垂直井或钻孔，以防止发生管涌与流土、沼泽化等现象的一种井管排渗设施。

排水井——多用于表面弱透水层和下部强透水层均比较深厚的地基，或含水层成层性显著，夹有许多透镜体和强含水带的地基中。

断层——沿着地壳中两侧相对位移的断裂或断裂带。

出水高度——特定水位与坝顶或溢洪道顶部之间的垂直距离。

冻胀——由于下层土壤或岩石中冰的堆积而引起的表面隆起。

木材堰——由原木、圆桶或浮筒组成的链条，端对端固定并漂浮在水库表面，以控制漂浮的碎屑、垃圾和原木。

有机质土——主要由植物组织在不同分解阶段组成的土壤，具有有机气味、深棕色到黑色、海绵状的稠度和从纤维状到无定形的质地。

泄水工程——大坝部件系统，用于调水或泄水。泄水工程的组成部分包括进水通道、进水口结构、管道、闸门或阀体、消能结构和回流通道。

库岸——水库的边界，包括水面以上和以下山谷边的所有区域。

堆石——放置在堤坝上游和下游斜坡上的破碎岩石或巨石，以防止侵蚀。

陡坎——由于不稳定或侵蚀而在斜坡上形成的过度的陡峭表面（即滑块的头部），各种天然和人工修筑的坡度在70°以上的陡峻地段。

淤泥——粒径不大于0.074mm的土壤颗粒，非塑性或极轻微塑性，当风干时，表现出很小的强度或没有强度。

坝体-坝肩接触面——坝肩和坝体之间的接触面。

扬压力——建筑物及其地基内的渗水，对某一水平计算截面的浮托力与渗透压力之和。

事故闸门——能在动水中截断水流以便处理或遏止水道下游所发生事故的闸门。

电化学腐蚀——金属和电解质组成两个电极，组成腐蚀原电池。两种不同金属之间的电力/化学反应的结果。

闸门（或阀门）循环——闸门（或阀门）从全闭到全开再到全闭的移动过程。

闸门——一种可调节的装置，用于控制或停止水道中的水流。闸门由从外部移动并横跨水道的门叶或构件组成。

检修闸门（或阀门）——供检修水工建筑物或工作闸门及其门槽时临时挡水用的闸门（或阀门），用于截流，从而能够对设备下游进行检修。

兆欧表——是常用的一种测量仪表，适用于测量各种绝缘材料的电阻值及变压器、电机、电缆及电器设备等的绝缘电阻，以保证这些设备、电器和线路工作在正常状态。

Abs——丙烯腈-丁胺-苯乙烯管。

入口栈桥——从坝顶或水库边缘进入进水建筑物的结构。

碱-骨料反应——骨料中特定内部成分在一定条件下与混凝土中的水泥、外加剂、掺合剂等中的碱物质进一步发生化学反应，导致混凝土结构产生膨胀、开裂甚至破坏的现象，严重的会使混凝土结构崩溃，是影响混凝土耐久性的重要因素之一。

挡板——能减缓水流的直立障碍物。

铺盖排水——为便于排水而在地基、坝肩和/或堤防上加的一层透水材料。

圆木——一种硬木销钉，有一个金属尖端，用来在混凝土下面寻找空隙。

细裂缝——灰浆或混凝土表面上的浅裂缝，间隔紧密但不规则。

渗压计——一种测量渗透压力的装置，测压管顶部进行密封，与大气压力隔绝。

开放式系统渗压计——一种测量渗透压力的装置，测压管顶部进行敞开，与大气压力相通。

导管——在挖出的沟渠、隧道内、地面或支架上连接管道或导管的管式或箱式结构。

固结——松散沉积物被压实、固结成岩的过程。

CPE——氯化聚乙烯。

CSPE——氯磺化聚乙烯。

脱胶——当暴露在液体中时，质量颗粒之间的粘合力丧失。

干燥——利用热能使湿物料中的湿分（水分或其他溶剂）气化，并利用气流或真空带走气化了的湿分，从而获得干燥物料的操作。

设计水位——大坝设计承受的最大水位，包括洪水超蓄。相应于设计洪水频率的洪峰流量水位，即设计流量的水位。

泄流段——将水流从控制段输送至终端段、回流槽或天然河流的溢洪道部件。

引伸计——测量构件及其他物体两点之间线变形的一种仪器，通常由传感器、放大器和记录器三部分组成。

流量计——指示被测流量和（或）在选定的时间间隔内流体总量的仪表。

羽流——为测量水流而使水流加速的特定尺寸的狭窄水道。

地基变形——地基在上部荷载作用下，岩土体被压缩而产生的相应变形。

干舷——水位与坝顶或溢洪道顶部之间的垂直距离。

满载设计——从水库、土层、风或其他可调节的因素上对大坝的最大荷载条件。

坑道——坝体中的一个通道，用来进行冲洗、操作、基础灌浆和/或排水。坑道可以纵向或横向、水平或在斜坡上运行。

HDPE——高密度聚乙烯。

HDPE－A——高密度聚乙烯合金。

漏涂（油漆漏涂）——当刷子或其他涂刷器在油漆表面上跳过时，留下的一小块空白区域。

横向摊铺——堤防材料沿大坝长度的水平摊铺。

混凝土层段——当新的混凝土被浇筑在前一层混凝土上时产生的水平施工接缝。

甲基丙烯酸酯——丙烯酸塑料的一种成分。

氯丁橡胶——合成橡胶。

排水工程——用来调节或排放水坝蓄水的大坝组成系统。排水工程的组成部分包括入口渠道、取水构筑物、管道、闸门或阀室、消能构筑物和回流渠道。

PE——聚乙烯。

点蚀——在混凝土或金属表面上形成相对较小的空洞。

级配不良的土壤——含有均匀颗粒的土壤，大多数颗粒大小相同；或含有跳过级配的土壤，其特点是没有一种或多种中间粒径。

级配良好的土壤——粒径从粗到细的连续分布的土壤，其比例使连续的较小颗粒几乎完全填满较大颗粒之间的空隙

爆裂——混凝土表面的一小部分，由于内部压力而破裂，留下一个浅的圆锥形凹陷。

孔隙压力——在土壤、岩石或混凝土内部孔隙中的水压。

PVC——聚氯乙烯。

回流渠道——将溢洪道和泄洪工程排放的水输送至大坝结构下游天然河道的结构。

沉降——结构的垂直向下变形。

落水洞——地表水流入地下的进口，表面形态与漏斗相似，是地表及地下岩溶地貌的过渡类型。

散裂——混凝土或岩石块从表面脱落，通常是由于压缩、冲击或磨蚀造成的。

集水系统——一种明渠系统或管道系统，用于收集来自减压井、排水层和坝脚排水沟的排水，并将水输送至大坝下游。

大坝安全监测——利用现场检查、仪器监测与分析手段对大坝安全信息进行采集和分析的过程。

监测仪器——安装在大坝内或大坝附近的装置（如压力计、测斜仪、应变计、测量点等），用于评估结构行为和性能。

仪器轴线——通过仪器进行测量的线，如位移计中轴线。

位移计——一种沿仪器轴线测量长度相对变化的装置。

压力计——用于测量土壤、岩石或混凝土内水压的仪器。

基岩变位装置——一种测量地基沉降的装置。

测斜仪——一种测量仪器，通常由插入钻孔中的金属管或塑料管和置于管内或固定在管内的敏化监视器组成。这个监视器测量（不同点上）管子与原装轮廓的偏差。该装置可用于测量位移。

酸碱度——水溶液的酸碱性强弱程度，用pH来表示。热力学标准状况时，pH＝7的水溶液呈中性，pH＜7者显酸性，pH＞7者显碱性。

潜水面——在大气压力下水分渗过土壤或岩石的自由面。

渗压计——用来测量土壤、岩石或混凝土内部渗透压力的仪器。

铅垂线——物体重心与地球重心的连线称为铅垂线（用圆锥形铅垂测得）。

水平位移——平行于水平面的位移。

垂直位移——垂直于水平面的位移。

孔隙水压力——土壤或岩石中地下水的压力。

测读装置——一种测量电气、气动或液压变化的装置，以便转换成被监测的物理特性。

水位标尺——测量水位的刻度棒，如水库、渡槽或堰中的水位标尺。

应变——由应力产生的每单位长度产生的位移、变形或偏转。

水质——本书"水质"指的是浊度和溶解物。

参 考 文 献

[1] 钮新强. 水库大坝安全评价 [M]. 北京：中国水利水电出版社，2007.

[2] 王世夏. 水工设计的理论和方法 [M]. 北京：中国水利水电出版社，2000.

[3] 左东启，王世夏，林益才. 水工建筑物 [M]. 上册. 南京：河海大学出版社，2000.

[4] 左东启，王世夏，林益才. 水工建筑物 [M]. 下册. 南京：河海大学出版社，2000.

[5] 林益才. 水工建筑物 [M]. 北京：中国水利水电出版社，1997.

[6] 孙明权，沈长松. 水工建筑物 [M]. 2 版. 北京：中央广播电视大学出版社，2006.

[7] 林继镛. 水工建筑物 [M]. 北京：中国水利水电出版社，2014.

[8] 麦家煊. 水工建筑物 [M]. 北京：清华大学出版社，2005.

[9] 沈长松，刘晓青，王润英，等. 水工建筑物 [M]. 2 版. 北京：中国水利水电出版社，2016.

[10] 水利部水利水电规划设计总院. 水工设计手册（2 版第 1～11 卷）[M]. 北京：中国水利水电出版社，2011—2014.

[11] 钱正英. 中国水利 [M]. 北京：水利电力出版社，1991.

[12] 潘家铮. 重力坝的设计和计算 [M]. 北京：中国工业出版社，1995.

[13] 左东启，顾兆勋，王文修. 水工设计手册（第 1～8 卷）[M]. 北京：水利电力出版社，1983—1989.

[14] 陈宗梁. 世界超级高坝 [M]. 北京：中国电力出版社，1998.

[15] 顾涂臣，束鸣，沈长松. 土石坝工程经验与创新 [M]. 北京：中国电力出版社，2004.

[16] CHOW VEN TE. Open – Channel Hydraulics [M]. New York：MeGraw Hill Book Company，1959.

[17] U. S. Department of the Interior Bureau Reclamation. Design of Small Dams [M]. 2nd Edition. U. S. Government Printing Office，1973.

[18] 美国陆军工程兵团. 水力设计准则 [M]. 王诘昭，张元禧，等译. 北京：水利出版社，1982.

[19] 张绍芳. 堰闸水力设计 [M]. 北京：水利电力出版社，1987.

[20] 袁银忠. 水工建筑物专题（泄水建筑物的水力学问题）[M]. 北京：中国水利水电出版社，1997.

[21] 武汉水利电力学院水力学教研室. 水力计算手册 [M]. 北京：水利出版社，1980.

[22] 金泰来，等. 门槽水流空化特性的研究//中国水利水电科学研究院研究论文集：第 13 集（水力学）[C]. 北京：水利电力出版社，1983.

[23] 左东启，等. 模型试验的理论和方法 [M]. 北京：水利电力出版社，1984.

[24] 黄继汤. 空化与空蚀的原理及应用 [M]. 北京：清华大学出版社，1991.

[25] 任德林，张志军. 水工建筑物（修订版）[M]. 南京：河海大学出版社，2004.

[26] 陈胜宏，陈敏林，赖国伟. 水工建筑物 [M]. 北京：中国水利水电出版社，2004.

[27] 郑万勇，杨振华. 水工建筑物 [M]. 郑州：黄河水利出版社，2003.

[28] 张光斗，王光纶. 专门水工建筑物 [M]. 上海：上海科学技术出版社，1999.

[29] 华东水利学院. 水闸设计 [M]. 上海：上海科学技术出版社，1983.

[30] 孙更生，朱照宏，孙均，等. 中国土木工程师手册 [M]. 上册. 上海：上海科学技术出版社，1999.

[31] 孙更生，朱照宏，孙均，等. 中国土木工程师手册 [M]. 下册. 上海：上海科学技术出版社，2001.

[32] 吴中如. 水工建筑物安全监控理论及其应用 [M]. 北京：高等教育出版社，2003.

[33] 顾冲时，吴中如. 大坝与坝基安全监控理论和方法及其应用［M］. 南京：河海大学出版社，2006.

[34] 李珍照. 混凝土坝观测资料分析［M］. 北京：水利电力出版社，1989.

[35] 李珍照. 大坝安全监测［M］. 中国电力出版社，1997.

[36] 彭雪辉. 中国水库大坝风险标准研究［M］. 北京：中国水利水电出版社，2015.

[37] 顾淦臣，束一鸣，沈长松. 土石坝工程经验与创新［M］. 北京：中国电力出版社，2004.

[38] 殷宗泽. 土工原理［M］. 北京：中国水利水电出版社，2007.

[39] 范世香，程银才，高雁. 洪水设计与防治［M］. 北京：化学工业出版社，2008.

[40] 李继业. 洪水设计与防洪减灾［M］. 北京：化学工业出版社，2013.

[41] 毛昶熙. 渗流计算分析与控制［M］. 北京：水利电力出版社，1990.

[42] 陈生水. 新形势下我国水库大坝安全管理问题与对策［J］. 中国水利，2020（22）：1-3.

[43] 盛金保，厉丹丹，蔡荨，等. 大坝风险评估与管理关键技术研究进展［J］. 中国科学：技术科学，2018，48（10）：1057-1067.

[44] 向衍，盛金保，刘成栋，方致远，张凯，程正飞. 土石坝长效服役与风险管理研究进展［J］. 水利水电科技进展，2018，38（5）：86-94.

[45] 张士辰，王昭升，杨正华. 瑞士水库大坝安全管理与启示［J］. 中国水利，2018（20）：54-58.

[46] 张世儒. 水闸［M］. 北京：水利出版社，1980.

[47] 李宗健. 水力自动闸门［M］. 北京：水利电力出版社，1987.

[48] 吴世伟. 结构可靠度分析［M］. 北京：人民交通出版社，1990.

[49] 熊威，田波，卢建华. 水库大坝安全评价技术与方法探讨［J］. 人民长江，2011，42（12）：24-27.

[50] 张计. 土石坝安全与除险加固效果量化评价体系研究［D］. 长江科学院，2011.

[51] 李雷，蔡跃波. 我国水库大坝安全监测与管理的新动态［J］. 大坝与安全，2005（6）：10-15.

[52] 刘宁. 对中国水工程安全评价和隐患治理的认识［J］. 中国水利，2005（22）：9-13.

[53] 李雷，陆云秋. 我国水库大坝安全与管理的实践和面临的挑战［J］. 中国水利，2003（21）：59-62+5.

[54] 张秀丽. 国内外大坝失事或水电站事故典型案例原因汇集［J］. 大坝与安全，2015（1）：13-16.

[55] 任习祥. 帷幕灌浆施工技术在水库大坝基础防渗加固处理中的应用［J］. 广东建材，2009（2）：52-54.

[56] 李端有，王志旺. 水库大坝安全管理及发展动向分析［J］. 中国水利，2007（6）：7-9.

[57] 巩向伟，侯丰奎，张卫东，等. 水库大坝安全监测系统及自动化［J］. 水利规划与设计，2007（2）：65-68.

[58] 李雷，陆云秋. 我国水库大坝安全与管理的实践和面临的挑战［J］. 中国水利，2003（21）：59-62+5.

[59] 李雷. 我国水库大坝安全监测和管理［J］. 大坝观测与土工测试，2000（6）：6-9.

[60] 吴中如. 中国大坝的安全和管理［J］. 中国工程科学，2000（6）：36-39.

[61] 孙继昌. 中国的水库大坝安全管理［J］. 中国水利，2008（20）：10-14.

[62] 李雷，王仁钟，盛金保. 溃坝后果严重程度评价模型研究［J］. 安全与环境学报，2006（1）：1-4.

[63] 向衍，马福恒，刘成栋. 土石坝工程安全预警系统关键技术［J］. 河海大学学报（自然科学版），2008（5）：634-639.

[64] 刘成栋，张凯，向衍，等. 土石坝安全隐患应急处理决策支持系统的实现［J］. 人民黄河，2018，40（2）：126-130.

[65] 龚晓南，贾金生，张春生. 大坝病险评估及除险加固技术［M］. 北京：中国建筑工业出版社，2021.

[66] 向衍，刘成栋，袁辉，等. 水库大坝安全管理丛书：水库大坝主要安全隐患挖掘与处置技术. 南京：河海大学出版社，2019.

［67］ 王士军，张国栋，葛从兵，等. 水库大坝安全管理丛书：水库大坝安全监控与信息化. 南京：河海大学出版社，2019.

［68］ 马福恒，盛金保，胡江，等. 水库大坝安全管理丛书：水库大坝安全评价. 南京：河海大学出版社，2019.

［69］ 何勇军，李铮，徐海峰，等. 水库大坝安全管理丛书：水库大坝运行调度技术. 南京：河海大学出版社，2019.

［70］ 杨正华，荆茂涛，张士辰，等. 水库大坝安全管理丛书：水库大坝安全管理法规和标准实用指南. 南京：河海大学出版社，2019.

［71］ 盛金宝，厉丹丹，龙智飞，等. 水库大坝安全管理丛书：水库大坝风险及其评估与管理. 南京：河海大学出版社，2019.